U0257671

L'Entrepreneur et le Prince

〔法〕

克里斯托夫·德费耶
（Christophe Defeuilley）

/ 著

唐俊 / 译

La création du service public de l'eau

一

君主
与
承包商

伦敦、纽约、巴黎的供水变迁史

社会科学文献出版社
SOCIAL SCIENCES ACADEMIC PRESS (CHINA)

伦敦新河公司 (New River Company) 的创办者
休·米德尔顿 (Hugh Middleton，1560–1631)

注：From *Lodge's British Portraits*, London, 1823.

英国《公共卫生法案》（Public Health Act）的
坚定推动者埃德温·查德威克 (Edwin Chadwick)

THOUGH AT TIMES THE ENERGY MAY BE A LITTLE MISAPPLIED, THE CAUSE IS A GOOD ONE, AS ANY WHO SUFFER SHOULD REMEMBER
AN ANTI-CHOLERA SPECIFIC: WASHING THE STREETS ROUND COVENT GARDEN
DRAWN BY HENRI LANOS

为控制霍乱，工人借助橡胶软管清洗伦敦的考文特园 (Covent Garden)

注：By Henri Lanos, from *The British Weekly Illustrated Newspaper*
"The Graphic" on 1 September 1894.

纽约曼哈顿公司 (Manhattan Company) 的创办者
阿伦·伯尔 (Aaron Burr，1756–1836)

注：By John Vanderlyn, early 19th century.

位于杨克斯（纽约州东南部城市）的克罗顿槽

注：克罗顿供水工程始建于 1835 年，旨在为纽约曼哈顿的水库提供水源，1955 年退役。

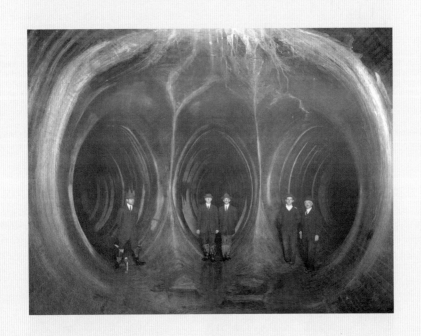

位于杨克斯的压力水道，属于卡茨基尔供水系统。

注：卡茨基尔供水工程始建于 1907 年，整个工程于 1928 年竣工，
包括渡槽、3 座大坝和 67 个水井。

米拉波（Mirabeau,1749–1791），
法国大革命时期政治家、律师，1785 年挑起关于供水服务的论战。

注：Engraved by H.B.Hall, from *Historical Sketches of Statesmen*, London, 1843.

BEAUMARCHAIS.*

博马舍（Beaumarchais,1732-1799），
法国剧作家、思想家，米拉波的论敌。

19 世纪巴黎的供水服务

他意识到，饮水是个致命的危险。要修一条水管，简直成了痴人说梦，因为那些有能力促成这件事的人，都有自己的地下水池，雨水年复一年地积累在厚厚的青苔下面。

——加布里埃尔·加西亚·马尔克斯
《霍乱时期的爱情》

既然盖尔芒特一家现在对我已变得无足轻重，他们独特的风格已不再由我的想象力化成雾珠蒸发掉，我就可以把雾珠收集起来，尽管它们轻得没有分量。

——马塞尔·普鲁斯特
《追忆似水年华·盖尔芒特家那边》

目 录

图目录

表目录

引　言

1593 年夏末，伦敦巴西索大街的气氛异常活跃，人们讨论着来自港口的最新消息，评估着新企业的机遇，引起沃尔特·罗利和休·米德尔顿的关注。前一年，沃尔特·罗利掠夺了一艘葡萄牙籍船只，尽管载货量很大，但获利甚微。在参与宫廷阴谋斗争的同时，他也在尽全力准备前往圭亚那的探险（Nicolls et Williams，2001，p. 81 - 90）。休·米德尔顿是伦敦著名的大商人，从事过许多具有重大影响的商业活动，正在考虑入伙朋友事业的可行性。也许在这个时候，他才第一次听说这种前景广阔但是需要巨额投资的新型活动：水资源的供应和调配。供水和售水不再由一般的送水工或者居民自己完成，而是通过木制管道将水泵、运河、水库的水输送入户。这是一次真正意义上的创新，在技术、资金、人力上也是一项巨大的工程和挑战，然而能够解决伦敦日益扩大的水资源需求问题。休·米德尔顿意识到这项工程的规模之大前所未有，而前人的尝试都失败了。他权衡再三，与其他几位承包商协商了很久，在得到女王和官员们的支持后，最终才决定承包这项工程。

因此，米德尔顿创立了新河公司。他没有照搬欧洲都会第一个大规模的饮用供水网络，而是依据罗马时代供水的方法，在其他基地重新建立一个供水网络。

16 世纪末，在伦敦以及其他大城市，供水配给是承包商、商人及投资商重点考虑的新型活动之一。在这些人中，有的愿意承担最大的风险（当然获益也会最大），有的能够吸引到巨额资金，有的是情报网组织的成员，还有的能够得到权力机构的支持与帮助（尽管有时权威人士为了谋求私利），甚至连高官也愿意以个人名义参与这项新型活动并从中渔利。17 世纪初，英国国王詹姆斯一世（Jacques Ier）参与了伦敦新河公司的商业活动。1799 年，阿伦·伯尔（Aaron Burr）创办了曼哈顿公司，为纽约解决供水问题。1847 年，卡米洛·加富尔伯爵（Camille de Cavour）收购了承担都灵市政服务的"阿克－波塔比利公用"（Società Acque Potabili）公司的股份。约翰·卡尔·哈伯费尔德爵士（Sir John Kerle Haberfield）在 1846 年与他人共同创立的布里斯托尔自来水公司（Bristol Waterworks Company）或许能与之相提并论。哈伯费尔德爵士曾六次担任市长，被誉为"布里斯托尔的杰出市民"（Thornton et Pearson，2013，p. 312）。彼时，供水网络如同租船、殖民地进出口贸易和采矿，被视为新型商业活动，只有最有实力、最具胆气的商人才敢从事这项最前沿的经济活动。这类活动过程通常会消耗大量资金，遭遇技术上的难题，未必就能获得可观的收益，收益很大程度上取决于居民是否心甘情愿为之掏腰包。

供水网络发展历程

17 世纪末，伦敦水资源的供给和分配逐渐形成"网状结构"（*forme réseau*）。更确切地说，是再现了古罗马时期的城市供水和分配技术和方法（Dessales，2008）。新河公司的工程师居功至伟（Tomory，2015a）。从古罗马到 17 时期末的漫长时期内，供水系统都是"线状"（ligne）结构，即将水从源头运往另一个地点，例如公共水域、教堂或某个富人家中（Lee，2014）。这种方法由来已久，中世纪时在贵族中普遍使用；并且简单易行，只需要几条尺寸适中的管道，就能从低洼处的水源中汲水（Goubert，1986a，p.51）。但是它不利于供水方式在临近地区甚至是人口相对密集的城市中普及。线状结构被更为复杂的网状结构所取代，后者依托基础设施，汲取、储存更多的水，并将其输送到住宅、商店、公共场所以及小型工厂。供水网络通过管道、分支、分流运送水源，它们彼此相互连通、分层，有利于在将水从源头引到各个消费点的过程中最大限度地节约水资源（Guillerme，1986）。这次演变非常重要，甚至在科技、经济、社会层面上是一次具有象征意义的飞越。

首先是科技上的发展。建造供水网络的工程量巨大（抽水机、蓄水、水坝、水渠、分汊、水库、水管、分流），必须按照设计好的方案进行建造，不浪费一丁点空间，就算有也很少，通常是根据个人的要求或当地利益。由此，一个密集的技术系统取代了之前各种零件杂乱堆积的状况。供水网络在城市即时投入使用，其目的是在广大地区普及，为所有居民提供水源。这一目标只有在供水网络的规模足够大时才能实现。建设供水网络所参照的技术方法使用许久且历经考验，但是这种方法有时无法适用于大规模的引水和供水。为了使这种方法长久可行，需要取其精华，更兼运用水力科学的原则和绘图方法，精确计算水的流量和流速，因为必须让水通过自身重力流动。水泵能将水位抬高也是借助于水力（这一点自古就广为人知），并且很快能够使水达到最高位和最大流量。水坝和其他的水库在体积和容量两方面都受到建造科技和金属属性的限制。因而到后来，新河公司采用的木制管道承受不了水流上升的压力，必须慎重考虑所有与地形测量数据和水源定位相关的技术因素。新河公司参考了一些可能的技术方法，使得工程师在设计供水网络和筛选时更加符合实际情况。这一过程遇到了很多困难。其中一个例子就是，列日省（比利时）的水力工程师（同时也是木匠）雷勒冈·苏维勒（Rennequin Sualem）与其兄弟一起设计了一套为玛尔利城堡和凡尔赛宫供水的系统（1681~1684年）。水从塞纳河到布吉瓦尔，首先要越过将近150米的位差，才能借助重力在水管中流动，从而为城堡、喷泉、园林供水。尽管水力机器非常强大，但是单凭机器难以提升水位。因此，工程师设计将水库和水泵放置在50米高的平台之上（Viollet，2005，p. 93–98）。这谈不上是一次重大的科技创新。17世纪的工程师们已经开始寻求解决方案，他们设计复杂的系统，设想出许多不同于以往常见方法的新概念。到18世纪，人们开始使用气泵（蒸汽机）和生铁管道。

供水网络造成经济和社会层面的断层。供水网络需要动用庞大的资金，在很长一段时间内，这笔巨额的费用需要公共当局和企业家来承担。这些费用只能在长期内摊销（需要动用固定资本或长期借款，并确保获得金融机构的资助）。只有用户越来越多时，发起人投入的工程才有可能赢利。这就意味着，一方面，要赢得来自其他供水方式的竞争，无论是免费的还是付费的（泉水、井水、河水、江水、送水工）；另一方面，要想让当地人订购这项新服务，必须说服业主们自费在家中连接设备。除此之外，要动员居民们订购供水网络服务，还要说服业主支付供水网络工程的接通费用。事实上，业主担心漏水会损坏他们的房子，自来水的流进需要重新彻底检修污水处理系统，因而业主极其不愿意支付这笔费用，因此，必须让居民了解供水新系统的优点，以及初期的费用和改造供水旧系统的合理性（Lorrain，2008，p. 75）。尽管新的供水网络系统可以极大地改善供水服务，使大多数人摆脱"用水琐事"（corvée d'eau），但是这些好处不为众人皆知。因为人们以前的用水都是免费的或近乎免费，现在却要付费，而供水网络的便利性又无法立刻凸显。对于仍然使用送水工的居民，需要适应新的付费方式，这种方式不再是按桶结算，而是一次性预付几个月甚至一年的全部水费。供水网络鼓励人们预付一大笔钱，尽管其价格远远低于送水工的价格，但是不同的付费方式成为供水网络推广道路上的绊脚石。

最后，水的象征意义也发生了很大的变化。过去，水很稀缺。提到水，人们会想到四季更迭和一些宗教礼仪。如今，水资源丰富，用水范围也越来越大，水和公众卫生、身体健康紧密相关。水的意义发生变化，从而改变了水在社会生活中的地位，个人生活和公众生活的界限因而变得模糊。长久以来，在用水（与个人生活密切相关）和供水方式（在家庭或邻居之间进行）上，水都属于私人资源；随着供水网络的创建与推行，水资源变成社会问题，与城市生活和组成城市的个体之间存在很大的利害关系。与之同时发生的是旧的供水方式逐渐消亡以及围绕着公共泉水、江水、河水及海水资源的争论日增。

供水网络发展带来的一些重要演变效果要历经很长一段时间才能显露出来。这些变化随着"网状结构"从伦敦中心向北美和欧洲推广和扩展才逐渐为大众所知。新河公司创建一套水资源供应和分配的综合系统，吸引到大量的用户，资本有利可图，赚得钵满盆满。当然，这一过程应该是缓慢渐进的。首先是普及伦敦新区域（18世纪），进而是外省的城市以及欧洲和美洲殖民地（18世纪末）。供水网络工程在整个19世纪扩展到更大的范围，在19世纪末20世纪初得到最快速度的扩张。这一过程比较缓慢，与之相伴的是工业化的发生，贸易的发展和欧洲及北美出现人口压力。供水网络工程依据城市的大小、发展程度、在工业革命中的地位以及城市化的速度逐渐普及开来。如果用一幅图来描绘的话，就是以英国伦敦为中心，依次向北美和北欧递进，进而是较为落后的欧洲南部。当然也存在例外。一些城市虽然位于发展落后的国家，但是处在国际贸易线路上，经济繁荣，发展较为迅速，供水网络的建造较早（Gènes，1847）。也有一部分城市位于工业化发展迅速的地区，但是供水网络的建造却晚得多（Anvers，1879）。

供水网络的主要代理商是英国工程师。从18世纪初开始，他们辗转于各个城市，传播供水网络的有关理念与科技。正因如此，本杰明·亨利·拉塔伯（Benjamin Henry Latrobe）于1789年设计了费城供水和分配的规划。威廉·林德利（William Lindley）在19世纪下半叶应邀参与了欧洲大陆30处供水网络（主要分布于汉堡、法兰克福和华沙三座城市）的建设，约瑟夫·奎克（Joseph Quick）也受邀参与了类似的活动（他负责柏林、圣皮埃尔、安特卫普、阿姆斯特丹四座城市的供水网络建设）。英国的天使投资者亦步亦趋，参与到欧洲和北美地区供水网络的建设中，尤其是在蒙特利尔、柏林、威尼斯、那不勒斯、塞维利亚以及阿拉斯等城市（Mates – Barco，2002；Tynan，2002）。整个19世纪，散居世界各地的英国工程师们对供水网络的建设非常积极，这种社会现象是英国社会各个行业（道路、铁路、运河、桥梁、港口和工业机器等）科技优势的一种写照（Buchanan，1986）。

供水网络的扩散源于三大因素，这些因素接连发生，互相影响。第一个因素与欧洲和美国持续推进城市化息息相关。以农村为主的欧洲主要国家，自中世纪以来，城市人口开始增长。从17世纪起，一些城市的人口增长显著（Vries，1984）。人口涌入中心城市后，开始带来新的问题。尤其是供水问题变得越来越令人担忧。伦敦在17世纪末就面临诸如此类的问题，由于城市的规模变大，依靠旧办法无法解决居民的供水问题。正是因为对供水的巨大需求，伦敦率先出现供水网络也就不足为奇了。随后，其他快速城市化的城市也有了建设供水网络的需求，而城市化正是 19 世纪的一大特征。如果说 20 世纪才是城市化世纪的话，欧洲和美国在第一次世界大战之前已经开始城市化。欧洲城市的人口增长迅速，从 1800 年的 2000 万人增长到 1900 年的 1.5 亿人，城市化率从 12% 上升到 33%。这是一个"惊天巨变"（formidable mutation）的时代，产生了新的需求（Pinol et Walter，2003，p. 20）。

供水网络扩散的第二个因素是 18 世纪下半叶，人们越来越关注公众健康与卫生。也正是这一时期，医生们开始呼吁公共当局关注城市拥挤、废物堆放、生活垃圾、积水以及其他可能会污染空气和产生"瘴气"（miasmes）的淤泥对身心健康产生的不利影响。卫生学家、医生和行政官员们开展调查工作，倡导卫生立法，警示污染的危害性，突出这些问题的道德和社会影响（Goubert，1989，p. 1081）。一些城市意识到问题的严重性，采取了各方面的措施。首先把产生污染的工厂迁到城外（1785~1987 年，巴黎将无名者墓地迁到别处），各个城市意识到需要更多的水来清洁垃圾、清扫马路以及处理污水。同时，城市的火灾问题也开始引起担忧。人口稠密的大城市聚集着许多木制建筑——居民楼、仓库和小工厂，火灾风险很大。

第三个因素，也许是最重要的，就是如何治理"城市病"（maladies urbaines）。霍乱等传染病贯穿于整个 19 世纪，致死率非常高。此外还有天花、伤寒症、结核病、梅毒、腹泻、流感，更不用说源于美国的黄热病，在城市中因病而死去的人数高于其他地区。在法国，中心城市的疾病治愈率低于全国平均水平（Preston et Van de Walle，1978，p. 278）。霍乱最让人恐惧，影响也最为深远：许多城市都暴发了霍乱，因而不得不建造供水和配水的基础设施。尽管人们了解水才是抑制病情传染的主要因素历经了很长一段时间，但是在与霍乱斗争的过程中，许多大都市建立起了供水网络。

也正是由于霍乱，人们才意识到水资源的重要性。如果没有足够的水，没有供水网络来保证饮用水的供应，那么就只能从污染的水源或就近取水，其后果是大城市一直受到传染病的威胁，城市的经济生活因而也受到重大的影响。对于水资源而言，已经不再是用途的改变或者对其重要性的认知，而是关乎城市及其居民的生存问题。面对这种挑战，任何地方当局再也不能置若罔闻。

要知道，这些传染病起因不明，像是偶然暴发的，但在居民中造成了巨大的恐慌，有能力的居民都撤离了城市，商业贸易陷入瘫痪。人们要求当局采取措施从根本上解决传染病问题，由于建设供水网络的城市已有经验可循（并且抑制病情的效果显著），于是各个城市纷纷建立供水网络。正如伯明翰市长约瑟夫·张伯伦（Joseph Chamberlain）于 1874 年在英国议会一次重要的讲话中所言，水因此变成了"生存或者毁灭"（*de vie ou de mort*）的问题（Marsh，1994，p. 77 - 102）。事实上，工业化导致许多经济活动发生转型，同时，卫生运动引起心态和观念的深刻变化（发生于整个 19 世纪，影响了所有阶层的人民），用水需求日渐增长，水在人们的日常生活中扮演着越来越重要的角色。所有这一切使水在城市政治生活中的作用日益重要，尤其是在公共方面。总的来说，城市化和工业化的发展、思想的变革、水的用途的转变以及与传染病的斗争都要求改变供水方式（引水和分配），供水方式在政治、城市和社会层面上逐渐从一个私人问题转变为综合问题（Roche，1997，p. 154 - 155；Vigarello，1985，p. 165）。

早期的私营企业

私营企业在这种长期的演变过程中扮演着核心角色。私营企业是伦敦第一批供水网络建设中的产物，对欧洲和北美的大都市发展做出了巨大贡献。继伦敦第一批企业家之后，私营创业者如雨后春笋般增长，陆续参与到供水网络的推广中。19世纪初，私营企业垄断了市场，引起国有企业和社会的关注。在此形势下爆发了"水战争"（la guerre de l'eau），伦敦的供水网络公司受到了严重的打击，以至于供水网络的发展和供水能力都受到了质疑（见第二章）。为了避免竞争造成的"一损俱损"（la ruine de toutes les parties），全社会在必须保护私营自来水公司的现状上达成了共识。如果没有保护私营企业的法规，再加上需要巨大的投资，没有一家私营企业能够获得足够的利润来维持运营。同样，也没有一位投资人愿意出资建造供水网络。因此，私营自来水企业开始与其有许多共同点（如初始投资很大、风险高）的企业进行联合，例如从事采矿和贸易的企业，它们都受益于有利的法律法规。这些法律保护根据不同的国情采取了多种不同的形式：法律或事实上的垄断权、独家特许经营权、契据、特许权和相关合同。所有的法律条文都遵循一个原则：给予私营公司建造供水网络的特权，以便于它们能够在受保护的范围内运营并盈利。

有了法律法规的保护，私营自来水企业在各个国家都发展起来，投资者也开始对供水网络感兴趣，效法伦敦的第一批企业开始投资供水网络。伦敦的自来水企业首先提供政府部门购买的供水网络服务，出资建造和管理引水工程。根据当地不同的情况，它们还有其他方面的贡献。这些企业起初由某个核心人物创建，规模很小，资金和能力有限，只在比村子大一点的小镇上提供最基本的供水网络服务，后来，卓越的企业家脱颖而出，创建的公司资金雄厚，结构完善，可以为数千人乃至数万人的大城市提供更广泛的服务。这些企业家最初创建了伦敦的供水网络（1581年），从18

世纪末开始慢慢扩展到英国主要的大城市——利兹（1694 年）、利物浦（1799 年）、格拉斯哥（1809 年）、曼彻斯特（1816 年），再到欧洲大陆的一些城市，比如巴黎（1778 年）。同一时期，在美洲最早的居民集居区建造供水网络的也基本上是私营企业。1800 年前，在 16 座建有引水和配水工程的城市中，只有一座城市（温切斯特）不是由私营企业来资助、建造和运营的（Baker，1899，p. 14）。

在供水网络工程发展的初期，建有供水网络的城市还不算太多。19 世纪上半叶（也就是在霍乱第一次传播以后），出现了一种新的供水网络工程。越来越多的城市开始建造这种新的引水和配水工程，企业也纷纷投资。它们致力于把这种新的供水网络工程从大城市引进到小城市。整个 19 世纪，私营企业在供水网络工程中占据核心地位，并且得到政府部门的大力支持。不过，直接管理方法也在这一时期应运而生。也许是出于自信，也许是形势所逼（任何一家私营企业同意接手），一些城市不再把建造供水网络工程委托给私营企业，而是开始自行出资建造供水网络工程。马赛开凿了大规模的运河，把迪朗斯（Durance）的河水引到城市，这项工程长达 80 千米，历时 15 年（1839～1854 年）；维也纳的做法类似于马赛，斥巨资建造维也纳河（Vienne）工程（1870～1873 年），将斯泰里（Styrie）山区的水引流到城市（120 千米）。整个 19 世纪，这种引水工程渐渐占据上风。

总的来说，如果我们研究欧洲 30 个城市（按 1850 年的城市人口排名）供水网络的起源，会发现其中有 18 个城市的供水网络来自私营企业。在 19 世纪上半叶或更早之前则最为常见（伦敦、巴黎、利物浦、利兹）。例如伯明翰（1826 年）、里昂（1853 年）、罗马（1865 年）、巴塞罗那（1867 年）、那不勒斯（1875 年）、塞维利亚（1883 年）（完整清单见附录 1）。剩下的 12 座城市是政府部门经营供水网络，不涉及私营企业。19 世纪下半叶，大多数城市几乎都有了供水网络工程。从 19 世纪中期开始，供水网络工程国有化如火如荼，在以后的几十年里进一步广泛发展。19 世纪末，欧洲和美国的私营企业逐渐退出。政府组建的市政服务公司无一例外地接管了供水网络工程的建设，并且收购了此前由私营企业管理的供水网络。19 世纪末，在欧洲 30 个最大的城市中有 24 个城市的供水网络由政府管理，在美国的 20 个最大的城市中有 19 个城市的供水网络由政府管理。如果从更大的范围来看，结果还是一样：英国 90% 的城市供水网络由政府管理，美国为 70%，19 世纪末 20 世纪初，政府管理的供水网络占主导地位（见第三章）。欧洲其他的大多数国家情况也是如此。

公共管理方式的转变影响的不仅仅是供水部门，也包括其他公共服务。这是"市政社会主义"（socialisme municipal）的特征，目的不仅在于确保更好地控制系统的发展，也要满足一些社会和政治的需求（服务的一致性和普惠性），同时还要能指导并且重新分配由此获得的财务资源。但是，私营管理退出供水领域在范围和期限上有其特殊性。供水领域转为公共管理尤为典型，相比之下，在美国和欧洲大部分国家，直到第一次世界大战爆发之前，天然气、电气、电话或公共交通（有轨电车）等部门仍然主要由私人资本把持（Millward，2005；Jacobson et Tarr，1996；Priest，1993）。而在其他公共服务中，这种现象可能是暂时的。对于一些公共服务来说，私营企业的退出并没有持续太长时间（私营企业很快又重新进入有轨电车以及其他形式的城市交通），而对于其他公共服务而言，则会持续很久（电信、能源）。20 世纪 80～90 年代，在公共服务的法规调整和私营化背景下，私营企业在众多部门中卷土重来

（Lorrain et Stocker, 1995；Barraqué, 1995）。不过，供水部门除外。

供水管理在法规调整的浪潮中处于边缘地位，公私管理模式并没有受到太大影响。尽管曾经有国际机构意图收购大城市的供水网络工程，且政府部门也出台过有利于供水网络私营化的政策（1989 年在英格兰和威尔士，1991 年在捷克共和国），但是目前，私营的供水网络还是少数。在欧洲，供水网络私营率在 32% 左右（按照其用户所占的比例计算）。如果排除英格兰和威尔士，以及地方没有决策机制的捷克共和国（之所以排除，是因为其地方当局不具备建造供水网络的能力），那么欧洲供水网络的私营率只有 24%（详情见附录 2）。美国的情况与之相似，其供水网络的私营率只有 15%（Melosi, 2012, p.52）。从全球范围来看，大概是 5%~15%（Stephenson, 2005, p.265；Lloyd Owen, 2012, p.49），该预测包含配水和净化业务。这种状态与其他的公共服务无法相提并论，在其他的公共服务中，私营企业即使不是占据主导地位，其地位也相当重要，私人投资的流动也非常显著。

供水部门的情况比较特殊，与同等规模的工商业部门中其他公共服务迥然不同。还有一点特殊之处在于，法国是唯一对供水私营化保持强烈兴趣的国家，与绝大多数国家形成鲜明对比。从 19 世纪中叶开始，私营供水企业凭借雄厚的资金，在该领域投资与公共管理不分伯仲。法国的私营企业经历了一系列的考验，也曾遭受质疑（从"市政社会主义"到一战后的资金紧张），克服重重困难之后，私营企业得到缓慢扩张。法国私营供水企业的经营方式很不一样，甚至与其他国家的同行背道而驰。如今，私营供水网络在法国仍然占主导地位，其比例大概是 66%，与欧洲其他国家（除英国和捷克共和国之外）供水网络的私营率总和大致相当。法国的私营供水企业深深扎根于地方社区之中，相比之下，德国、荷兰、意大利、瑞士或北美国家的私营供水企业逐渐减少，甚至已经完全消失。

　　这让我们不禁提出一系列问题。在私营企业深耕多年的某个领域中，国有企业如何才能进入其中并占据优势地位？在地方社区掌握供水决策能力之时，为什么会选择直接管理呢？法国在供水和配水服务中有何特色？其本质是什么？原因何在？

伦敦、纽约和巴黎

　　为了回答上述问题，我们选择三个城市为例，其供水网络的现代化进程缓慢，甚至较为艰难。1900 年，伦敦、纽约和巴黎是世界上人口最多的三个城市。综合城市规模、人口密度、经济与政治实力以及伦敦和巴黎对欧洲的影响等所有因素，这三个城市成为供水网络工程的典范。周边城市也得仰仗其供水系统。这三个城市采取的方法很有针对性，代表了前面所述的发展趋势。起初，引水和配水系统由私营企业出资并建造（伦敦，1581 年；纽约，1799 年；巴黎，1788 年）。之后，依据各自所在国的国情，前两个城市采取了公共管理模式，纽约的速度最快，其次是伦敦。从 1860 年起，大型供水公司主宰了巴黎及周边地区的配水服务。

表 1　1800 年和 1900 年世界上人口排名前十的城市

单位：人

1800 年		1900 年	
北京	1110000	伦敦	6507000
伦敦	1097000	纽约	4240000
广州	800000	巴黎	2714000
江户（日本）	685000	柏林	2710000
伊斯坦布尔	570000	芝加哥	1720000

续表

1800 年		1900 年	
巴黎	547000	维也纳	1690000
那不勒斯	430000	东京	1490000
杭州	387000	圣彼得堡	1440000
大阪	383000	曼彻斯特	1430000
京都	377000	费城	1420000

资料来源：Satterthwaite（2007，p. 74－75）。

　　为什么会选择关注城市发展的历史呢？因为供水网络的建造和管理方式（国有和私营）主要取决于城市的历史、特色以及不同背景下的具体决策过程。有关水资源的公共政策和管理方式由一系列因素决定，反映出影响城市生活的诸多问题。所研究的城市会采取哪种类型的体制机制呢？地方当局的威望是如何形成的，他们又代表谁的利益？权利扩张后的边界在哪里？他们在本地区经济发展、资本积累和创建有能力提供公共服务的企业中发挥了什么作用？地方当局如何满足居民的期望和偏好？采用何种再分配机制？所有这些因素发挥作用的方式不同，影响着城市之间、国家之间不同类型的应对方式，引发了关于供水管理国有还是私营的争论。换句话说，如果这种争论继续深入的话（我们将进一步讨论），那么根据个案基础提出的解决方案也不尽相同，因为这些解决方案很大程度上取决于——我们说过直接决定了？——19 世纪整个地方的体制和政治局势。因此，有关国有还是私营的问题在英国的国情背景中反应不一，因为地方当局高度自治，深受"市政社会主义"的影响；而在美国的国情背景下，一些城市出现"政治机器"（machines politiques），大搞腐败和裙带关系。法国的国情背景较为类似，国家管理市政事务，保护公共产品的权利。在这三个国家，城市特有的历史和制约因素起到不同的作用。

　　因此，我们主要采用地方层面分析和比较分析，有利于避免范围扩大后引起似是而非的风险。更重要的是，对最初采取私营的原因，其长期维持（或者采取排除私营的相反做法）的因素也应具体情况具体分析，只有分析具体的细节，才能更好地理解私营作为公共管理有效替代方案的一系列因素。即使每个案例各具特色，其中一般性的因素也会起作用，从而形成独特的发展历程，呈现出不同的趋势，成为全球化发展轨迹中的一部分。随后，我们就会意识到出现这些偏离产生的重要规模效应。人们加强了对水的关注度，从一开始的送水工到后来的供水网络系统，这些供水解决方案都需要政府的组织与支持。政府也越来越注重水的问题，出台许多优惠政策，构成现代国家的基石（Swaan，1995）。建造供水网络的历史和在管理方式上的争论，在公众卫生和城市化方面导致了城市出台政策或对公共服务不断进行调整，也产生了各种各样的问题，需要决策机关、管理部门和国家层面进行合理的改革才能有效地解决。

　　在最初通过私营企业创建供水网络的城市中，一些自来水公司逐渐壮大并推广最初的运作模式，以至于这些工程在19世纪成倍增长，并逐渐普及到欧洲和美国的大部分城市。然而，随着供水网络的扩张和扩散，私营企业大量地被政府管理所取代成为一种常态。由此产生了一种矛盾，即在私营企业逐渐普及并取得初步成功的时候，却失去了信任。法国却没有发生这样的情况，为什么？对这一现象我们有这样的猜测。通过努力发展供水网络，私营企业解决了新的需求，开发了更多的功能。它们致力于让水资源分配变成一项普惠性的公共服务，成为居民、城市及其经济活动不可或缺的一部分；公共服务成为公共力量组织的，以公共利益为目的并满足社会基本需要的活动。这种措施在19世纪下半叶开始逐渐实施，并随着供水网络的通用在都市普及开来（Duroy，1996，p. 15 – 45）。

在供水和配水成为基础设施的过程中，私营企业的角色发生了改变，它们不再在市政府的阴影笼罩下经营，而是受到其保护。一旦这些企业垄断了这个行业，将不会像从前一样作为出售服务的经济行为体（向用户的家庭供水），与行业内的其他服务主体（如送水工、水井使用、水管直通河道或者直通公共水泉）开展竞争。它们不再是普通的商业主体，而是在城市日常生活的运作中起到至关重要的作用，掌控着未来发展的红利。由于它们控制着投资政策，资助供水网络的现代化和扩张，因而，可能会为了维持或提高资金的盈利水平，减缓城市化进程中新街区的供水网络铺设，减少基础设施的规模，推迟新工程的建设。它们具备权力和行动能力，对城市、城市的经济和居民的"福祉"（bien – être）具有重要的影响。供水系统令人满意、布局良好且有效控制污染源，是城市人口死亡率大大降低的因素。私营公司扮演了公共机构的角色。

然而公共机构越来越不能接受这种现状，它们很难控制私营企业的职权范围，也无法主宰水资源的管理。或许是因为私营企业更加注重维护自身利益而非大众利益，因此对城市和居民实施"不可容忍的暴政"（Wilcox，1910a，p. 399）。或许是因为地方当局意欲对公民做出承诺，想要管控供水项目，以宣示公民的福祉和健康比其他更为重要（Spar et Bebenek，2009，p. 678）。一种认知错误地认为水是天然的公共物质，和空气一样丰富，理应是免费的，不具备商业上的产权，私营企业不能用以牟利。另外，资金问题也可能是考虑在内的其他因素。鉴于投入资金的重要性（供水项目的资本投入十分密集），并且理论上地方当局的财政能力远远高于私营企业，有能力直接接管供水并促进供水网络的部署。实际上，除了销售水能获得"内部"收入外，地方政府还可以从用户和税收中获得"外部"收入：可以动用部分债务为供水网络融资，获得补贴性贷款，然后就能获得来自国家和社会的流动资金。这些都有助于资金的流通（Crespi Reghizzi，2014）。尽管这些公共融资某些时候可以发挥作用，但还不足以成为私营企业普遍退出的原因。首先，因为私营企业只承担运营商的角色，投资的责任留给市政当局（这种情况只存在于法国）。其次，公共资金在公共管理的接管运动中，尤其在"市政社会主义"时期，并没有起到像其他决策过程那样的推动作用。再次，市政府面临的问题不在于缺乏私人融资，而在于无法动用供水公司获得的盈余、对合同进行监管以及平衡各方力量。

撇开融资问题不说，供水私营化问题引起了强烈而持久的紧张局面。这种局面一直贯穿供水网络的发展进程，直到市政重新直接接管才结束。供水网络的迅速发展可以视为试图弥合这种分歧。19世纪，由于供水服务普及，在人们更加关注健康和公共卫生的同时，私营企业和公共机构之间存在的目标差异一直呈扩大趋势。

企业的主要驱动力来自私人利益（实现盈利，投入的资金获得回报，并且发展壮大），而城市则致力于维护公共利益（保障居民福祉，满足用水需求，防止火灾，解决健康问题，提高经济和商业的吸引力和活力）。当然，私营企业和公共机构也会有其他方面的驱动力，对此，经济学、政治学和组织社会学等领域都进行过分析和研究。私营企业的决策动机，尤其在投资方面，远比简单的利润最大化要丰富得多。它们自发采取行动，或用来修正负面的外部效应（减少中间环节造成的污染或空气恶化），或在本职范围提供公共产品（捐款，筹集公共事业资金）。这么一来，至少在短期内，它们的成本上升，盈利能力下降。研究企业社会责任（RSE）的文献总结出企业增加额外支出的各种动机：从纯粹的利他动机到更加长远的战略性目标（改善公司和产品在消费者中的声誉和形象，吸引新的人才，增强员工忠诚度，规避强制性法规，参与可能会影响其业务模式的科技和社会转型）（Kitzmueller et Shimshack，2012）。不过，可以肯定的是，除了特殊情况和可能存在的特例（就算存在这种情况），企业社会责任不会影响私营企业寻求利益最大化的基本前提。这有可能是因为企业在社会责任方面支出的资金远低于企业所赚取的盈利，没有影响其整体平衡和竞争地位，又或者因为企业在社会责任的支出更加具有战略性，旨在通过吸引新客户、改进其内部运营以及顺应未来法律法规的变化，提高了公司创造长期利润的能力。

城市的主要动力是满足居民反映的需求，致力于改进公共产品。这种思想古已有之。亚里士多德就曾注意到，任何个人群体和政治团体的目标之一就是为其所有成员创造利益（游离于团体之外的个体将不会受益），确保增进共同效用。"这一共同效用是那些想要造福所有人的立法者们的目标"［亚里士多德，《尼各马可伦理学》（*Éthique à Nicomaque*），卷八］。这里再讨论一下这种说法。许多已有的观点表明，担任立法者的政府官员，并没有将满足大部分人的需求置于首要位置。在某些影响因素、代理人和社会上占支配地位的团体的干扰下，公共政策会偏向某些特定人群，或优先实施某项片面的、不公平的措施，甚至背离广大群众的利益。社会和政治领域的专家深知权力斗争、控制、占有、统治和工具化的逻辑，无疑是地方政府的动机和决策要因。然而在我们所分析的代议民主制之中，政府部门由投票选出，其所有的决策仍然以捍卫集体利益为导向。这是衡量政府所作所为的标准（Lascoumes et Bezes，2009）。寻求集体利益和公益仍然是有待实现的目标，任何与该标准存在明显背离的行为都可能受到质疑、挑战和制裁。因此，如果个人利益僭越了集体利益，私营企业在技术、金融和经济大方向上偏离了城市的需求，合同因涉嫌腐败而无法履行或向私营企业输送利益，对于地方当局来说意味着信誉受损，首要任务也将遭受失败。

城市作为一个公众机构，必须善于与公民建立信任关系（Dogan，2010）。这里引用亚里士多德经常提起的"立法科学"（*science du législateur*）：树立模范和法规来鼓励所有社会成员以美德、公正、中立、节制和忠诚来对待公共事务。而私营企业的行事方法不在同一个层次。作为一个经济行为体，私人公司力求提高效率，为自己的利益服务，以获得利润、赚取更多的金钱。它会使用各种方法，在竞争和监管环境中，尽可能地执行其认定的最佳战略，确保其当前和未来的利益（向其股东支付回报，为支持增长的策略而投资，改善结构，建立联盟等）。因此，私营自来水公司会在城市中想方设法地取得垄断地位，在经营活动中赚取更多利润，直至能够攫取获得"寻租"（*rente*）的实际地位。这是因为：在初始合同的议价及此后的发展阶段（定价、投资策略、资产价值）中，都能从信息不对称中获益，能够影响甚至有可能"俘获"监管者（这里指的是当地的行政力量），迫使监管者转而支持企业的私人利益（Stigler，1971）。如果没有适当的控制和监管（公共机构实施所有强制手段或激励措施来规范和指导受监管公司的行为），私营公司在利润动机驱动下，将不惜损坏集体利益，不择手段地谋求其私人利益。

因此，我们将考察两种不同类型主体的优先利益，即"君主"和"承包商"。它们的行为方式建立在不同的基础之上，对应不同的需求层次。地方行政机构的行为将根据其能力，一方面听取和回应公民的要求，另一方面采取决策和行动解决问题，改进社会的福祉（Laborie，2014，p. 337 - 338）。也就是说，听取和了解居民的供水需求，记录这些需求并付诸政策，增加供水量，提供无污染的水源，降低传染病带来的死亡。私营企业的行为将由股东根据其获利能力、投资回报能力、发展策略实施能力进行评估，是企业自身优点和对监管约束适应能力作用的结果。其中，监管约束的适应能力包括"俘获"监管者，将其变成自身的优势。

公共活动、合同和治理

尽管优先利益各有不同，但也有共同点，只要私营企业和地方政府都做出妥协，双方都能获利。这些妥协包括组织安排、治理形式和合同。它们互相联系、互相依存，决定饮用水这种公共产品的生产条件，调动企业的资源，确定投资供水网络的发展，计算回报，监督公司运作。特别是，供水网络的部署速度、提高居民设备的安装率和交付的数量、分配资源的质量以及费率都与双方商讨的合同条件密切相关。因此，合同的基本特征（时效、投资计划、费率制定规则、资产所有权、退出条件）会突出合同的经济性及其产生的结果，还能促进双方关系的形成，提高行为的合法化程度，并确定风险、收入和责任的分担。所以，当地政府为确保水资源的分配成为符合集体利益的公共服务类活动，必须与私营企业保持合作关系，用合同来生产、指导和实施供水的公共政策（Le Galès，2014，p. 301）。

地方层面的合同安排和组织形式会受到更高层面的（一般是国家的）体制、政治和法律的影响（North，1994；Williamson，1996）。产权制度、法律规则、市政权力、社会结构规模及相对于其他机构（中央政府、联邦州、省）的重要性或政治惯例……所有这些因素在很大程度上决定了城市在合同事项中的抉择，决定了其行动能力。换句话说，合同是行为主体在地方层面上达成一致的组织形式（"行为博弈"的产品），受到更高层面的正式或非正式机构（制定"博弈规则"）的监督。这两个层面之间存在相互依存、相互影响的关系：机构确定合同和交易的方向、形态以及订立（或取消）的可能性，而合同和组织的形式可以改变约束它的机构的性质。这就解释了为什么水资源管理合同在不同国家具有许多不同的形式。这些合同的定义取决于地方的"行为博弈"和机构设定的"博弈规则"。因此，行为主体签订合同（并在合同框架内有效组织公共服务的生产）的能力与是否存在能够承诺制定和执行公共服务的机构和机制有关。另外，双方都要减少整个合同关系中可能发生的摩擦和分歧（这些摩擦和分歧是额外费用的一个来源）。有关合同的经济学文献，特别是新制度经济学文献认为，行为者应选择合理的组织形式，尽量确保交易成本最小化（Coase，1937 et 1992；Williamson，1996）。鉴于交易的本质，组织形式能让交易以最有效的方式进行。简言之，交易越复杂（交易中会产生特定的资产，几乎无法重新再分配，在另一种情况下会失去价值），行为主体之间的关系越复杂，环境越不确定，与合同相关的成本和风险就越大。在这种情况下，最好采用更加综合的组织形式，让交易在统一的内部结构中进行，而不是采用商业交易的形式。在这种原则下，交易的"本质"决定组织的形式。从严格的经济角度看待交易问题就是：交易频繁吗？是否包含特定资产？是在不确定的环境中完成的吗？交易双方的利益处于同一水平，因而选择的方向也相同：根据掌握的信息，最大限度降低成本，在合同安排中实现利益最大化。

虽然这种理论很丰富且有活力，在各个领域得到广泛的应用（Klein et Shelanski，1996），但对于我们的研究目标而言，这方面的文献资料还不够完整，不足以让人明白在水资源管理的合同组织形式何以逐渐让位于公共管理。在新制度经济学中，公共管理被看作"兜底"的组织形式（dernier ressort）。当其他的组织形式都失效之后，经营的组织权只能交给公共机构（Williamson，2000，p. 603；Dagdeviren et Robertson，2015）。将其应用于供水管理的分析如下：由于供水管理的合同具有交易难以执行的所有特征（频繁、不确定、交易资产特殊），因此，无法减少成本、冲突和风险。利益相关者可能是机会主义者，会抓住合同的漏洞，这样一来，合同的管理就很难进行（Masten，2011）。难道这就是公共管理取代水资源合同管理的唯一原因吗？如果是，那为什么其他具有类似技术和经济能力的公共服务部门没有这么做呢？为什么在水资源管理方面，法国是个例外呢？

　　我们猜想，治理模式的选择不仅仅出于经济原因。经济方面的原因当然存在，但是不能完全解释组织形式上的决策。交易的"本质"也无法解释所有方面。一方面，必须考虑到制度背景（"博弈规则"）及其对地方层面的行为主体缔结合同的潜在影响。机制，尤其是适用于这些部门的产权制度（就水资源治理而言，水资源是企业还是政府的资产？什么情况下可以转让?），对合同可能存在的操作空间具有结构性影响。比如，当基础设施的产权掌握在私营企业手中，且资产回购的法规特别不利于公共当局时，通过合同组织供水的公共服务的成本更高，风险更大。在这种情况下，就需要制度来管理和限制合同关系：法院有效地解决争端，国家赋予地方政府一定的决策自由（管理自治、财务自治、债务额度），社会在国家所有法律法规中具有一定的地位和作用。

　　另一方面，我们认为，在分析中涉及的次要因素包括交易的利益关联方所遵循的动机和行动原则。如果认为它们仅受效率目标的驱使，似乎太简单了。正如我们所知，公共机构和私营企业的利益或目标不同：行动模式不同，基于不同的判断标准追求的结果也各不相同（Boltanski et Thévenot，1991）。因此，私营公司和地方政府组织在签订合同时应达成妥协，缓解私人干预公共供水服务造成的紧张关系。然而，在这一领域的紧张局势因为公共供水服务牵涉的公共利益非常广泛而变得更加强烈：公共卫生、居民福祉、服务普及。为了减少矛盾，试图找到永久的解决方案，私营企业有义务证明其行为的合理性、能够参与运营。私营企业必须形成统一的模式，规范自身的行为，接受合同中限制其行为能力、约束其行为和尊重社会利益的条款。否则，如果合同框架不够完备，企业行为与政府的期望分歧太大，私人利益与公共利益之间的差距甚远，政府可能会丧失合法性。在这种情况下，通过合同形成的治理模式将受到损害，公共和私人利益相关主体之间的协调将被削弱。合同将被其他的治理模式所代替，这种治理模式完全被限制在公共领域范围之内，政府直接控制水资源分配的管理。

由于供水服务与公共利益息息相关，特别是供水服务在 19 世纪已经大面积普及，不难想象社会要接受以合同为中心的治理模式非常困难（造价高、风险大）。从服务条件满足与之相关的公共利益的视角来看，制度和合同要求的条件太多，且只能在特殊的环境下才能满足。供水管理在这方面的要求显然要高于其他服务部门，因为其他公共服务部门认为（或者感觉）公共利益没那么重要，合同化管理的方式也很简单。私营企业参与公共性供水服务的合法性、导致的紧张局势以及可能达成的妥协方案都是我们分析的中心，在很大程度上解释了为什么私营企业创造了供水网络却在很多国家逐渐被边缘化，相反，为什么法国成为特例，走上了不一样的道路。通过伦敦、纽约、巴黎三个城市的历史，我们将看到合法性问题是如何产生的，公司和政府部门之间组织、演进、竞争的逻辑是什么，以及这三个城市实现了哪种妥协的方案。

正如我们所见，伦敦是欧洲第一个部署了现代化供水网络的重要城市。从17世纪初到20世纪初的300年间，发展出了包括新河公司在内的许多私营自来水公司。在监管机制的推动下，它们的经营活动很快获得了丰厚的利润，直到19世纪初才引起了当地政府的关注。随着公共供水业务的蓬勃发展，其他供水方式（水井、送水工）被淘汰，私营自来水公司的地位变得极为重要，行为开始不端。略举几例它们的行径：供水极少且断断续续，水质差，收费极高。霍乱的偶发性但具有致命性使这一紧张形势加剧。在伦敦，合同十分（极为）偏向私营企业，其结果越来越难以被公共部门接受，公共部门对卫生的要求日趋严格，开始采取行动寻找其他的替代方案。尽管相关法规日益收紧，但私营企业仍然固执己见，拒绝改变合同条款，而且继续牟取暴利，最大限度地调高供水"租金"。当时的制度也对它们有利：它们拥有基础设施和供水网络的完全所有权，控制着投资决策，并且有能力捍卫自己的利益。由于无法找到解决方法上的妥协，达成一个让人接受的合同框架，伦敦政府在"市政社会主义"浪潮的推动下，最终决定以高价收购私营自来水公司，将供水服务国有化（1904年）。

纽约呈现了另一个关于私营自来水公司令人失望并逐渐消亡的故事。这个故事比较简短，暴露了政府和私营之间关系时常紧张的另一面。1799年，曼哈顿公司刚成立时就成了一项工具：它没有参与供水网络的建设，而是成了规避法律的工具。该公司开展投机活动，暗地里大搞腐败。围绕曼哈顿公司开展大量的腐败和政治献金，其美国"政治机器"的显著特征暴露无疑。在一些城市中普遍采用的政治制度和惯例在纽约大行其道，为徇私和贪污让路，显然不利于私营企业在水资源分配方面的持续发展。这些机制造成了合同的失衡、效率低下和公众的不满（价格高、服务水平低以及供水不足），最终只能导致争论、质疑和冲突。即便"政治机器"也无法支持一个长期妨碍城市铺设大规模、能够治理重大污染的供水网络的合同。纽约并非个例。在己方独大的合同保护的条件下，有时甚至还附带贿赂，美国的自来水公司根本无法满足市政府官员服务集体利益的期望。这一时期充斥着紧张局势和诉讼，最终，私营企业参与供水资源的资格被永久取消。19世纪末20世纪初，大多数私营自来水公司逐渐被城市直接管理的服务所取代。

巴黎又是另一番情景。与伦敦和纽约不同的是，巴黎和法国其他城市都形成了一种兼顾私人利益和集体利益的稳定持续的平衡。从18世纪末开始，在政府资金进入之前，巴黎已经多次利用私营融资建立供水网络。1853年的奥斯曼计划加速了在供水中的公共投资，打开了巴黎公私合营的大门。1860年，已在郊区开展业务的通用自来水公司（la Companie générale des eaux）进军巴黎的供水服务领域，享有了城市中的许多特权（投资管理权、资产所有权、价格制定权）。随着水资源管理的发展，公私关系被写进了合同中，至少从原则上来讲，给政府的干预留了很大的空间。围绕公共服务授权合同的治理方式就此诞生，这有助于私营企业参与法国的供水服务。这种供水治理模式是建立在制度逻辑（各级政府分权、国家对市政的严格监督），以及有利于其发展的法律法规（资产的公共产权）的基础之上的。

19世纪，出于各种原因，紧张和不睦的局势在伦敦和纽约陡然上升却得不到根治，私营管理供水的资格最终被取消。巴黎的情况却完全不同。长期有效的解决方法是私营企业参与供水管理的合法化。这主要仰仗政府授权的一揽子合同，为地方当局提供保障，并为其提供捍卫自身利益的手段（当然它们自己也要很珍惜），避免了企业利益凌驾于公共利益之上。

资料和方法

本书立足于几门学科——经济学、历史学、社会学——的交叉，运用这些学科的资源来了解和解释早期供水网络的历史以及私营企业在其中的角色。从历史学的视角来构建这几个大城市长期以来的供水分配的关键叙事。从经济学的视角来了解合同制，研究和评估私营企业的成果及其演变，分析当地政府投资基础设施和促进服务普及的方式方法。社会学的视角关系到地方治理问题，理解和解释公共政策的合法化以及寻求调和不同动机的方法。

文献资料主要来源于两个方面。第一种类型是介绍并深入分析已知的信息和数据，这些信息数据很少用于供水机制和关于水问题的讨论。其中包括纽约曼哈顿公司成立的原因或影响 19 世纪美国当地公共服务的腐败程度。这些事件为供水网络历史的许多方面提供新的观点。对于这种类型的信息，我们每次都尽可能使用当时的文件而非二手资料。

第二种类型是未公开的，据我们所知，从未被使用过。一些文献是在英国下议院主持编写的系列报告，这些报告重现了伦敦的自来水公司在 19 世纪最后 30 年里的财务业绩（国会下议院文件）。另一些则是来源于塞纳省政府、巴黎市政厅和通用自来水公司在 1850～1920 年的文件和报告。当时的经济和财政报刊对这些文件进行了相当系统的分析，我们可以将这些文件与围绕巴黎供水合同的讨论相结合，在文件指导下分析通用自来水公司的财务业绩和发展战略。

第一章　供水网络形成之前

19世纪以前，供水问题一直是大多数城市居民的日常关切。对于城市而言，天气状况、水文特点、水源的存在与否、不同街区的地理位置以及当地居民的财务能力等诸多因素，影响了供水项目的组织多样性、分散化和发展进程。穷人的消费能力有限，只能直接从河里打水；而富人都有自用的水井，也可以购买上门送水服务，或者指派仆人到公共水泉取水，两者存在天壤之别。那些最富有的人，拥有大量的财富，多是当地的神职人员或大贵族，往往拥有安装家用引水系统的特权，这些水都是通过准排他性的引水渠和配水系统引自远处，水质清新，源源不断。这些私人的、个体的方案占据了主导地位，确保了长期以来城市人口最低限度的用水需求。几百年来这些方法一直运转良好，没有重大的改变，因此，我们惊奇地发现，有关18世纪末巴黎供水设备的描述，竟与5个世纪以前伦敦主要使用的供水设备大体相近（Keene，2001）。从中世纪一直到法国大革命后期的很长一段时间内，基本上都是个人根据自身的能力和手段努力解决用水问题。从城市的官员到国家的君主，在干预方面都很克制，放任个人和私营企业（主要是与送水工合作）根据自身的条件解决用水问题。古罗马时代那些伟大且具有里程碑意义的创造，如引水渠、水网、水渠系、废水回收装置，都成为遥远的回忆。在5~12世纪的时间内，它们已经停止了运转：这些工程几乎被完全废弃、毁坏，金属管道也被拆除。然而，至少在专家看来，它们在研究 19 世纪的供水问题和解决方案中依然具有宝贵的借鉴意义。

这是一个万物都在变化的时代。依靠个人自身解决供水问题逐渐被淘汰，源于三大因素。第一，欧洲的城市化与工业化虽然缓慢，但步伐坚定，农村人口蜂拥进入城市。当时世界上最大的中心城市，如欧洲的巴黎、伦敦，北美洲的纽约、费城，随着人口的大量涌入，用水问题不断尖锐，制约了城市的发展，阻碍了工业与贸易的扩张。第二，水利领域新技术的兴起。传统的、依靠重力法则的水利设施，被蒸汽机操作的机械水泵所取代，后者可使水流量成倍上升。铸铁管取代木管，可以减少泄漏，并承受较高的压力。第三，城市的密集导致了传染疾病的大规模扩散（如霍乱、斑疹伤寒），在整个世纪内造成严重的灾难，勾起人们对瘟疫的恐惧记忆。这些疾病侵蚀人们的健康，死亡率不断蹿升，但是诱发根源与传播方式却难以确定。新的疾病不断暴发，需要有效地予以清除，从 18 世纪中期开始，就开展了轰轰烈烈的疾病预防运动。

至此，卫生条件引起了全社会在政治和道德等多层面的重视，对之后供水的组织模式产生了深远持久的影响。

个体解决方案

直到 19 世纪，城市居民的用水主要有三种主要渠道，这三种渠道一般情况下都是共存的，即从池塘和江河里打水；借助引水渠或水管从当地公共水域抽水；挖掘水井获取地下水。

从河流中取水也许是家庭和手工业中使用最普遍、最便捷的方法。巴黎当地的手工业者自远古时代起，就一直在利用塞纳河水，伦敦的泰晤士河自古以来的作用也如出一辙。河流不仅是牲畜的主要水源，也是周边磨坊运作的主要动力，在供人垂钓的同时，还为船只提供原始动力。最终，河流成为一条集循环、交换与供给功能于一身的通道，为城市及其居民提供生存之本（食品、红酒、柴火、石头和建筑材料等）。为了更容易取水，人们尽可能地沿着河岸附近定居。一些利用水资源的企业在巴黎的塞纳河与比埃伍尔河等河流两岸形成了生产活动空间。它们成为市政当局或君主控制与监督的对象，接受其管理、组织和征税，从而获得通行权力。这种控制的一大作用就是确定河流及其周围活动的优先顺序，避免河流及其资源的过度使用造成的冲突和紧张局势。据记载，早在 12 世纪时，巴黎当时经营规模最大的呢绒厂、压榨厂和染坊都需要大量的水资源，因而都坐落于塞纳河畔和圣吉尔维（Saint - Gervais）以南的区域（Baldwin，2006，p. 75）。14 世纪、15 世纪时，那些位于河畔的房屋销量颇佳，有力证明了地理位置与地形的重要性。这些房屋位于塞纳河或比埃伍尔河两岸，直接面向河流，居民在日常生活中取水非常方便。他们大多是鱼贩、木材商人、船商、船员、制革商以及染坊工人。另外，其他资料也可以提供佐证，进一步解释职业与临水位置的关系。巴黎公证机关的记录日志中出现了模塑商（买卖木柴燃料）、渔商和磨坊厂主，后者曾于 1492 年购买塞纳河河畔的一座渔业小岛（Roux，1999，p. 67）。所有这些行业都与河流交通密切相关，需要从水流中获取资源或者大量的水，因而集中在河流沿线，为城市经济活动注入了活力。河流的利用必须是共享的，尤其是那些日常生活离不开水的人。直到 18 世纪末，塞纳河一直是巴黎居民主要的用水来源（Backouche，2016）。

随着生活半径和城市面积不断扩大，必须拿出新的解决方案，兼顾所有社区的居民。水井就是其中一例：富人自家庭院（或者医院、修道院、建有围墙的花园、公共和宗教场所以及贵族旅馆）

挖掘的水井；两家庭院共用的水井；住户在地窖或者厨房中开凿的水井；以及位于交叉路口或者广场中的公共水井。丹尼尔·罗谢（Daniel Roche）估计，截至 1834 年，巴黎水井的数量在 2.5 万和 3 万口之间，平均每两户人家使用一口水井（Roche，1984，p. 387）。巴黎 19 世纪初的这一比例可以通过莫城（Meaux）18 世纪的估计值加以确认（Baulant，1990，p. 215）。问题在于无法估计每日的井水流量，也无法确定井水的使用状态和具体用途（既有人类生活用水、牲畜用水，也有花园必需的用水），以及无法确定居民的用水量。例如：一户人家如果没有井的话，他们有权使用邻居家的井水；一个需要大量储存货物空间的手工业者可以拥有两套房屋，其中一套配备了一口水井。在巴黎，位于河岸右边的水井比位于河岸左边的水井用途更广，因为前者地表之下的水只有几米，取水的难度造成了河岸左边的发展相对滞后于右岸。

　　供水方案的一大补充是使用一套设备（如引水渠、水管），将水源（有时候距离很远）输送到公共蓄水库与私人特许之地，由教会、王室以及政府在特定时期开发、资助和维护。巴黎最初的引水管道、分水系统以及公共蓄水库得益于圣罗兰（Saint - Laurent）与圣马丁 - 尚普（Saint - Martin - des - Champs）两大教会的功劳。这些教会远离塞纳河畔，但是承担了从罗曼维尔高地（Romainville）、梅尼蒙当（Ménilmontant）、贝勒维（Belleville）等地的引水工程，这些地区后来成为其领地。圣罗兰教会坐落于蒙马特山丘脚下，组织修建了一条引水渠，从贝勒维取水和输水，用以满足自身以及周边住户的用水需求。圣马丁 - 尚普教会修建了第二条地下引水渠，将梅尼蒙当、罗曼维尔以及欧石南丛生地的地下水，引至距其 1200 米的佩圣热尔维（Pré - Saint - Gervais）储水池中。这两大引水工程最初用来服务其宗教活动和领土权，之后逐渐现代化，规模不断扩大，从 12 世纪末期（1183 年）以后出现了其他用途。腓力·奥古斯都（Philippe Auguste）国王剥夺了教会对引水系统的所有权，诏令这些引水渠从此往后必须流向巴黎中心的三个最大的公共蓄水库，用于满足皇室与周边区域的用水需求。国王借此机会既解决了自己的用水问题，又新建了许多蓄水库，规划了新的供水系统，而引水渠流经之处的居民也都从教会曾经的伟大工程中大大受益。

国王的接管行动预示着，无论是王室还是当地政府对水力资源的兴趣越来越大，导致水资源以及相关的水利工程进入了公共领域视野，从原则上被赋予不可剥夺且不受时效约束的权力，避免被特殊利益集团占有。然而仅有原则无法阻止巴黎长期以来的水资源滥用、非法分流与非法侵占等现象，直至大革命后期。王室从来都是优先享用 600 年来（1200～1800 年）不断修建完善的水利系统。依靠大量的优质水源，王室不断壮大，居住环境不断改善，居住面积不断扩大（如卢浮宫、杜伊勒立宫、卢森堡宫）。如果说后继的国王们都在不遗余力地推动、支持巴黎供水系统的发展完善，那么他们绝不仅仅是为了缓和人民日渐突出的用水问题，更重要的是确保王室的发展拥有足够的水源。

不仅仅是王室拥有用水的特权。政府利用手中的权力授予私人特许权（这种提法相对"委婉"），即将一部分公共水源用于少数部分的人或机构。首先被授予特许权的是教会和医院，继而是宫廷贵族、大臣、议员与高官。有籍可考的首例是路易十一在 1265 年正式授予费-迪乌（Filles-Dieu）女修院此项特许权。于是，获得这项特许权成了一项权力，彰显国家或城市的认可度与荣誉，也能将公共水源变成其私人财富的必要权威。这一过程充满了竞争，竞争对手包括贵族和王室。特许权的授予也是随心所欲的，直到

16 世纪末期，才有记录表明特许权第一次用来对抗货币的通货膨胀和货币滥发（采用一次性付费或者年费的形式）。这种现象不只发生在巴黎，也见于其他地方（参见 Gardia et al.，2014，巴塞罗那案例）。不仅蓄水库中本就稀缺的水受到激烈的争夺，就连新修建的水池中的水也被迅速瓜分完毕。其中一个案例就是弗朗索瓦一世于 1529 年在阿勒街区新建了名为"特拉华十字架"（la Croix du Trahoir）的蓄水库，其水源来自贝勒维与佩圣热尔维。修建这个水池的初衷是为卢浮宫和该地区的居民提供服务。但是当地贵族很快获得了私人特许权，从而占据了大部分的水源。当时居住在附近的巴黎行政长官热昂·特伦森（Jehan Tronson）于 1535 年从新建水池中分割了"豌豆大小"（de la grosseur d'un pois）的水流，用来供应其私人宅邸（Girard，1812，p. 8）。

在枯水和干旱期间，王室或者当地政府害怕供水不足造成居民骚乱和社会动荡，会定期废除此类特许权（例如 1392 年、1554年、1587 年、1594 年、1623 年、1624 年和 1625 年的王室敕令或者巴黎市长的法令，1635 年 5 月 26 日敕令，1666 年 11 月 26 日判决等）。即使如此，还会定期出现新的有关供水分配的其他特许权，无一例外都会威胁到公共用水的需求。这导致了新的谴责和抗议活动，日益激化的矛盾迫使政府不得不惩罚反抗者。由于陈旧古老的水源分配系统无法满足日益增长的用水需求，加之私人特许权难以控制，出台新的解决方案迫在眉睫。

亨利四世批准了一项工程，即储备塞纳河水用于供应贝勒维和佩圣热尔维。他委派佛拉芒的工程师让·林特拉埃尔（Jean Lintlaër），绕过议员和市长，在新建的九号大桥下修建一个巨大的抽水泵。这个计划并不被看好，因为担心它会影响城市的河流与货物运输，而这些对于城市来说不可或缺。莎玛丽丹（Samaritaine）

水泵于 1608 年投入使用，在供应卢浮宫与杜伊勒里宫的同时，也激活了柏树街（l'Arbre - Sec）公共水库，惠及附近地区的居民。巴黎的第一套液压泵（Viollet，2005，p. 93），在 1671～1673 年逐渐修缮并投入运营，其在穿过圣母（Notre - Dame）大桥时也遵循了同样的原则。由于连续几年（1667～1669 年）的干旱造成贝勒维与佩圣热尔维的水源几乎都被抽干，因而修建了 8 条液压泵，规模都超过莎玛丽丹。它们被安装在桥梁的支撑坝上，位于两个小麦磨坊旁，每一个泵口直径为 80 英寸（莎玛丽丹泵为 35 英寸），可以为 15 个蓄水库供水（1 英寸水柱约相当于 19.2 立方米）。实际上，这些泵的输水量没有达到预期：因为水流在运输过程中会停留多次，有时会被固体废弃物堵塞，需要定期维修。18 世纪末，圣母院桥下的水泵每天的输送量只有 45 英寸，而莎玛丽丹每天的输送量只有 17 英寸，与计划的水量相去甚远。

　　17 世纪初，当时所有的蓄水库都位于河流右岸，左岸用水的问题尚未能解决。巴黎决定重修当年罗马人建造用于阿尔克伊浴场供水的亚捷（Arcueil）引水渠。这条引水渠通过地下隧道，借用引力将兰吉（Rungis）附近的泉水输送到 15 公里外的巴黎。当时的摄政王玛丽·德·美第奇（Marie de Medici）大力推动该工程的实施，因为它可以为正在建造的卢森堡宫殿、花园、喷泉和公园提供充足的水源。整个工程于 1613 年 7 月 17 日开工，在 1623 年完工（Girard，1812，p. 20 及其后），并在第二年成功通水。亚捷引水渠每天可以提供 30 英寸的水源，其中 18 英寸会直接输送到国王和摄政王的宫殿，剩余的 12 英寸输送到巴黎市位于塞纳河左岸的圣雅克（Saint - Jacques）、圣维克多（Saint - Victor）和科尔得利（Cordeliers）街区附近 14 个新建的蓄水库。17 世纪中期，公共蓄水库的数量大增，水源要么来自河岸右边的贝勒维与佩圣热尔维，要么来自左岸的亚捷引水渠，再就是圣母院桥下连通的水泵：公共蓄水库从 16 个增加到 30 个。这一进展不断持续下去。1700 年，公共蓄水库的数量为 60 个，到 1789 年，已经达到了 85 个之多（Roche，1997，p. 167）。

如果说国王和市政府建造这些工程具有一定的功利性（需要充足的水），同时也具有强烈的象征性。这些工程能向民众展示国王与政府的权力和威信。工程的规模及其辐射区域所带动的经济与生态效应对构建城市周边的环境起到重要的作用。每项工程的名称都篆刻在石板上，用于提醒人们时刻要感激国王与政府的恩惠善意和先见之明（Amaury - Duval，1828，p. 3 - 6）。在这些伟大的工程中，既有我们之前提到的莎玛丽丹水泵，也有圣母院水泵，还有许多大容量蓄水库，它们都装饰着用特殊材料制成的雕塑与浅浮雕。一提到这些水利工程，我们往往会首先联想到它们的第一用途，即供应充足的水源。然而有些工程能提供的水源极为有限，例如1739 年建成的格勒内利（Grenelle）蓄水库，很快也被冠以"骗子"（trompeuse）之名，因为"我们并没有得到他曾承诺供应的水"（Du Camp，1873，p. 283）。

水域、淤泥和污物

公共当局行使直接资助或者贷款、管理、监督、立法、训诫等职能。在腓力·奥古斯都统治时期，就出台了最早的《水域法案》（*Police de l'eau*）。国王于 1369 年正式颁布法令，决定修建三座公共蓄水库，并定期拨款进行维护。当时的法案明确规定水库中的水不能用来清洗衣物，不能用来饲养家畜，水库中不可堆积淤泥、废弃物等（Delamare，1705，p. 550）。15 世纪时的《下水道法案》

（*la police de la petite voirie*）特别禁止向下水道排放废弃物、碎石、粪便以及其他可能污染水质的垃圾。政府官员负责监控河流水域，巡视各个港口、河畔和码头，制裁违法乱纪的行为。这些违法行为大多是巴黎市民从桥上或岸边的家中向河流丢弃粪便、废物、垃圾、废水、瓦砾等，有时甚至会专门坐船把垃圾废物丢弃至河流深处。按照法令，居民必须将生活垃圾丢弃至城外，将垃圾扔至河里会极大地减少垃圾清洁和运输的费用。建筑行业似乎是最主要的污染源。据记载，1486 年曾有一名斗车拖运工在两个月内向圣母院岛尽头的河流中足足卸下 20 个翻斗车的工业废物（Roux，1999，p. 67 – 68）。

《水域法案》主要回应两大关切。一是预防并解决干旱天气缺水所引发的冲突，二是解决水源污染的需要。居民的日常生活缺乏对水质和污染物的管理，这些问题其实早在中世纪已经初露端倪，然而政府只会对一些特殊的、严重的情况做出暂时的处理，并未出台整体的解决方案，因而不能治本。城市由于缺少相关的资源，只有在垃圾堆积达到临界范围或河流遭到极度破坏时，才会着手处理。14 世纪末，比埃伍尔河成了名副其实的"露天下水道"。对这些危害的调查结果和证据以及民间的怨声载道迫使政府不得不做出回应，拨出资金对巴黎的河床进行疏理和清洁。这一计划执行得不是很好，1390 年，查理六世（Charles VI）登基后，敕令官员严惩居住在河岸的居民破坏水质的行为（Roux，2003，p. 55），实际上也未能真正解决问题。因为几世纪后，有关比埃伍尔河的抱怨依然如旧。这条河流的沿岸集中了大多数的污染。据记载，1748 年，比埃伍尔河岸边分布着 40 家制革厂、21 家建材厂、18 家淀粉生产商、12 家洗衣店、4 家印染厂，还有一些屠宰场和皮货厂等（Roche，1997，p. 159）。不得不提的是，比埃伍尔河是一条无法通航的河流，在 17 世纪末 18 世纪初成为许多来自塞纳河岸手工业活动的理想场所。比埃伍尔河沦为污染物的集散地后，政府被迫于 1732 年将河流的管理和维护（清洁）责任，正式委托给沿岸的制革商、印染厂和矾鞣厂（Le Roux，2010，p. 196）。

14 世纪后，人们逐渐品尝到城市废弃物滋生的恶果。这些不良影响（气味、径流、疾病、传染病、城市职能瘫痪）常见于民众的抱怨以及各种简报、处理方式和法律法规之中，不仅使商业、手工业日益萎靡（屠宰业、牛肚加工、淀粉制造、皮革贸易、牛脂熔化、贩鱼等行业的活动受到的影响尤为突出），还造成大量的污泥和残渣沉积。人们甚至在塞纳河水中或者靠近河岸的船只中清洗动物的内脏。1759 年，位于沙特莱大堡垒（Grand Châtelet）阶梯下的一处取水点就出现过这样的个例，并被记录在案（Boudriot，1988，p. 273）。巴黎的有关法令明确禁止送水工从塞纳河畔的不同地点取水，例如，直通主宫医院（Hôtel - Dieu）的桥下、圣母院桥与兑换桥（Pont au Change）之间的热夫（Gèvres）河畔。1726 年 9 月 25 日出台的一项法令，明确规定对违规者处以 20 法郎罚款，"如若再犯，则会提起特别诉讼"（*poursuivis extraordinairement en cas de récidive*）。

清理垃圾废弃物的方式有多种：将干燥的生活垃圾重新用作燃料（从而转化为灰烬）；通过土壤吸收粪便池中的排泄物或由专门的粪便清洁工清理；沥滤雨水冲刷街道上的液体废弃物使其最后流向塞纳河或者比埃伍尔河里；以及规定固定的垃圾堆放场所（Boudriot，1988，p. 271 及其后）。手工业者和商人必须支付与清除废物（往往通过船舶或卡车运输到专门的垃圾回收处）有关的费用和开支。市民有组织地倾倒垃圾，保持街道清洁。巴黎市的生活垃圾、建筑工程废料以及动物们的排泄物，每天都必须予以清理，因为它们会污染路面，破坏路面清洁，石板路也不例外。为此成立的专门收集处理垃圾的公司，会派出大型推车，沿着特定的线路，挨家挨户地清理垃圾。从记载当时巴黎居民生活的一些叙述材料中，可以直观地了解到当时巴黎街道的情况。例如，皮埃尔·肖维（Pierre Chauvet）在1797年写道，"我对巴黎的脏乱极其不满：走在这样的首都大街上我甚至感到羞耻，这里有我们的参议院，附近却没有处理污水、堆放垃圾的地方，破砖瓦、破玻璃瓶随地可见，就好像是专门放在那里作为陷阱（原文如此），用来伤害路人与马匹。路上还会不时看到动物的尸体、疑似患有狂犬病的野狗（原文如此），公路上还能看到山羊和野猪，人们不得不选择路面不平且覆盖一层油污的小道走，在这样的路面上行走，稍微走快些就会滑倒，逗留过久甚至会陷下去（原文如此）。而那些堪称全欧洲品味典范的贵妇，也不得不在这样泥泞的小路上慌忙地小跑。为了穿过街道，她们只好冒着掉入泥潭中的危险，胆战心惊地踏过一块块不稳定的木板。那些专门用来清理城市垃圾（原文如此）的清洁车（原文如此），自身都十分肮脏（原文如此），其外观以及散发出来的气味都令人作呕。为了生活所需，无论绅士还是贵妇，最终都不得不放下体面和道德"（Chauvet，1797，p. 3 – 6）。

人们将生活中的垃圾和污水收集起来，放在自家门口等人清理。在垃圾清理车到来之前，拾荒者会拾取旧布、废纸、呢绒、金属、骨头以及其他杂物，作为原材料加工后转售出去（Boudriot，1986，p. 517）。他们在街头穿梭，形成一个庞大的团体，到19世纪下半叶规模已经超过10000人（Barles，2005，p. 59；Lupton，2011，p. 91 – 98）。出于多种原因，他们的生计艰辛，通常被视为一个危险的社会群体，生活在社会的边缘，自由、独立且流动性强，也被指责成扰乱社会秩序的叛乱分子（在某些时期，甚至被怀疑为情报人员）。他们往往选择居住在城市中落后的、废弃的地区，生活条件简陋且不卫生，治安极差。他们回收垃圾的活动也会滋扰民生：在公共场所作业，还把不需要的垃圾随手丢弃在街道上。最后，他们在相当长的时期内甚至将路边马、猫、狗等动物尸体的皮毛剥剪下来加工出售（在18世纪时有据可查），这种行为在1830年已被政府禁止。

　　虽然许多废弃物可以回收，或以某种方式重新使用，成为循环经济的一部分，但是那些不可回收的废弃物往往最终会被倒进河流，或者渗透到土壤中，污染地下水层。其中一大危害就是河流水面上涨。一方面，众多手工业活动集中在市中心（长久以来，夏特雷附近就聚集了屠户、贩卖动物下水的商贩以及种植草莓的农民）；另一方面，城市居民也制造着"农家肥"（*gadoues*）和其他家庭垃圾。这些"农家肥"只有少部分流入全长十多公里的下水道，大部分废水则直接流入露天河流，最终汇入塞纳河。许多河道由于维护不善，经常被垃圾堵塞且长时间断流，往往不能很好地发挥作用，致使一些街道上垃圾堆积，形成垃圾场。这种状态放任到18世纪晚期，几乎蔓延到整个城市（Saddy，1977，p. 204）。

　　18世纪中期，巴黎城内有200多家屠户开办的"屠宰场"（*tueries*），民生不堪滋扰，遣责声不断：噪音、动物的惨叫声，污秽杂物，运输动物过程中引发交通拥堵和事故，满地流淌的鲜血与尸体散发出的恶臭。巴黎绝非孤例，自中世纪以来，伦敦也有类似的问题（Keene，2001，p. 168）。在巴黎，居民和送水工赖以取水的塞纳河水因屠宰牲畜的血液而轻微泛红，尽管后经确认对健康影响不大（Boudriot，1988，p. 264）。1567年出台的治理法规原则上禁止手工业者夜间向塞纳河倾倒污水，其中包括屠宰牲畜的血液与水产养殖残留的污水，其后也不断三令五申，旨在维护河岸边居民的生活安宁，防止居民每天取水时破坏水质。因此，河中的碎屑、动物尸体、粪便、骨头、碎石和其他污物每天都必须清理。而总有一些不诚实的人绕过法律，将塞纳河用作垃圾排泄处，或将废物堆放在桥梁的拱门下，这些垃圾长年累月在那里堆积如山。向塞纳河中大量抛弃垃圾会产生诸多负面影响：河流污染，航行受阻，某些地方的水道变窄，甚至会破坏莎玛丽丹和圣母桥下的水泵。水质污染成为居民和政府关注的焦点，因此相继出台了许多相关法令，遏制了塞纳河水质恶化的趋势和一些造成污染的违法行为（Farge，1982，p. 122）。

送水工

送水工这项职业由来已久，他们穿梭在街头谋生。这项工作不具有专业性，只需要一定的体力和耐力，收入微薄，前途未卜。从事这项工作的大多是那些渴望在巴黎立足的外省移民。巴黎市的送水工大多来自奥弗涅市（Auvergnats），擦皮鞋和扫烟囱的工人大多是萨瓦人（savoyards），马夫、马商多是诺曼底人（normand）和佩尔什人（percheron），船夫和码头搬运工来自莫尔旺（morvandiaux）（Roche，1981，p. 30）。奥弗涅是一个贫穷的农业区，奥弗涅人大多是农民出身，背井离乡到巴黎依靠体力谋生。他们保留着家乡的独特特征（服装、方言），与家庭保留着千丝万缕的联系。早些年来巴黎的奥弗涅人会照应后来的同乡，为他们找住房、安排工作。直到他们掌握了本领，熟悉了这个城市，逐渐拥有客源。这样他们就可以自立门户了（Bernard et al.，1840，p. 225）。

送水工通常装备简陋：一根木头的两头挑着两个水桶，用绳子或者皮带绑在身上。他们通常从附近的蓄水库或河边打水，或者乘船去河流中间，这样水质会更清澈。这是一项危险的任务，他们必须肩挑水桶，走过湿滑的木板才能上船，故而时常会发生事故，有时甚至会溺水。阿莱特·法尔热（Arlette Farge）记录了一个送水工的例子：绰号"香槟"的约瑟夫·科林，于1779年1月16日滑倒掉入塞纳河，好在没有溺水身亡，他很幸运地被4名洗衣工救了上来，这4名洗衣工见义勇为的举动获得政府的奖励（Farge，1979，p. 53）。打好水后，送水工会走到附近的街头贩卖，要么大声吆喝，向过路人兜售，要么在固定的时间点把水直接送到客户的家中。送水工的意义在于减少蓄水库或塞纳河与顾客之间的往返行程，综合各方面的需求并在"实干"中满足这些需求。他们通常会径直走进客户家中，直奔厨房，把桶里的水全部倒入专门的容器中。他们按趟数收费，有时也会用木炭在厨房墙上留下标记，记录往返的次数和总共提供的水量。

　　如果能够成功培育并不断增加固定客户，他们就可以攒够钱购买一个手推车，上面安装着300～400升容量的水桶。按照政府规定，禁止在公共水库取水，必须在特定处挑水：只能在塞纳河畔标有"舀水"（puisoirs）的地方取水（1676年有5处），这些水直接来源于河流，或者船上的水泵（从1771年开始）。后来，送水工便有了专属的取水地，即"商用"水库，这些"商用水库"出现在18世纪后叶，装有过滤系统（包含多孔石头、棉花、海绵、木炭、沙子）（Belgrand，1877，p. 440）。巴黎的第一个"商用水库"可以追溯到1781年（由佩里耶兄弟建造）；1870年已达到26个（Figuier，1873，p. 355）。木桶容量的升级改造节省了送水工的宝贵时间，也使他们每次提供的水量是以前的两到三倍。如果他们的规模达到行业顶尖的话，便有能力配备一辆由一匹或多匹马拉动的四轮车，水桶的容量也更大（800～1200 升）。最终他们可以雇用帮手来完成这项枯燥乏味的工作（Bernard et al.，1840，p. 226）。

　　大多数的送水工处境艰辛，收入微薄。但也有一些人提升了社会地位，过上了小资生活。因此在 1817 年塞纳第一区的选民统计中，就出现了一位送水工让·埃里森（Jean Hérisson），此人住在让 - 巴蒂斯特（Jean - Baptiste）第十区，拥有一辆运水车。他能出现在这几百人的名单之中，足以证明他每年至少缴纳了 300 法郎的税，这在当时已经相当可观。因此，他有权与其他精英人士（贵族、富豪、艺术家和大商人）在一个资格审查非常严格的选举中投票（法国总人口为 3050 万，选民约有 11 万）。

　　这只是极其特殊的个例。绝大多数送水工还是必须风雨无阻地身负重担、长途跋涉来养家糊口的"搬运工"。路易斯 - 塞巴斯蒂安·梅西耶（Louis - Sebastien Mercier）在《巴黎图景》中描述道："在巴黎生活需要买水。公共蓄水库非常稀缺，且缺乏维护，人们只能使用河水；中产阶级的家中供水也不足。两万多名送水工起早贪黑、没日没夜地扛着两大桶水，从一楼爬到七楼，有时甚至更高，爬两层楼也只能赚 6 里亚（liard）。送水工足够强壮的话，每天大概能往返 30 趟。当河水浑浊不堪时，饮用水也好不到哪里去：尽管不知道喝下去的是什么，但依然只能一饮而尽。如果不习惯塞纳河水，那么胃将难以消停，外地人第一次喝基本上都会拉肚子；除非在每品脱的水中加入一勺白醋，才能幸免。即使国家一直都在奖励送水工的服务，但是在他们饥肠辘辘的面容以及衣衫褴褛的装扮下，不难看出贫困带来的痛苦，为了填饱肚子，他们只得依靠这项卑微粗俗的工作勉强度日。每天都有人在寒冷与饥饿中死去，贫穷让这些卑贱的人惺惺相惜，只有教堂的神父才会为他们的离去而叹息"（Mercier，1782，p. 154 – 155）。另一段记录来自巴尔扎克在 1836 年出版的短篇小说《无神论者望弥撒》（*La Messe de l'athée*），其中细致描写了送水工布尔扎（Bourgeat）的处境。他来自圣芙洛（Saint - Flour），从小被父母抛弃，在巴黎无依无靠，穷的交不起房租，更别谈结婚了，只能靠送水为生。为了摆脱贫困并实现他那个"拥有一匹与奥弗涅人一样健壮的马和一个不用把水桶背在肩上的送水车"的卑微梦想，他 22 年如一日，省吃俭用，只为了攒下每一分钱（Balzac，1836）。

在 19 世纪，使用水车送水的工人虽然受到政府的监管，但并不像船夫、车夫以及葡萄酒商等职业一样，必须履行严格的义务。他们必须向政府登记信息，领取号码，及时汇报送水的地址或者职业的变更。每天回家时桶内还必须装满水，因为他们有时不得不扮演消防员的角色，若有火灾发生，他们需要第一时间把水送去，政府会支付水费，最先把水送去火灾地点的两名送水工将会得到奖励（Leopold，1822，p. 560）。

以上政策并不适用于那些肩挑水桶的送水工，他们不受任何特定规则的约束，还可能身兼多职（零售商、旧币倒卖商、卸货工、赛马师、二手商人、流动商贩、锅炉工等），这样才能作为流动人口在城市中维持生计。他们多次往返于客户和最近的水池之间，从而谋取生计，这项工作能够季节性地吸引失业者和游手好闲的人。水库等待的时间有较多的限制，送水工必须尽可能地抄近道，有时还不得不以暴力手段应对竞争对手或其他用水者（Goubert，1986a，p. 30）。早在 14 世纪便有规定禁止送水工赶在居民之前打水（1369 年的法规，1394 年做了修订）。可送水工通常认为，如果蓄水库是公用的，他们作为供水服务的中介，应享有优先使用权。为了行使这项权力，他们霸占了蓄水库，限制采水通道，阻止其他人前来打水。

300 年后的 1698 年颁布的另一项法令也表达了对送水工类似的不满，该法令的前言这样写道："送水工无视已有的法律，在取水过程中私自霸占了圣塞芙韩（Saint - Séverin）、圣贝努瓦（Saint - Benoît）、卡梅利特（Carmélite）以及姆贝尔（Maubert）街区的水库，这种行为影响了市民，导致他们很难直接靠近水库，送水工还会对他们暴力相向，并且不愿让他们再次接近，居民不得不另谋取水之处。有些送水工甚至夜以继日地往自己或者邻居家中囤积大量装满水的水桶，直到耗尽水库中的水，他们企图永远占据那片区域，以至于市民们不得不高价购买他们私吞的水"（Delamare，1705，p. 550）。因此，政府很快便出台了一系列法令与禁令：禁止在公共水库附近聚集逗留，禁止聚众闹事，资产阶级与其仆人、孩子有权优先打水，他人不得阻挠，禁止辱骂、虐待前来打水的居民，禁止私自囤积水源，送水工人至多拥有两个工作用的水桶（Fournel，1812，p. 414）。对无视或违反这些禁令的人予以警告并罚款。因此，1698 年 7月 4 日，巴黎的一位警察队长阿尔让松（Argenson）教训了莱蒙达尼（Lamontagne）、贝莱 - 布雨内（Belle - Brune）、莱舍温（Leschevin）、道登（Dordon）和莫豪（Moreau）等几名送水工，勒令每人向国王支付 10 法郎的罚款，并警告其如若再犯，将会处以更严厉的惩罚（没收财产、罚款 100 法郎、佩戴镣铐以及其他类型的体罚）（Delamare，1705，p. 551）。

当时有多少送水工呢？由于缺乏有效的数据（巴黎市的统计资料毁于巴黎公社时期的一场火灾），因此很难有一个精确的数字。不过，1986 年，阿兰·布鲁姆（Alain Blum）和雅克·乌戴耶（Jacques Houdaille）试图通过抽取保存在国家档案馆中的 1 万张1793 年时的公民证（相当于今天的身份证）来进行测算。根据这些证件上的信息（身份、年龄、居住地、出生地、职业）加上其他资料，两位专家推断出当时男性送水工的数量仅为 1329 人（Blum et Houdaille，1986，p. 301）。尽管在这份资料中没有体现，但根据其他资料，尤其是根据巴黎科学院和巴黎政府的资料，可以估计出 1817 年装备水桶的送水工数量为 1261 人，1820 年达到 1338 人（Benoiston de Châteauneuf，1820，p. 84；Chabrol，1826a，p. 57）。另外，我们难以获取使用桶装的运水工的有关信息。我们在上文中提到，可能是因为他们并不需要向政府登记，因而其信息记录就不像装备水桶的运水工那般详细。有人预计大约有几千人，这一数据会因为资料来源和环境（季节、新入行、失业率等）而上下浮动：1870 年有 2000 人，1817 年有 1200 人，1821年有 4000 人（Benoiston de Châteauneuf，1820，p. 85；Guillerme，2007，p. 47）。我们尝试根据埃蒙·捷涅（Raymond Génieys）在 19 世纪早期提供的信息进行推断。根据当时堤坝、桥梁工程师的叙述可以得知，1823 年，巴黎市的肩挑式送水工每天从公共水库或塞纳河取走的水约 588 立方米（Génieys，1829，p. 154），每个送水工带着两个各约 15 升的水桶，考虑到他们的水桶不能完全装满，且为了避免送水路途中颠簸而倾洒出来一部分，他们从公共水库一次装够 25 升的水。假设他们每人平均每天在水库或塞纳河与客户之间往返 10～20 次，那么可以大体推断当时肩挑式送水工的规模在 1176～2352 名之间，这个数据还不包括"兼职"送水工，因为他们没有固定的客户群，而且白天的往返次数更少。总之，我们可以估计，从 18 世纪末到 19 世纪初的几十年里，巴黎（全职和兼职）的送水工人（肩挑或桶装式）总数在 2000～5000 人之间。这个数据远不及路易斯－塞巴斯蒂安·梅西耶提到的两万名之多。

消费、象征和利用

水库、水井、河流、水渠再加上送水工：这些解决方案都有一定的局限性，在数量和质量上取决于季节性变化的影响（夏季干旱、冬季结冰、装备使用的随机性），因而无法保证用水的有效供应。考虑到当时的标准，毫无疑问，我们将会得到一个糟糕的答案，那就是这些手段长此以往都具有较大的局限性。即使我们能够掌握公共水库和私人特许权的运作活动的准确数据，我们也只能推断出从塞纳河和作为补充的私人水井取水的规模。尽管缺乏测量的数据以及有关当时日常生活的描述（这些鸡毛蒜皮的小事没有记录），但我们还是可以大致估算出供水系统创建和逐步完善前的用水量。丹尼尔·罗谢通过搜集和分析公证员编制的死亡清单做了尝试性的估计。这位历史学家统计了 18 世纪末（1775～1790 年）巴黎普通家庭（工薪阶层以及仆从阶层）拥有的储水器皿（水桶、水缸、水罐）的平均数量。在了解各个器皿的大小之后，推断出工薪家庭每天的储水量为 43 升，仆从家庭每天的储水量为 61 升。再根据每户平均的人数，得出每人每天平均储水量为 12～13 升（Roche，1981，p. 159 - 161）。不管怎么说，这些都是重要的线索，尽管我们不得不承认难以确定这些容器是否每天都在使用，或者哪些容器一次要储存好几天的水，在这种情况下多少天储存一次，等等。

还有其他一些估计，但无法保证其证据在数量方面的真实性和可靠性。如弗雷德里克·嘎伯（Frédéric Graber）根据天文学家拉希尔（La Hire）1720 年的记录，估计当时每人每天的用水量是 8 品脱（相当于 7.5 升）（Graber，2008，p. 121）。拉希尔提供的数据在大约一个世纪后（1802 年）得到了工程师布耶赫（Bruyère）的证实。1819 年，路易 - 弗洪斯瓦·贝内斯通·夏德内法（Louis - François Benoiston de Châteauneuf）在巴黎科学院发布的关于巴黎市区消费量的研究中认为，巴黎居民的平均用水约为每人每天 12 品脱，即约为 11.4 升（Benoiston de Châteauneuf, 1820, p. 86）。无论怎么说，可以确定的是，巴黎居民每人每天的用水量绝对不会超过 20 升。这些估算被一些人所采信（但是也有其他人认为未免过于夸张），考虑到 18 世纪末到 19 世纪初这段时间内巴黎的引水、排水工程的规模与每日的流量，这个数值绝对是一个可以实现的目标（Graber, 2009, p. 141 - 148）。于是，每人每天 20 升的用水量被用来作为预计 1840 年巴黎市民的用水量与其家庭用水服务的订购量的基础（Emmery, 1840, p. 167）。这要低于丹尼尔·罗谢有关 18 世纪日常用水量为 12 ~ 13 升的估计，当然也无法与今天每人每天约 140 升的用水量相提并论。然而，19 世纪末，乔治·达赫耶（Georges Dariès）在他的水利著作中仍然强调每人每天平均 35 升的用水量是一个非常符合现实的估值（Dariès, 1899, p. 102）。他补充说，居民的私人用水量可能不会特别大，而那些用于洗涤街道和洒水扬尘、维护灌溉公共花园、保养公共水库、应对火灾以及商业和工业的用水要占到主要部分。

尽管 19 世纪末期巴黎居民的用水量与今天相比相去甚远，但追溯到 18 世纪，巴黎居民是从哪里获取水源？比例怎样分配？严格来说，当时每天通过水利系统获取的可用水约为 112 法寸（相当于 2151 立方米）。其中一半通过公共水库供应居民用水（居民自己打水或通过送水工取水），另一半被私人特许所占据。据估计，巴黎市的人口约为 60 万人，这就意味着每个巴黎居民平均每天通过水利系统获取的水量不到 2 升。如果算上私人特许占据的水量，每人每天最多可以从水利系统中获取 4 升水。

表 2　18 世纪末巴黎公共水库和私人特许每日供水量估算

单位：立方米

来源	公共供水量 *	私人特许供水量	合计
佩圣热尔维	109	37	146
贝勒维	17	91	108
亚捷	273	420	693
莎玛丽丹水泵	164	165	329
圣母院管道	547	328	875
每天合计	1110	1041	2151

＊送至公共水库的水。

资料来源：Girard（1812，p. 295 - 305）。

我们将 4 升的数值作为估计值的上限，这与上文中估计每人每天 12～13 升的用水量之间还差 8～9 升。这意味着巴黎市民日常用水很大一部分来源于塞纳河、送水工以及私人水井。埃蒙·热涅（Raymond Génieys，1829，p. 154）与欧仁内·贝尔格朗（Eugène Belgrand，1877，p. 20）认为，确切来讲，18 世纪末居民们对井水的消耗量仍然很大，因为其他取水方式要么不方便，要么非常昂贵。因而结论是：公共供水系统和配水工程最多只能满足用水需求的三分之一。巴黎市民在绝大多数情况下不得不仍然沿袭原始的采水方法（从邻近的河流/水井中）才能获得足够的水，尽管这些水的质量远远不如来源于贝勒维或亚捷的水。

人们在 18 世纪末的用水方式与今天大不相同：使用简易厕所，对肮脏与凌乱视而不见，每次洗碗、洗菜、洗衣服都要精打细算（有时也可以在塞纳河畔清洗）。那时候的厕所还是"旱厕"（*toilette sèche*），使用洗脸用的亚麻布、喷洒香水或者粗糙的外衣来清洁厕所。这种清洁标准见于 17 世纪时的一位礼仪专家的书中（Vigarello，1985，p. 11）。只有当衣服脏到让人无法接受时，人们才会去洗澡并换上一身干净的衣服，然后再穿到下一次"忍无可忍"洗澡之前。那时为了节约用水，人们不会为了追求衣物的干净而专门用水清洗衣服，当衣服脏了后，人们只是简单地用水沾湿擦拭，用刷子刷掉其污垢，若气味难闻，便在衣服上喷洒香水覆盖难闻的味道。据记载，当时居民家中已经有了直桶、浴盆和浴室。富人可以使用家用浴缸洗澡，仆人负责取水和加热。这种人家当时在巴黎市有 1000 家。他们还可以经常去公共蒸房，18 世纪末，巴黎配备有浴缸的蒸房不超过 300 家（Roche，1984，p. 394）。而那些中下阶层的人，夏天只能去塞纳河中洗澡。免费的水既不方便，也不好找，公共水库、河流、水井中的水都是稀缺资源。

更重要的是，许多文化因素反对水的滥用（或者接触）：害怕导致体质虚弱，水质不卫生对健康不利，长期浸泡在热水中导致身体机能变异，进而损害人体器官，滋生一系列疾病，因此，水是十分有害的。也有其他因素认为，水可以荡涤厕所的污秽，洗澡是一种仪式，且水洗涤万物的洁净能力也与岁月更替交相呼应（Goubert，1986a，p. 31）。水的具体用途与其象征意义永远是相互渗透且相伴而行的。自古以来，水在传统文化中有着很强的象征价值：它是许多宗教洗礼仪式中不可或缺的因素（出生洗礼与下葬），在人与自然之间扮演了十分重要的角色，因为季节交替往往伴随着雨水的变化，雨水又直接决定了农作物的发育收成，从而影响人类的生活起居。它又与某些神秘行为产生的信仰有关，因为水在日常生活许多关键因素中处于核心地位：食品（面包制作）、饮料、交通、工厂提供的能源、浇灌作物用水等（Roche，1997，p. 153－157）。

直到 18 世纪末期，用水的方式还是一如既往，直到最后 30 多年人们渐渐意识到健康的重要性（具体见下文），对水的认识发生根本的转变，水与卫生才紧密联系在一起。在此之前，人类节俭地使用水资源，供水模式与构建社会空间的社会行为相结合，在家庭生活和任务分担中扮演了重要的角色。供水工作一般由女性（母亲或女仆）和儿童来负责，这是一项耗时耗力的任务。如果从公共水库或者河流取水的话，会为许多人创造会面、交流、交谈、互助的机会，甚至可以对送水工吐槽一番。

最后，人们的生活方式和消费习惯中还加入了新的元素：衣物（其中许多是羊毛）的清洁往往采用蘸水擦拭的方法而不是用水清洗；水通常比任何饮品都解渴，尤其与含有酒精的饮品相比。当然，红酒在巴黎人的生活与消费方式中并没有占据多么重要的地位，因为预测数据表明从 15 世纪到 18 世纪末期几乎没有发生过变化。每人每日摄入的饮品维持在 1～2 升。但饮品不局限于红酒：巴黎人还会消费牛奶、苹果酒、啤酒、水或草药茶（以及后来出现的咖啡和茶），但数量不大，且会根据情况而定。要精确地估计红酒的消费量难度无疑很大，因为红酒的饮用量在个人、社会阶层、年龄和职业之间存在显著的差异。如果依据全球消费量来精确估算是一种很冒险的尝试，因此没有任何意义。只有对消费者进行分类（根据职业、社会地位等），才能得出大概的消费量，克里斯蒂·热汉诺（Christine Jehanno）（1986）就做过这样的尝试。数据显示红酒消费量在不同时期（自中世纪末期到文艺复兴初期）和不同地点各有不同，人均每天在 0.3～2.5 升之间。

城市传染病

从 18 世纪中期开始，水逐渐被赋予一种新的社会规范，具有另一种象征意义。这种演变的大环境是霍乱等新传染病的暴发，以及伤寒和斑疹等传统传染病的死灰复燃。在美国，黄热病的出现更是雪上加霜。这一系列疾病在整个 19 世纪到 20 世纪初都深深地困扰着城市居民。

整个欧洲，包括法国在内，都深受周期性的霍乱传染病的影响：1832 年、1849～1850 年、1853～1855 年、1865～1886 年、1873 年、1884～1885 年、1892 年。伤寒的传染范围很广，几乎在各国领土内都造成持久的破坏，直到 20 世纪初，它依旧被看作一种对公共健康的持久性威胁（Goubert，1986a，p. 256）。1832 年初，霍乱袭击了巴黎，进而几乎席卷了欧洲的主要城市（柏林、伦敦、米兰、维也纳等）。1832 年 2 月 13 日，隆巴赫（Lombards）街道的一名门卫死于霍乱，3 月 26 日又有 4 人死于霍乱，分别是一名厨师、一名 10 岁的女孩、一名流动商贩和一名销售鸡蛋的商贩，他们来自不同的街区（莫奈、斯德、兵工厂、市政厅）。自此以后，死于霍乱的人数直线上升：3 月 27 日有 6 人死于霍乱，28 日有 22 人死亡，31 日有 300 人死亡：巴黎的 48 个街区中有 35 个街区因此沦陷。4 月 9 日，受害者达到了 814 人。在该病暴发的 18 天后，巴黎的患病人数从 12 人上升到了 13000 人，其中死亡 7000 余人，医院里的死亡率高得出奇。死亡往往发生在症状出现后的几个小时内。巴黎的医生总认为霍乱不会传染。时任理事会主席的卡西米尔·佩里耶（Casimir Perier）也未能幸免。总的来说，1832 年的霍乱疫情中有 18400 人受害，而当时巴黎的总人口约为 760000 人［塞纳省政府报告（Préfecture du department de la Seine），1834，p. 49］。4 月，疫情达到顶峰，随后强度逐渐下降，到 9 月 30 日后平息。

当霍乱肆虐于欧洲和美国的各个城市时，居民与政府的内心恐惧和恐慌程度自然不言而喻。霍乱起源于印度，经过亚洲、俄罗斯、印度洋、非洲大陆，最终几乎在同一时间蔓延到了欧洲和北美

（1831～1832 年）。当时，霍乱的传染和治愈方式鲜为人知：一旦接触，就会在人群中光速般地传播，破坏力惊人，它毫无征兆地来，又神秘地消失，一家感染之后就会传染给他人，进而蔓延到半条街道。路易·布朗（Louis Blanc）曾经亲身经历过这一过程，他是这样描述传染病的可怕过程："病人死亡之前，就像尸体一样毫无生气，感染后的病人会在短期内身形迅速消瘦、皮肤发黑甚至泛蓝，双眼空洞、干涩无神，呼吸冰冷，双唇白涩，脉搏微弱，说话有气无力，头晕耳鸣，持续呕吐，身体虚脱无力，体内胃部极度不适，心脏难以形容般阵痛；接着浑身冰冷乏力，四肢痉挛，呼吸困难，这些都是该疾病的主要症状。即使还有三天的存活时间，病人也不得不自我了断，因为两三个小时已经无法忍受"（Blanc，1843，p. 217）。

霍乱像幽灵一样夺走了大量的生命，相伴而来的是恐惧和恐慌形成的可怕谣言在街头巷尾四处传播：疾病绝非只有一种，少说还有千余个病种，可是究竟是谁带来了这些可怕病毒呢？医生？犹太人？还是政府像过去瘟疫流传时期那样动用公权力"为了迫在眉睫的饥荒而转移公众的注意力"？［《巴黎医学公报》（*La Gazette médicale de Paris*），5 mai 1832，p. 214］。事态不见好转，因而群情激奋。1832 年 4 月 3 日，商务部的一名雇员途经圣德尼（Saint -Denis）街对红酒商进行例行检查时，民众怀疑其向酒桶里投放了毒药：他被群众动用私刑，几个小时后死亡。次日，又出现了两名疑似投毒者，其中一人被扔进水中，另一人则被国民警卫队押送关入监狱。一名犹太人因为携带樟脑盒而被处死，还有一人仅仅是朝水井中看了几眼也遭受同样的命运。许多医生遭到袭击，一名医学院学生也被刺伤并扔到塞纳河中。富基哈（Vaugirard）社区的两名男子被怀疑阴谋投放毒气，被狂暴的民众用碎石砸死一人，用尖刀和铁棒杀死另一人，然后暴尸街头（Fabre et Chailan, 1836, p. 156 – 161; Dubreton, 1932）。

1834 年，塞纳省政府授权一个委员会负责调查研究 1832 年霍乱肆虐巴黎和塞纳省的相关情况，试图了解其传播方式。但是委员会一开始就承认力有不逮："尽管我们一直在努力研究寻找突破口，到头来都是徒劳的。现有的所有预防、治愈的药物对它（霍乱）都不奏效。它来无影去无踪，甚至连起因都不清楚。我们研究了霍乱致死的病人尸体，却一无所获。这个恐怖的疾病在病人体内没有留下任何值得研究的东西。它们只是简单地侵入人体，逐步吞噬掉各个器官，榨干人体内的各个组织，只留下一具空瘪的干尸以及人们无限的恐惧"[塞纳省政府报告，1834，p. 12]。该委员会试图通过分析霍乱受害者的地理与职业分布来得出结论。霍乱更多地暴发在人口最为密集的街区、最潮湿的地区（靠近河流）以及受主要风向影响的地区；大多数时间在露天环境下工作的人员、中下层阶级更容易患上霍乱，甚至包括品行不端的人？这一切的推论没有得到任何令人信服的证据支持，没有任何数据可以使大家对某一观点达成一致，因此，霍乱之谜仍未解开。病魔继续造访巴黎：在 1849 年的 7 个月内，有 19184 人染病，1853～1854 年再次蔓延（9096 人死亡），1865 年有 6591 人死亡，1866 年有 5489 人死亡，1884 年的死亡人数最少——1120 人。1892 年所有郊区的小镇都受到了感染（Blondel, 1855, p. 7）。

在不列颠群岛，正式记载的首个霍乱病例是一名搬运工，当时他在桑德兰港装卸来自汉堡的货船，而此时汉堡已经遭到霍乱入侵。这名搬运工在医院就诊的一天后，于 1831 年 8 月 20 日去世。霍乱随之逐渐在各个人口聚居区传染开来，1832 年 2 月 9 日第一次侵入伦敦，泰晤士河两岸的街区出现第一批病例。传染的态势迅速恶化，影响到该市的其他地区，在同年 8 月达到顶峰，最终于年底突然消失。这场灾难持续了近 10 个月，确诊患病的人数达到 11020 人，其中 5275 人丧生（Fabre et Chailan，1836，p. 108）。10 年后，这种传染病于 1848 年 9 月再次暴发，一直延续到 1849 年 8 月结束。这是史上死亡人数最多的一次，达到 14137 人。那名成为伦敦首例病例的搬运工被判有罪。他将疾病传染给整个城市，特别是泰晤士河南边的朗伯斯街区等人口密集区。1854 年，霍乱又一次卷土重来（10367 人患病）。

当时著名的医生约翰·斯诺（John Snow）在霍乱诊断的过程中发挥了极其重要的作用，他这样描述 1854 年霍乱发生初期时的情况："史上最严重的霍乱疫情席卷了整个联合王国。几个星期前，它首先出现在百老大街（Broad Street）、黄金广场（Golden Square）以及相邻的几条街区。在剑桥街（Cambridge Street）与宽街（Broadway Street）交界的 250 码范围内，10 天内至少有 500 人丧生。这一狭小区域内的死亡率比国内其他地区都要高，特别是在瘟疫暴发时期。传染病会突然侵占人的身体，会在几小时内杀死感染者。人们不得不逃离疫区，否则死亡率无疑会更高。家境优越的人们首先带着家当撤离到可以安身的地点，其他人随之效仿。许多房间因为房主去世变得空无一人，还有许多商人送走家人后还坚守在原地：在霍乱暴发后不到 6 天的时间里，疫情最严重的街区因近四分之三的人口逃离而废弃"（Snow，1855，p. 38）。1866 年，英国最后一次暴发霍乱，在 7～10 月，约 5500 人丧生，其中有 4000 人来自东伦敦地区（Luckin，1977，p. 32）。

在美国，许多城市也饱受传染病的侵扰。费城在 1793 年遭到黄热病侵袭：死亡人数超过 4000 人，约占总人口的 10%。恐慌笼罩着整个城市，最终近一半的居民疏散，导致贸易和港口业务全部瘫痪。尽管采取了严格的检疫措施（但是没有任何效果，因为该病毒通过蚊子传播），还是没能阻挡黄热病疯狂的蔓延趋势。巴尔的摩和纽黑文在1794年相继受到感染，纽约于1795年受到感染，波士顿也于次年相继沦陷（Blake，1956，p.3及后文）。黄热病会定期地在炎热干燥的季节暴发。费城在1797年再次受到侵袭，在1798年又一次暴发时有3500人丧生，四分之三的人口逃离城市。有关人士就疾病起源（受感染的水手携带病毒或与当地气候有关）、传播途径（来自其他地方的感染或污染城市大气的有害因素）以及补救措施（对到达港口的船舶进行检疫和严格监管，积极清洁街道，提供保质保量的水源等）进行了激烈的讨论。

不幸的是，美国人要激烈抗争的绝非只有黄热病。除此之外，伤寒也在美国肆虐，死亡率非常高。1900年，伤寒、痢疾和腹泻在每10万人中造成186人死亡，这一比例仅次于肺结核和肺炎的病发死亡率（Troesken，2001，p.750）。最后，美国几乎在与欧洲相同的时间内感染上霍乱，许多人口密集区相继沦陷。霍乱病毒跨越大西洋，最先登陆加拿大（魁北克和蒙特利尔）。纽约于1832年暴发霍乱，之后又在1849年和1866年相继复发。在1832年6月末，霍乱病毒进入纽约，其扩张速度令人发指：7月14日，已经有274人死亡，超过80000人被迫离开纽约，等到9月疫情消退时，20万纽约市民中有3515人因病死亡。这不能归咎于准备不足。以加拿大的情况而言，市政府已在6月15日表决通过采取一些措施来预防霍乱，包括设立重大基金来建设医院，改善医疗服务，组织街道清洁，出台最严格的检疫规则：规定未经市政卫生部门明确许可，任何船只或车辆不得进入城市。医生们积极地提供公共卫生和私人卫生方面的建议：清洁街道，消毒便池，控制体温，心平气和，调节饮食，如厕后清洗身体。但这些都无法阻止人们在第一时间确定疾病发源地后，就草草准备、匆忙逃离。当时一家报纸这样写道："无论通往哪个方向的道路上都挤满了马车、出租车、私家车和车夫，上面坐满了惊慌失措的人，就像庞贝（Pompei）的居民逃离被熔岩吞噬的房屋或者雷吉奥（Reggio）的居民逃离被地震震塌的围墙一样，逃离这个城市"（《晚报》1832 年 7 月 3 日，引自 Rosenberg，2009，p. 28）。之后，霍乱分别又于 1849 年（造成5071 人死亡）、1866 年（造成 1174 人死亡）卷土重来。

转折点——卫生

面对这些疾病，政府、医生，尤其是病人，一直处于被动状态。他们渐渐意识到无论是伤寒、霍乱、黄热病还是其他传染疾病，都与城市居民的卫生状况、卫生设备以及供水质量密切相关。18 世纪下半叶以前，水源的卫生监管一直被人们所忽视，即使水源的质量问题一直受到人们的抱怨和投诉，可是一些富人并不在乎那些，因为他们得到的水都已经过专门过滤（Roche，1984，p. 396），这种现象在巴黎尤为明显，可是过滤也只是在当时技术条件下最"卫生"的方法了，因为它只是过滤掉水中明显的颗粒物，使水看起来更加干净的权宜之计罢了，而忽视这种危险隐患的代价也渐渐显露出来。

18 世纪末，医疗知识状况和科学发展水平已经可以攻克传染疾病。人们渐渐了解到霍乱和伤寒这两种最常见的疾病是由传染因子（细菌）传播的，而那些被人类排泄物污染的水域正是这些传染因子孵化和发育最为肥沃的土壤。斑疹杆菌和霍乱弧菌"在水中快乐地遨游、汲取，同时也散播着恐惧"（Goubert，1896a，p. 46）。霍乱细菌在粪便污染过的水（或食物）中孕育，人一旦饮用这种水或食用其煮过的食物，细菌就会在人体内疯狂繁殖，导致身体严重脱水，最终死亡（肠道感染）。此外，这种疾病具有很强的传染性，患者仅仅通过简单的身体接触，或者他们的粪与土壤、食物、水接触后就会将病毒传染给他人。在确定水作为伤寒与霍乱病毒滋生的主要源头与传播的主要因素后，一系列精确的诊断与控制传染病的手段也应运而生。这些进步以及后续的变革，奠定了 19 世纪现代医学的基础，影响相当深远。

1778 年，瑞典教授托伯·奥洛夫·贝格曼（Torbern Olof Bergmann）出版了第一本研究水的化学成分的书，并汇编了相关研究分析。一直到 19 世纪中期，这项研究成果还被用于鉴定——出于广告目的——欧洲最著名的水源的品质及其健康益处。当时兴起了很多温泉小镇。对于欧洲资产阶级，外出取水是一项非常受欢迎的活动（Hamelin，1990，p. 29）。城市中的水反而引不起特别的兴趣。1828 年，英格兰的一名医生威廉·兰贝（William Lambe）提醒伦敦人注意用水的危险性。他认为泰晤士河水中漂浮着对健康致命的腐烂有机物。他一再强调不应只关注温泉水或矿泉水，而是应当确定当前的饮用水是否对身体健康产生影响，尤其是当它没有明显的污染痕迹时。兰贝医生的研究并没有引起广泛的重视，没有人真正当回事（看上去清澈的水怎么可能对健康有害呢），况且他的分析并非基于严谨的科学论证。然而，多年后，一系列的疾病接踵而至，特别是危害程度最高的霍乱，逐渐验证了兰贝医生的研究，从 19 世纪 30 年代开始，水质逐渐成为公共健康的关键因素。

当然，人们一直都知道水可能会被腐烂的物质污染而变质。但与兰贝医生同时代的人却认为，这种污染可以通过水流的自净过程得到有效的缓解，例如将水置于露天的容器中一定时间后，浑浊物质浮于或沉淀在表面或底部，捞出浑浊物质就可以净化水质。因为人们普遍认为只要水重现清澈后，有害物质就会统统消失。1786年，巴黎的一名医生在一篇报道中写道，尽管塞纳河中堆满了垃圾污垢，却一直可以保持清澈，提供新鲜的水源，因为河流在不断地流动、冲刷、自净。"我们必须注意的事实是，河流在不断地循环更新，因此水中的垃圾残留物也会随之不断地被清理，其危害性也消失了。无论从桥底还是船底甚至是下水道里打水，水质都是干净有保证的，且可以直接充当饮品。雨水或者雪水就很少能有这种纯净的品质"（Menuret de Chambaud，1786，p. 49 – 50）。塞纳河的水看上去很干净，即使它有时会给外来人造成一些不适（肚子疼、呕吐、腹泻）。这名医生的观点与路易斯－塞巴斯蒂安·梅西耶如出一辙（见上文）。但是他仍然坚持认为：他观察到了那些外来人的种种不适，"腹泻"是因为塞纳河的水过于纯净，"或者是因为某些特别的改变"（Menuret de Chambaud，1786，p. 48）。相反，兰贝医生坚持认为这种水的自我净化过程不足以使水保持纯净，也不能消除所有有害因素（Hamelin，1990，p. 78）。

但我们讨论的"危害"到底是什么呢？我们还需要很长时间才能把水（及其一些化学成分）与某种特定疾病联系起来，从而研制出专门的治疗方案。当时的医学范畴是"包罗万象"（*englobante*）的，并不适用于这种需要精确识别的模式。那时医学界仍然推崇通过放血治疗来"调整情绪"（*rectifier les humeurs*），同时鼓励人们通过多运动甚至更换住所（对于富人来说）来增强体质，调整消化系统，重塑健康。当时的医疗方式主要是通过安抚病人的精神情绪、医治患者受伤的身体部位来维持病人身体状况的整体平衡。医生致力于研究患者的生活方式及其对健康的影响：情绪、饮食、活动、睡眠、生活习惯以及呼吸的空气与饮用水，在了解到所有这些因素后，来推断患者为何生病，为何内部平衡受到干扰，以及治愈的可能性。

传统医学认为任何疾病都是体液的酸性、温度还有其流动性的失衡与紊乱导致的。如果体液能保持平衡，那么人的身体就会是健康的。因此必须对体液循环进行观察与控制。例如放血等一系列简单的医疗手术都是为了增进血液循环流通从而有利于保持体液的平衡。从 1750 年左右开始，又加入了人体各个组织和纤维细胞的概念，如果组织纤维处于无序状态，过于紧张或过于松散，都会导致疾病的发生。也就是说昏厥、抽搐、神经激动、纤维刺激等因素对健康有害，会导致身体的一般机能遭到削弱（Vigarello，1993，p. 153）。因此有必要锻炼身体，保持身体机能强劲，控制饮食，避免"萎靡"（languissante）的生活状态。医学理论与道德标准达成了高度的统一：崇尚节俭的、简单的生活，克制贪图安逸从而对身体有益（可以增强细胞纤维的活力）；在精神上远离麻木不仁、软弱无力、倦怠的生活，甚至直接对其"说不"。然而，随着城市生活的发展，一系列困扰还是接踵而至，如受污染的、闭塞不流通的空气对身体十分不利，会导致身体机能衰退、窒息甚至死亡。高温、封闭、潮湿、刺鼻的气味、污染的空气、墙壁和封闭空间中的浸渍等所有这些元素都直接危害健康。1776 年，法国科学院启动了首次调查，旨在确定传染病起源。该机构强调了空气影响的重要性，从广义上来说是环境对人类的影响。为了改善健康和卫生条件，同时也为了防止疾病的传播，有必要直接针对环境采取行动，如改变城市的空间布局，增加公共设施的数量，种植树木，竖立墙壁以弱化受污染空气的流动（这些空气往往在太阳与风的刺激下更加"活跃"），增加水的流动性，避免长时间积水，迁走城市中心的墓地（因为它们会产生"更糟糕"的空气）。因此，1785 ～ 1787 年，墓地被逐一关闭，里面安放的尸体也被挖掘出来。此前，墓地所在社区的居民曾多次抱怨，1780 年夏天，周边臭气熏天，特别是地窖中蔓延着"死尸气味"（*gaz cadavéreux*），空气受到严重污染，引起身体不适甚至窒息。从土壤中挥发出的"疫气"（*miasmatiques*）也会影响空气质量，因此法国警局中尉勒努瓦（Lenoir）不得不下令将土地中埋葬的尸体转移到城郊外荒无人烟的地方（Hannaway et Hannaway，1977，p. 186）。

关闭无名者墓地的决定是阿兰·科邦（Alain Corbin）在 1740～1760 年针对当时普遍的环境问题所提出的设想之一，因为墓穴成为腐烂物、变质水的聚集地，腐烂的尸体不仅污染了空气，还会腐蚀土壤，危害居民健康。随之引发了一场声势浩大的"卫生运动"，首先解决墓地污染的问题，同时呼吁采取措施净化公共空间，改善居民的生活条件，特别是工人阶级的生活条件。《卫生公报》（*Gazette de santé*）于 1773 年创刊，1776 年，皇家医学会（Société royale de médecine）成立，1802 年成立了卫生委员会，随后组织医生（路易·维亚梅、亚历山德雷·帕昂·杜·夏德雷等人）在 1820～1840 年进行了多次人口统计和社会调查工作。此后，一系列有着相同初衷的机构相继建立，其中既有旨在更好地了解居民的健康状况的协会，也有旨在提高居民对清洁和卫生问题认识的机构，还有宣传健康的生活习惯、传授健康生活方式的机构，这些机构大多由教徒、贵族或是社会学者所创立（Corbin，1982，p. 56；p. 155 – 156）。

水质逐渐变差被认为是卫生状况恶化的原因之一，但缺乏更具体或更精确的实例加以证明。人们对死水充满了戒备之心，这些水可能会排放"疫气"或者毒气。此外，人们还呼吁清扫街道，定期清理动物粪便和其他污物。水在当时一直是医生在治疗和诊断病人时不可或缺但是并非唯一的天然材料之一。当时的认知还远未达到后来英国人所谓的"水的独特理论"（la théorie exclusive de l'eau）。例如，在英国人的研究中，认为人在剧烈运动后，一定需要补充大量的水，这是人体组织再生的规律，既可以保持体液正常循环，也可以促进体内纤维、体膜的代谢，稳定心肌活动，从而保持健康。人们认为矿泉水总体上会影响人类的身体机能（Hamelin，1990，p. 93）。而对于那些城市居民不得不饮用，却在一定程度上遭受污染的水的研究，在当时条件下未能取得实质性的进展。因为在科学技术进步之后，水污染才被确认为危害身体健康的主要因素，它不仅影响人体的敏感性，限制肌肉生长发育，严重情况下更会危害生命，使成年人像新生儿一般脆弱。此外水的组织成分也不容忽视，例如水温、饮用环境（饮用量、饮用时间）、饮用者的身体状况及其体质和情绪，甚至饮用者的社会地位等。

社会地位和道德总是一步之遥，只有高尚的灵魂才能顺利跨越这一步。以疾病为例，特别是霍乱，总是第一时间影响穷人，因为他们生活混乱、懒散且嗜酒，这些都是那些富裕人家（资产阶级）所排斥的。因此，法国媒体在1832年巴黎第一次遭受霍乱侵袭时回应了这种现象："所有患有这种传染病的人都属于城市的底层人民。他们往往是制鞋商、毛毯制作工人。他们居住的地区无一例外都是城市最肮脏狭窄的街道和巴黎圣母院区附近"（《争鸣报》1832年3月28日，转引自Hazan，2002，p. 328）。最终因这种传染病而死亡的大多数人都是弱势群体和工人阶级。但在当时的新闻报道中，并没有明确的数据证实这一点。尽管这是一个尽人皆知的现象，但是直到1834年，有关霍乱的官方调查和信息报告仍未能表明受害者中的社会底层人民数量过多。可是委员会成员注意到星期一、星期三和星期四与一周其他日子相比，医院入院人数略有（有时急剧）增加。他们认为，因为工人通常在周日"纵情玩乐"（excès），酗酒、狂欢、游手好闲、肆意挥霍，最终病倒导致周一到周四就医人数暴涨（为何周二入院人数没有明显的变化至今仍是个谜）［塞纳省政府报告，1834，p. 141 – 143］。

这种解释与大多数观点如出一辙，他们视穷人为疾病的主要传播者，如同大多数犯罪事件的罪魁祸首一样。这种观点从19世纪初就一直在巴黎等大城市盛行（Chevalier，1958，p. Ⅲ）。1868年，在巴黎统计学会期刊中，维希（Vacher）博士指出，巴黎1865年的霍乱疫情在日工、清洁工和下水道工人中的死亡率更高。他在《巴黎统计学会杂志》上指出，"众所周知，从事这些工作的通常都是社会底层人民，他们不加节制的生活习惯最为根深蒂固，此外，贫穷与饮食的混乱也是主要原因"（Vacher，1868，p. 172）。

身体疾病和"社会"疾病有关，因此，塞纳河卫生委员会成员、《公共卫生和法医学年鉴》（1829年）的创始人亚历山德雷·帕昂·杜·夏德雷（Alexandre Parent du Chatelet）医生对下水道工人和卖淫女的生活产生了研究兴趣。一些卫生专家的解释从一开始就非常激进：穷人之所以穷，是因为他们放任自己恶劣的嗜好，因而更容易感染疾病，尤其是传染病，思想的放纵加之身体不加节制损害了健康。按照这种思路，人们认为，穷人往往都是咎由自取，更严重的是，他们甚至会危害其他人，形成一种污染源。这些人随之成为全社会都十分关切的风险来源，形成"社会焦虑"（Chevalier，1958，p. Ⅲ）。这种威胁也与工作条件的深刻变革引起的担忧有关：虽然工业化使工人的工资大幅度增长，但也产生了新的贫困工人群体，他们的聚集、规模和诉求引发其他社会阶层的忧虑。随着19世纪城市化运动的发展，大量的无产阶级涌入城市工作定居，形成了许多大都市。正如艾瑞克·霍布斯邦（Eric Hobsbawm）指出的那样，"工人的大量集中"最终形成了社会众多阶级中数量最多的一极（Hobsbawm，1987，p. 77）。事实上，大城市的社会结构也发生了改变。

18世纪末，巴黎的居民人数大约为60万，50年后增加到100多万，新移民大多来自贫困的农村地区，他们流动性强，难以融入城市，为了谋求生计，朝不保夕，居无定所，随时会根据环境更换工作。他们数量庞大，每天在街头流窜，奇形怪状，引起城市居民的担忧：这些"无产阶级"同野蛮人毫无区别，他们都有着共同的特征和相似的生活条件。欧仁·布莱（Eugène Buret）在1840年发表的一项大型社会调查中指出，像野蛮人一样，这些"无产阶级"行踪莫测，不受政府控制，与社会和政界的其他人员隔绝，他们的一切行为都像是"逃脱苦难的修行"（转引自Chevalier，1958，p.453）。他们游离于城市的边缘，被视作道德败坏、传染病扩散以及危险和犯罪增加的罪魁祸首。种种观点都指责这些贫穷的工人阶级与各种社会危害相关联，最明显的迹象就是社会卫生条件愈发恶劣。

我们回到有关水与社会危害的关系的讨论上来。虽然水中富含大量的"疫气"与"微生物"，但其危害却鲜为人知。即使表面清澈透明，其中病原菌的影响一直存在，常被人们忽略。医疗机构和政府的注意力主要放在两方面：一方面，只有封闭的、不流通的死水（水井、池塘、潮汐等）才会引起人们的怀疑，因为这种水不会流动，无法自净，聚集着大量对身体健康有害的物质；另一方面，自18世纪中叶以来，人们一直强调是否有足够的水来清洁街道、消除灰尘、冲刷垃圾或产生疫气、污染空气的排泄物（Corbin，1982，p.102）。当霍乱首次暴发时，政府从这两个方向都采取了应对措施。1832年，巴黎的警察局长命令填埋"几个街区的垃圾堆与池塘"，封锁许多"污染"的小巷，维修或清理污水池用来"中和气味"，每天冲刷几次街道和市场，清洗水沟（塞纳省政府报告，

1834，p. 41 - 42）。随之掀起了一场大规模的改善水质、净化污水的行动，下水道的整体重建也列入议事日程。根据1850年4月13日出台的一项法律规定，业主要对出租的房屋进行消毒，否则予以罚款。尽管收效甚微，但这项法律意味着政府至少意识到卫生在抗击"城市疾病"方面的重要性，因为这些疾病首先会影响那些住房卫生条件糟糕的穷人（Le Mée，1998，p. 393）。费城在1793年黄热病蔓延之时，也曾采取了同样的措施（Blake，1956，p. 9）。

　　19世纪中叶，正如我们所看到的，霍乱的频繁暴发及其致命攻击引起了社会恐惧，急需应对措施，可传统医疗方法却束手无策。1854年终于取得了重大突破，当时正值伦敦第二次霍乱泛滥期间，约翰·斯诺医生有关传染病的研究确定了使用污水（通过霍乱感染者的排泄物污染）与霍乱传播之间的直接因果关系。之后，脏水虽然不再被认为是霍乱蔓延的唯一因素，但也是主要的原因（Snow，1855）。这一进展促使政府大力惩治使用污染水源的人（已确认时）并转移了许多取水站。多亏了这项研究发现与采取了避免接触传染的预防措施（检疫、系统清洁公共场所和私人场所），当1866年霍乱再次入侵伦敦时，死亡率显著下降。可当时人们还远远没有意识到不加节制、暴饮暴食乃至"情绪"会影响传染病的传播，因而仍然不知道这是危害健康甚至导致上千人丧命的原因。

　　这项研究不断深入，加快了现代医学概念的出现，在19世纪60～70年代渐渐脱离了曾经所谓的"全能型"医学。此外，化学家、生物学家、医学研究人员都在强调某些特殊疾病是特殊因素引起的，产生的后果也很特殊，因此必须采取有针对性的治疗方法。这场医学革命在几代人辛苦研究的基础上，对水及其构成成分进行了分析。冯·李比希（Von Liebig）奠定了腐烂"细菌"有害影响的理论基础。这种理论认为，人体是细菌繁殖和传播的宿主，在传播中产生自然抗体，不会自动脱离，也不会自我净化，所以几乎无法察觉到。这项研究解释引起关注，尽管当时还没有得到科学研究的确凿证明，随后细菌学科学对其进行了精确的、科学的分析。在路易·巴斯德（Louis Pasteur）将细菌定义为传染因子的基础上，借助于现代工具（显微镜、分离方法和细菌菌株培养），科学家们终于能够更好地了解霍乱和伤寒的起源并且能从组织细胞中分离出涉及疾病传染的细菌（Karl Eberth，1880；Robert Koch，1884）。

尽管这一进展十分缓慢，但水的问题已经成为人们关注的重心。人们渐渐发现，要想彻底解决城市疾病问题，足量的、干净的水（无污染的）必不可少。首先是清理街道、排干污泥、消除污垢、采取措施处理积水、清除废物和废水，避免"疫气"和"毒气"交叉污染空气。当然最重要的是，为了避免霍乱和伤寒的细菌污染，需要明确地区分生活用水与脏水，使用正规、安全的取水方法，实施严格的过滤标准，确保用水的质量。这些卫生事件之后的一个转折点，就是人们认识到水对人体健康的重要性，促进了政府在加强公共水域水质的监管和满足供水系统的需求方面发挥决定性的作用。

城市水的流动和循环

直到 19 世纪末，卫生的内涵已经超越了医学问题，而这些医学问题已经找到了解决方案（仅在发达国家）。供水系统的出现开创了一段新的历史，即城市规划的历史。城市的修建翻新、规划布局和建筑姿态都具体体现了卫生学的思想。从此，城市逐渐不再拥挤，空间更加开阔，规划更为合理，人类、物品、流体（水、空气）等都能以最有效的方式在任何地方流通。道路交通优先考虑合理化，城市主干道逐一规划，水渠得到治理和填埋，密集空间保持通风，各个蜿蜒狭窄的小道逐一打通：在 19 世纪，巴黎（Haussmann，1853）、巴塞罗那（Cerdà，1859）、柏林（Hobrecht，1861）、米兰（Beruto，1885）都重新进行了规划和组织。这一时期非常重要的城市规划或规划的意识形态已与旧概念有着天壤之别：以前的城市规划受到地理、地形和地籍的限制，多根据设计者个人思路决定，布局规模较小，缺乏整体性且前期缺少严谨的调查。不得不提的一点是，中世纪的城市已经采用了一些指导性的布局原则：使用水道疏散垃圾，将河岸附近的某些被认为是污染最严重的行业（屠宰、制革）转移到人口较少的郊区。此外，城市还是农村供应资源的地区。这些专业化措施的实现，有助于组织城市空间、监控物资以及与农村人口保持联系（Geltner，2013）。但是，这些措施还无法上升为城市规划的指导原则，无法覆盖整个城市空间并根据设想进行全盘重组。根据弗朗索瓦－奥利弗·图阿蒂（François－Olivier Touati）的理念，经过长期修缮以后，"理想城市"（皮埃罗·德拉·弗朗塞斯卡在 15 世纪末期的设想）的建设初露雏形，尽管一些重大的城市项目大部分还未完工（Touati，2000）。

巴黎的城市变革与奥斯曼男爵的名字密不可分。他时任塞纳省省长，奉拿破仑三世之命，负责实施首都大型交通升级规划，包括规划交通干线以及修建新的公共建筑。我们会在后文中详细论述。我们先深入讨论 18 世纪中叶这场城市改造运动的开端（Etlin，1977）。从那时起，医生与建筑师就呼吁城市的发展要保障居民能有更好的生活条件。因为随着人口的高速增长和人类各种活动的扩张（小型工厂、车间等），原来的城市规划的承载密度早已不堪重负。古老的城市日益破旧，城市人口流失，城市职能与现代发展脱节，城市空间逐渐饱和。此外，街道狭窄、人口密集、建筑物之间距离窄小、房屋拥挤、缺乏开阔的空间都会阻碍空气的流通，影响阳光的照射，直接导致或加剧疾病的出现与传播。因此城市新型规划迫在眉睫。1783 年巴黎政府终于下令整改城市，拓宽街道，修建径直道路，规范建筑物高度，打通死胡同、断头路，保持交通道路路线畅通，此外，还在全市每一条街区都修建了公共广场与公共花园，促进空气的良性循环。

为了使城市更加美观，街道经过多次拓宽、平整，排列井然有序。这样不仅使人们可以获得更好的观看新建纪念碑的视角，还可以畅通道路，加强城市流通，促进城市健康有序的发展（Harouel，1977，p. 141 – 142）。某些城市中古老的标志性建筑也被逐一清除，长久以来它们一直是各个时代的缩影（如教堂、医院、监狱周围的各处墓地），但是在彰显时代变迁的同时，它们在某种程度上阻碍了社会的进步。就以那些排列有序的墓地为例，尽管它们体现威严和尊贵，却会加剧空气的污染，滋生许多的病菌，导致一系列的传染疾病的传播。至此，许多新修建建筑物的设计结构都充分体现了通风与卫生的必要性，一些建筑还不得不改建到城外的郊区（Etlin，1977，p. 124 – 128）。18 世纪末，许多城市规划项目都受到了卫生主义的启发：修道院院长雅钦（Jacquin）的"健康之城"（1762 年），克洛·尼古拉·勒杜（Claude Nicolas Ledoux）的"理想之城"（1806 年）（Ozouf，1966）。"通风""敞亮""对称""排列"都是各种城市规划中最常见的词语。

随着城市职能的不断完善，如城市中空气和水循环的畅通、污水与洁净水的分离、城市范围的拓宽以及城市网络的合理分配，使城市化的概念更加具体。因此当我们看到许多城市（如维也纳、巴黎、巴塞罗那、伦敦等）走出了历史的局囿，推倒了厚厚的城墙，合并了分离的村落，整合了大量的空间，发展现代工业便也不足为奇了（Pinol et Walter，2003，p.112）。埋入地下的供水网络也参与到城市居民新的生活方式之中并为之做出贡献。城市不再只是生活和工作的地方，每个人都有了归属感并在寻找自身的地位。为了满足健康和城市的一系列标准，城市还必须具备其他的"卫生"功能：栖息地必须明亮、实用、通风、宽敞，公共交通道路必须畅通，拥有绿地、为居民家庭供水的网络，除污和清洁的线路，清洁路面服务等。因此，供水网络是城市规划深入变革的一部分，在未来很长一段时间内冲击着人们过去城市生活中对城市功能、组织与概念的理解。在新的城市空间维度中，美学无处不在。从此以后，对于许多工业建筑来说，外观和尺寸都是重要的因素，供水网络也不例外。喷泉、雕塑、水库、行政大楼甚至工业建筑，不仅要根据功能标准来建造，还要赏心悦目。新时代建筑风格比比皆是，既是公司实力的象征，也在工业发展的不断进步中体现出美学价值（技术进步与艺术之间有着密切的关系）。这种新型的工业建筑风格中的许多元素后来也影响了许多城市的建筑风格。许多企业、各地政府甚至是国王都曾邀请亨利·拉特罗布（费城）或埃德蒙·鲍彻登（巴黎）等著名建筑师或雕塑家参与设计与修建的过程。

第二章　伦敦，城市先驱

伦敦是一个超级城市。17～19世纪，其卓越的城市空间令所有城市艳羡不已。伦敦作为当时最发达国家的首都以及第一次工业革命的中心城市，更是整个大英帝国延伸和扩展的商业网络中心。它也是人口最多、居民区面积最大、人口流动性最强的城市，远远超过其他国家同等级的城市（Ball et Sunderland，2001）。虽然伦敦的人口在1700年和巴黎差不多，但在一个世纪之后，两个城市的人口数量已经不可同日而语了，伦敦在1800年有100万居民，到19世纪末人口达到650万。同一时期，巴黎从55万人增加到270万人，柏林从17万人增加到120万人，差距已远远拉开。当然，伦敦也是当时世界上贫富最悬殊的城市（Bédarida，1968，p. 271）。它的发展规模与发展速度着实震惊了世界，人们担心和惊讶的是，伦敦如何有组织、有节制、有秩序地推动城市的扩张。早在17世纪，英国王室便颁布法令，禁止修建任何新建筑，试图减缓城市的发展。不得不说，这些法令没有起到持久的效果（Pasquet，1899，p. 3）。新兴工业基地拔地而起，商业路线应接不暇，旧的行会和公司被改造成合资企业。贸易商、商人和银行家在伦敦创建了许多重要的银行和全球证券市场。1836年，一位法国旅行者分享在伦敦的所见所闻时难以掩饰自己的惊讶之情：伦敦市道路宽阔，路面整洁，灯光明亮，宽敞的人行道、公园、广场和花园随处可见，房屋难以计数，居民们正在积极开展着治理"卓越

活动"，泰晤士河旁种满了桅杆一样的树木，"人口规模庞大"，
"各种分支机构、阶级和职业不可胜数"。但他也注意到了"滚滚
浓烟"遮住了阳光，小偷、骗子、窝藏罪犯者、乞丐以及妓女数
量惊人。这些现象改变了一般的社区，街道变得肮脏，覆盖着
"厚厚的黑泥"，"缺德、苦难与恶行"充斥着许多街区，"英国赌
徒、男人、女人挤在同一个贫民窟中，条件简陋，屋内没有床和桌
椅，也没有火，他们席地睡在开裂的地砖上"。简而言之，这是一
座让人充满想象的城市，来自巴黎的游客从未停止过惊叹，他们认
为看到了一个"生动、壮观、巨大的奇观"（Montemont，1836，
p. 7 - 20）。

城市的规模、密度和范围都会引发新的问题，这种问题在其他
地方也会出现，只不过出现得更迟，程度也不一样。17 ~ 19 世纪，
供水管理是关系到大多人利益的一大问题。数量充足、质量优良的
饮用水供给一直是一个老生常谈的话题。伦敦也一直在尝试寻找解
决方案，这种探索远远早于欧洲其他国家。16 世纪末，伦敦已经
实施了水源供应和分配的公共系统，在大约 200 年的时间里逐渐从
一个区域扩展到另一个区域，并最终取代了曾经自给自足的取水方
式。这个过程很缓慢，主要归咎于远离泰晤士河码头的城市社区和
商业、制造业活动的用水需求不断增加。直到 19 世纪，卫生运动
才加快了供水系统覆盖的人口范围。

因此，伦敦成为令人羡慕的城市先驱，经常被视作供水发展进
步的样板。这些伟大工程的主体部分都是由私人利益集团设计、资
助和运行的。这种私营管理供水的模式一直延续了 3 个世纪，对英
国其他城市和欧洲大陆的大都市都产生了深远的影响。当时许多媒
体报道了伦敦自来水公司的成功事迹。还有许多发表出来的简报详
细颂扬了这项新行业的优点以及给投资者带来的潜在收益。周边国

家的许多公司明显也得到伦敦同行的启发，例如"皮埃尔兄弟自来水公司"（Compagnie des eaux des frères Périer）就希望复制新河公司的成功。事实上，新河公司是这一时期最好的代表，因为它集中了所有的景象，既有成功，也有耻辱，既有真实的情况，也有人们的猜测。

城市商人休·米德尔顿

尽管新河公司是伦敦自来水公司的标杆，但它并不是伦敦第一家涉及该领域的公司。它的前身是成立于 1581 年的伦敦桥自来水公司（London Bridge Waterworks Company）。其创始人彼得·莫里斯（Peter Morris，或者是 Morice）是一名荷兰籍（据记载也有可能是德国籍）的排水工程师，他是大法官克里斯托弗·哈顿爵士（Christopher Hatton）身边的心腹，哈顿爵士是伊丽莎白女王最器重的人之一，也是议会和君主枢密院的成员。彼得·莫里斯早在 1574 年开始与政府磋商，已经充分认识到当时供水方案的缺点和局限性，而政府也预测到该项目光明的前景，因为这样不仅可以为居民提供足够的水源，还能在一定程度上扩大城市的规模。伦敦市是一个高度密集的城市，大约有 20 万居民，基本上都居住在城市的内部，城市的历史中心被泰晤士河北侧的城墙包围。国王居住的威斯敏斯特宫附近，即泰晤士河北岸的西边，基础设施要比其他地区更完善，发展更全面。泰晤士河南岸地区人口稀少，人口主要集中在伦敦桥的南入口附近。

1578 年，伊丽莎白女王授权彼得·莫里斯在伦敦的一个拱门（当时一共有 19 个）下建造了第一个通过泰晤士河上的潮汐运动以及桥梁本身产生的潮汐和漩涡工作的水车。他获准私人使用河水的权利（即公司用水），这项特权的持续时间为 500 年，同时必须承担一定的义务：一方面。要象征性地每年支付使用费（10 先令）；另一方面，要向居民提供一个免费的公共水库，满足他们日常用水的需要。尽管遭到伦敦市运水工（包括家庭在内，其数量约为 4000 人）的反对，但他最终还是完成了这项工程，并成功招揽到第一批客户，这些客户来自伦敦最大的鱼贩协会，他们的工作需要大量的水。早期的伦敦桥自来水公司发展很快，客户订单源源不断，在 1582 年获得在另一个拱门下安装第二台水利液压机的授权。在随后的几年里，英国其他几个城市也逐渐开展类似的工程项目：林恩（1578 年）、诺维奇（1584 年）（Slack，2000，p. 367）。普利茅斯也在 1591 年拥有了独立的供水系统，项目进展十分顺利，获得当时大名鼎鼎的投资人弗朗西斯·德雷克爵士（Sir Francis Drake）的资助。他这一做法在当时让人感到非常意外。

弗朗西斯·德雷克闻名于世的事迹是先当海盗，后来成为私掠船主。他被从美洲返回的西班牙帆船满载而归的金银所吸引，于是武装商船，袭击、占领了一些沿海城镇，并借此机会成为第一个完成环球航行的英国人，也是继麦哲伦之后，第二个在历史上完成这一创举的伟大人物。他于 1580 年回到英格兰，很快被伊丽莎白女王晋升为贵族并任命为国会议员和海军中将。西班牙对英格兰宣战（1585 年）后（译者注：原文作者误写为 1485 年，实为 1585 年），弗朗西斯·德雷克带领的私掠船被女王授予了合法身份。作为英国舰队的副指挥，他在 1588 年打败了"无敌舰队"，成功粉碎了西班牙的进攻行动与入侵计划。次年他还率军再次出征西班牙海域，这次战功平平（Kelsey，1998）。

德雷克因而积攒了大量的财富，在事业巅峰时期回到普利茅斯附近的领地，自然对当地的公共事务产生了兴趣（他于 1581 ~

1882 年担任该市市长）。普利茅斯长期受到供水不足的困扰。为了满足日常用水，当地居民必须要远涉 5 公里外的普利普顿（Plympton）打水（可能通过公路运输水）。普利茅斯当地或者停泊的船只也深受缺水的影响，民怨极大。因此，弗朗西斯·德雷克下令修建了一条接通附近水源的小型运河，将水引入水库再输入城市、港口和居民用水的管道。普利茅斯的工程造价高达 200 镑，弗朗西斯·德雷克承担了余下的支出，该工程于 1591 年完成。作为回报，他每年能够收到该市支付的一笔费用，而居民则可以免费用水。直到 19 世纪，坊间仍然流传着关于他的传说："弗朗西斯·德雷克通过魔法能力将水带到了普利茅斯"。传说"他骑着马，找到了一处丰富的水源，做了一番神奇的祷告，这些话语拥有神秘的魔力，会使水自己流动，然后那些水就跟随着马匹和车夫流到了城市里"（Smiles，1861，p. 90 - 92）。这个故事，在众多与水有关的传奇故事中流传最为广泛、最为久远，它概括了这个伟大的人物的传奇功绩。

　　弗朗西斯·德雷克的水利工程只是他人生的一段经历，不久他就离开了普利茅斯，参与对抗西班牙舰队的新征程，最后于 1596 年逝世。除了弗朗西斯·德雷克之外，16 世纪末还有许多大商人或者公众人物对水资源的调取与分配这一新业务产生了兴趣。在伦敦，彼得·莫里斯及其伦敦桥自来水公司的成功不容忽视。追随者们蜂拥而至，他们这样做的依据只是一个几乎显而易见的简单现象，那就是仅仅一个伦敦桥自来水公司是无法满足全市居民日益快速增长的用水需求的。同时，伦敦桥自来水公司的抽水机器也受到许多因素的限制，尤其是泰晤士河流域的影响（河床高度、潮汐力、河流水位）。当水位太低时，它们必须停止抽水。例如，1718 年 12 月长时间的干旱，导致人们不能继续抽水，因为水位线已经过低，拱桥下时常有人专门观察水位，待其达到正常高度（Ward，2003，p. 18）。此外，还需要其他供水装置来弥补其不足。

于是，其他企业家注意到这个问题：弗里德里克·吉内贝利（Frederick Genebelli）、贝维斯·布尔玛（Bevis Bulmar）、埃德蒙·科瑟斯特（Edmund Colthurst），当然还有休·米德尔顿（Hugh Middelton，或者写成 Myddelton）。米德尔顿祖籍爱尔兰，父亲是一名大地主和议员。他是一名聪明的商人，依靠银行业和商业积累了财富，从而被引荐给英国王室与政界（他的一个兄弟在 1613 年担任伦敦市市长，另一个是议员，而他自己很快也当上了议员）。在其兄长的帮助下，他移居到伦敦，进入一家金银首饰行工作，这家公司与许多从事银行、证券和借贷的商人和贸易商关系紧密。休·米德尔顿在多家公司工作过，他既经商（卖过布料、金银首饰、珠宝，包括曾向安妮女王出售过珠宝），也投资矿厂，还从事海上贸易船的租赁。商人和银行家之间没有明确的界线，所有拥有一定数量财产的商人都是银行家，因为他们可以用个人拥有的资金从事贷款，赚取利息，进行套利交易，用以支持和补贴其商业活动。

16 世纪末，伦敦的发展仍然相对落后于安特卫普、布鲁日或意大利的一些大城市（热那亚、威尼斯），但这座城市依靠为各大贸易商提供银行业支持而不断壮大。与大部分地区一样，英国庞大的银行帝国起步于商业，例如巴林（Barings）银行，就是一个羊毛商人家族于 1763 年创立的（Roberts，1993，p. 22）。休·米德尔顿也是伦敦商人冒险家公司（Company of Merchant Adventurers of London）的成员之一，这个公司由一群大商人组成，他们武装商船，为其支付关税进而获得特许权。

这家租赁公司的收益来源于垄断英国呢绒面料向荷兰的出口，这些商品输送到安特卫普和贝亨奥普佐姆（Berg - op - Zoom）等地的展会和市场，"在那里人们可以领略到世界经济最发达地区的盛况"（Braudel，1979，p.534）。该公司生产规模不断扩大，出售呢绒换回香料返回国内出售，购销规模十分庞大。休·米德尔顿与沃尔特·罗利爵士（Sir Walter Raleigh）关系亲近，罗利爵士有一个哥哥担任海军将领，因此他自然而然地像伦敦其他许多大商人一样，资助那些私人重装武装船只，抢劫从中美洲掠夺了大量金银的西班牙商船。

如前所述，休·米德尔顿涉足了许多领域：他是那个时代商人的典型代表：灵活、敏锐、不断寻找新的商机。他从事各种行业，包括银行、珠宝船运、羊毛贸易和采矿。这些行业都需要大量的固定资金，周转时间很长（受制于贸易距离远、海运速度慢等因素），因此还需要借助银行和信贷来维持流动性。休·米德尔顿无疑是商界精英、业务很广的"全能型商人"和最大的进出口商人之一。他与街头店铺主、零售商不同，后者局限于固定的领域，市场有限，资金不足（但资金流通性极强），利润率一般也不高（Braudel，1979，p.445－450）。休·米德尔顿与该市其他商人的关系甚好，加之他在政界、法院、议会掌握的人脉和信息，因而总是能够掌握第一手的市场资料，且拥有融资所必需的信誉和声誉，从而可以游刃有余地在新兴产业中探索。他往往选择投资那些前景良好、收益丰厚的产业，这些产业一般都与垄断地位有关。因此，他对海外贸易与供水业务非常感兴趣，这两个新兴行业发展迅速，利润前景无限。

休·米德尔顿成立这家公司时年近50岁。他修建了一条水渠，为伦敦市民提供饮用水。他似乎不是第一个这样做的商人。埃德蒙·科瑟斯特最先策划了这个方案并付诸行动。在得到国王和伦敦市政府的授权后，工程于1605年开始，但是整个项目过程并没有得到任何的财政支持与专有特权。这项工程后被伦敦市的一个委员会接管，委员会其中一名成员就是休·米德尔顿的哥哥托马斯·米德尔顿（Thomas Middelton）。很快，其他企业家也考虑通过发掘其他水源或者路线来解决伦敦供水渠道的问题。当时的情景可谓是火烧眉毛了，因为通用的水源已经非常紧缺，需要新的、未受污染的水源已成头等大事，尤其是在新的传染病暴发之后。1603 年，将近 4 万名伦敦市民因传染病丧生，与首都卫生恶劣的卫生环境密切相关（Rudden，1985，p. 8）。

身为议员的休·米德尔顿在另一个委员会中。该委员会负责审查和评估一些竞争性提案的可行性。因此，他直接或间接地了解到埃德蒙·科瑟斯特的项目进展及其竞争对手们的技术与财务的主要状况。埃德蒙·科瑟斯特似乎陷入了财务困境（可能是因为项目的前期投入超出预期），继续挖掘水渠需要市政府的帮助。在被政府拒绝又无法从朋友那里获得新的资金之后，埃德蒙·科瑟斯特于 1609 年将项目转手给了休·米德尔顿，由后者独自承担这一项目（Ward，2003，p. 19 – 23）。

休·米德尔顿并非单枪匹马：他联系了许多了解工程的商人，不过当时还没有成立公司（这要到 1619 年才正式成立）。这种由一群投资者以某种形式联合运营的方式在当时非常普遍。正是在这种合作形式下，许多需要大量资金投入的工程得以完成。一些工程虽然可以带来非常大的利润，但也存在巨大的风险。如果公司合伙人认为这项工程风险很大，成本很高（建造水渠、船只租赁、开展采矿等活动），就会以这种联合的形式分散风险，降低可能发生灾害导致的成本。那些精明的大商人，不希望将所有的财产都押宝在某个项目上，而是采用理性的方式，发动亲戚、朋友、盟友来筹集新型产业所需的资本。

虽然企业家们同意投资运河项目，但该项目建筑成本很高，且不能带来必然的收益。米德尔顿将原始资本分成 36 个股份，每份100 英镑。这些股份最后都能兑换成真金白银。这种行为被称为"风险投资"（"风险股"），可能是参考了贸易商为其海外远洋贸易租赁行为（和账户）的命名（Braudel，1979，p. 533；Chandler，1988，p. 44）。米德尔顿向 29 名风险投资者发行这些股份，每人最多分到一到两股，他自己留了两股。从表面上看，他只是其中一个风险投资者，但事实上，米德尔顿秘密保留了（而且是免费的）11 个股份，这些股份绝大多数由其家人出面代持（Ward，2003，p. 66）。他为什么要这样掩饰呢？可能是不想让商业伙伴知道他并没有投入全部资金后会担惊受怕，恐怕他们担忧公司的质量及其未来的盈利前景。

每份"风险股"可以分享一定比例的未来利润，也有义务在建造水渠和配水系统的成本超过 3200 镑时，按照股份分担成本。然而，第一期工程（水库和管道）实际花销达到预估值的 4 倍。这种入股投资的性质类似于合伙人为了能够参与经营并从可能的利润中获利而支付的一种入场费，但也要求他们承担一些潜在的（并且可能性非常大，用途未知）额外费用。因此，投资人必须团结一致，并承受成本亏损的风险。至此，米德尔顿便凑齐了足够的资金开始了他的事业（Ward，2003，p. 27 – 32）。

新河公司的第一步（如履薄冰）

这项工程开始于 1609 年，但很快在一年之后便陷入了困境，尤其是遭到运河需要穿过其土地的地主们的刁难。整个工程不得不停滞了两年，他们都在与那些顽固的地主谈判周旋。其间，米德尔顿四处寻找合伙人与资金，最终获得了国王詹姆斯一世的帮助，国王同意承担一半的工程开支，工程落成后的一半利润要归国王所有。国王还承诺大力支持米德尔顿的事业，并动用权力保障水利工程的顺利建成。因此在 1611 年 11 月与国王达成协议后，该工程正式重新启动。下游运河和设施（包括艾斯灵顿山露天水库，该水库在重力作用下与一个水库相连）最终于 1613 年 9 月完工（Hansen，2004，p. 6 – 7）。

公司开始几年的处境非常艰难。因为伦敦居民并不急需一条直达家中的运水管道。新河公司的客户在 1615 年仅有 384 个，在 1619 年才刚刚超过 1000 个：这样的收入还不够支付费用，更别说分红了（Fletcher，1845，p. 152）。新河公司还面临着运河（河床损坏）、桥梁、水管（退化）以及水路等反复出现的破坏问题（Rudden，1895，p. 24）。送水工四处宣扬新河公司的水不适合饮用。此外，高昂的价格也是让人们望而却步的原因之一。因为新河公司的客户必须每年支付两笔费用，即一次性年费和每季度的分期费用，金额取决于具体用水量。对普通居民来说，一次性年费约为 1 英镑，相当于伦敦工人一个月的工资（Ward，2003，p. 57）。季度性的分期费用在年费的基础上计算，水平大致与年费相等，即 1 英镑（Smiles，1861，p. 128）。最后，不得不提的是，许多居民拥有公共的或者私人的水井，他们不仅可以从自家水井中取水，还可以从送水工那里购买水，双方已建立了超越商品交易的友谊。

1620 年，居住在圣·米歇尔·巴希肖教区的乔·班克斯（JoBanks），在被问到为何拒绝订购新河公司供水服务时，披露了他事实上拥有一个足够大的水库能够满足他和家人的需要，但他还经常从送水工那里买水，这样可以帮助这个贫困的老人维持多年的生活。此外，只需支付 1 便士（相当于 1/12 先令），就可以买到 4

桶水，每桶约 13 升。从送水工购水的价格要低于新河公司。事实上，有报道称，订购新河公司供水的客户数量越多，效益越不明显。这一罕见却很宝贵的证据表明，人们内心最开始的排斥既有价格因素，也有这种资源管理和使用方式的彻底颠覆。随着私营公司的兴起，水变得完全商业化（除非自家有水井）。一旦从公司订水，就不再像以前那样按次付费给送水工，而是在订购之初就要缴纳高额费用，其中还包含了在家中安装取水设备的费用，完全改变了服务的性质和支付方式，这也是一部分居民最初不同意安装供水网络的原因。

因此，米德尔顿越来越担心新河公司的发展。随着供水网络的不断扩展，在水渠内投入的大量维护和监控成本也在不断增加。他再次请求国王帮忙。前文提到，詹姆斯一世对这个新兴产业非常感兴趣，随即命令伦敦市市长利用权力强迫所有居民订购新河公司的供水服务。很明显，国王这样做已经越位了，因此收效甚微。接下来的 10 年也非常不顺利。伦敦在 1625 年受到了麻风等传染疾病的侵袭，约 35000 名居民丧生，许多地方人去楼空，贸易也受到重创。新河公司的收入每况愈下，其订购用户在 1630 年也没超过 1372 户（Ward，2003，p. 65）。危机持续发酵，公司也一直在亏损。直到 1633 年，距艾斯灵顿山运河和水库投入运行已经有 20 年之久时，公司才第一次盈利，可以进行股息分红。之后的 3 年，又停发了红利，直到 1636 年之后分红才逐渐稳定下来（Farr，1876，p. 488）。尽管 20 多年来，新河公司的发展一直举步维艰，但米德尔顿（他于 1631 年去世）及其继任者一直坚持不懈，努力经营，才使公司最终能够挺过这个难关。这要归功于米德尔顿用在别的领域的投资收益来维持新河公司的运营。特别是，他承包了苏格兰卡迪根县皇家矿山的银矿，获得了巨额收益（Smiles，1861，p. 141 -

145）。在大约 230 年之后的 1862 年，查尔斯·狄更斯在他的日记中提到新河公司发展的传奇轨迹和遇到的困难。他调侃道，公司的创办人在那个困难时期能够咬牙坚持下来，很可能是因为他在当时找不到任何人可以接手公司股份（Dickens，1862，p. 150）。

　　国王显然不具有公司创办人那样的毅力。詹姆斯一世之子查理一世对其父亲的投资结果非常失望，他于 1631 年将新河公司的一半股份再次出售给休·米德尔顿，换回 500 英镑和每年支付 500 英镑利息的承诺（Ward，2003，p. 66）。米德尔顿将 36 份出售的股份中的一半分给了王室，从 1631 年起，公司股份扩大为 72 份。1866 年，新河公司获得批准，以每股 100 英镑的价格在股市中发行 5000 股。不难想见，查理一世的决定多么愚蠢！

200 年缓慢而稳定的扩张

　　1630~1640 年，新河公司吸引了更多的客户（工匠、贸易商、富有的业主），业务领域也在不断扩大。这要归功于新河公司创始人（7 个人）不断游说与解释该项目的正当性和实用性，这才打消了居民的疑虑。而最大的竞争对手伦敦桥公司，受限于供水设施的规模和容量，无法跟上人口的日益增长及其对家庭用水的需求。1666 年，一场持续了整整 4 天的大火肆虐了伦敦（尤其是城市的历史中心），摧毁了不计其数的物品，新河公司损失惨重。因此迫切需要重建泰晤士河上的抽水设施，新建一个水库，更替原有的管道。虽然这些工作很快完成，但造价不菲，也给客户带来不便（Hansen，2004，p. 5）。而伦敦桥公司在这场火灾后一直在恢复中挣扎，股东在 1701 年将其转让，新投资者企图东山再起（但最终徒劳无功）。伦敦桥公司的衰败为新河创造了许多机会，后者借此机会占领了伦敦桥公司曾经的经营区域，即伦敦金融城及其周边地区。

新河公司状况好转的最好指标是什么呢？就是它的股息在不断增加。公司支付给股东的股息成倍增长：从1633年的11英镑到1640年的33英镑，1692年上升到255英镑（Rudden，1985，p. 306 – 310）。股息的上升表明业务在增长，覆盖地区在扩张，订购用户的数量也在稳步上升，从而利润不断提高。由于起初股票数量较少，新河公司的股票不会定期进行有组织的交易，但原始股所有者或其家族成员偶尔也会拍卖股票。他们通过双方协议，私下组织交易。1609年，新河公司的股票每股约100英镑，而据记载，1685年一次涉及6份股票的交易额要价达到3500英镑，在不到一个世纪内，其股票价值实现了成倍的增长（Ward，2003，p. 229）。新河公司、英格兰银行和东印度公司的股票是17世纪末伦敦投资者最看好的投资项目，这三家公司在伦敦证券交易所的资本总额最高（Scott，1912，vol. 1，p. 335）。

新河公司的发展较为缓慢。由于在公司内部和人口预测两方面缺乏准确的数据，因此只能预计新河在17世纪末的客户约有2万名，当时城市总人口约为50万人。一个世纪后其客户超过了5万名（Tomory，2015b，p. 710）。1620～1820年，新河公司在200年内赢得了5万名客户，平均每年新增250名客户（Rudden，1985，p. 98）。然而，它的基础设施和供水网络远远没有覆盖整个伦敦市。另外，其最大的竞争对手——伦敦桥公司在18世纪中叶已经拥有约8000名客户（Tomory，2015，p. 399）。

然而，为什么城市人口的数量突飞猛进，而新河公司的发展却如此缓慢呢？原来该公司一直贯彻一个理念，即"马尔萨斯主义"（malthusienne）（尽管这种称呼有些过时）。新河公司的目标放在

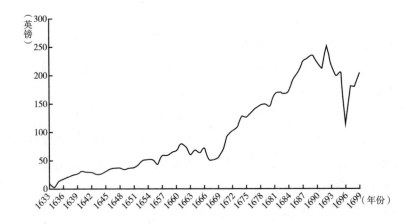

图 1　新河公司每股股息（1633～1699 年）

资料来源：Rudden（1985，p. 306－310）（原始来源：新河公司计划书和财务报告）。

那些耗水量大的工厂企业（尤其是啤酒厂）和人口极其密集的街区，在那里家庭供水还不普及，因此才有望争取更多的新用户。技术上其实不存在真正的问题，只要水资源充足，就不会对公司形成制约，这点不同于同时代的其他自来水公司，尤其是伦敦桥公司。新河公司有丰富的水源储备以及一条足以满足其运输要求的河道。因此，它本可以通过增加水库的容量来供应更多的居民，收获更多的订单。然而，它并没有试图这样做，也没有试图说服每个人去订购。它的覆盖网络并没有随着伦敦的扩张而延伸到其他地区。相反，它的客户都是最容易供水的：住所靠近已有的管道，或者位于低洼地，又或者位于设施下面。公司也没有承担为其服务领域的所有房屋建立用水管道的义务，更没有义务为所有提出需求的客户提供服务，无论其住所是否在该区域之内。

　　种种迹象表明，新河公司一直根据设备的能力不断调整开展和扩大业务范围的对策。它的投资一直在能力范围之内，且经常限制其扩张（倘若加快扩张速度，务必要扩大水库的容量，装备规模更高的起重机，安装管道的节奏要更快），控制支出，以便能够为投资者带来更多利润和保证股息稳步上升。新河公司在两个世纪中采取经济学家所熟知的经典垄断方式，通过加大投资率和减少劣质客户（地形复杂的、距离较远的），有意压缩发展规模来保持利润的稳步上升。在这种策略下，客户从新河公司的规模经济产生的利润中获益甚微。然而新河公司既没有降低订购价格（价格在没有通货膨胀的情况下几十年来保持不变），也没有提高投资的速度，单位运营成本却在稳步下降。

虽然用户数量在相对较小的城市空间内不断增长，但成本并没有也按比例增长，原因有很多。新河公司无疑降低了管道的单位采购成本（获得更多数量）。因为部分新客户的管道与现有管道相连，不需要在运河上继续修建新水库来满足其供应需求。尽管沿线的木管需要大量的维护和保养，但新河公司仍然可以实现规模经济效应。此外，供水网络扩大后，代理商也相应增多，更容易吸引到新的订购客户。不愿意订购的居民逐渐减少，因为以家庭为单位的水源供给即使不是当时的主流，也至少会成为更稳定和更常见的供水方式。加之该地区的竞争者不给力，这种谨慎和可控的扩张战略为新河公司的扩张发展提供了更好的机遇。

新河公司的成功有目共睹。米德尔顿的公司展示了供水能带来盈利的可能性，吸引了众多投资者的关注，他们随之从 17 世纪后期开始纷纷创建新的自来水公司。这些公司往往服务于人口增长较快但又缺少电力的地区。在伦敦的南部，肯特自来水公司（Kent Waterworks Company）于 1699 年建立，自治市自来水公司（Borough Waterworks Company）于 1770 年创建（最初是为了供应一家泰晤士河附近的啤酒厂），朗伯斯自来水公司（Lambeth

Waterworks Company）于 1785 年成立。在西伦敦和泰晤士河以北，汉普斯特德自来水公司（Hampstead Waterworks Company）于 1692 年建立，切尔西自来水公司（Chelsea Waterworks Company）于 1722 年成立，并成为日后最有影响力的企业之一。与新河公司的情况一样，对新自来水公司感兴趣的投资者都位高权重（通常是成功的商人）且拥有筹集足够资本的能力。以汉普斯特德自来水公司为例，早期创始人和股东都是著名人士，包括英格兰银行的创始人威廉·帕特森（William Paterson）、苏格兰银行的创始人约翰·霍兰德（John Holland）、东印度公司主要贸易商之一的弗朗西斯·泰森（Francis Tyssen）等人（Scott，1912，vol. 3，p. 7）。除了伦敦以外，同一时期其他城市也创建了许多自来水公司：1680 年的纽卡斯尔（Newcastle）、1695 年的布里斯托尔（Bristol）。1700 年，除伦敦之外，在英国人口最稠密的 13 个地区中，至少有 8 个地区的每个城市都拥有一家本地的大型自来水公司（Jenner，2003，p. 642）。

在伦敦，新成立的公司并没有造成竞争加剧。通常来说，公司成立时的文件（法案、章程）中已经明确规定了业务范围。新创建的自来水公司，就像公开募集资金的股份公司一样，都必须首先获得王室或议会的批准，这是一项基本的控制和保护措施。然而，股份公司在当时通常被认为是诈骗的理想工具，用以套取储户的资金来从事可疑或者子虚乌有的项目（Patterson et Reiffen，1990，p. 164）。政府有保护公民及其财产免受盗窃、欺诈或敲诈勒索的义务。因此，政府通过保留核定公司章程的权力，限制组建公司的可能性，从而保护储户。因此，自来水公司也要像商业冒险家公司（Company of Merchant Adventurers）这样的国际贸易公司一样，章程需要经过政府批准。

在一项有关公司设立的正式法案中，议会逐条详细规定了公司设立的目的、所有者向公众募集的最大资本额（而且必须与其可能发生的支出挂钩）、在公共区域修建设施（水渠、水库、取水设备）的数量以及公司开展业务的服务区域范围等。不过，这个服务区域的定义可以采取相当模糊的方式来确定，不排除考虑未来经营范围发展的深入性。因此，它不能被视为授予专属权利——事实上的垄断——就好像那些已经拥有了真正垄断地位的远洋贸易公司（Carlos et Nicholas，1988，p. 399 - 400）。在 1723 年切尔西自来水公司成立时的条款中详细规定，其原始股本总额为 4 万英镑，分成 2000 股，每股 20 英镑，负责威斯敏斯特区的供水（Graham - Leigh，2000，p. 11；Matthews，1835，p. 82）。

在此期间成立的公司位于基础设施极其匮乏的地区，但是人口增长率却很高，而且城市化进程非常迅速。所以该地区几乎没有竞争。当然也有例外，沙德维尔（Shadwell）和西汉姆（West Ham）两家公司在 18 世纪下半叶展开了激烈的竞争。经过长时间的斗争后，两家公司最终于 1785 年达成了一项协议，通过准确划定各自的地盘结束了这场商业竞争。抛开这些不和谐因素，大部分自来水公司相互间的关系还是非常融洽的，都忙于扩展各自的业务，以应对城市人口增加造成的更多用水需求。

木制水管，间断的供水

1600 ~ 1750 年，供水和配水网络的建设原理基本相同。当运河或水源地水源匮乏时，通常使用水泵——借助液压、畜力或风能——将水抽至山谷等地势较高的水库（水塔、水池）中。然后将水引流到管道中，再分配给居民。由于水只能依靠重力和地面坡度产生的势能流动，因此管道中的压力非常有限。这些管道由榆木制成，由于其尺寸和形状相当不规则，所以需要进行大量的加工，通过相互包裹、镶嵌还要装置一些铁环以减少泄漏。尽管如此，它们还是无法容纳太多的水。因此，在储存器的出口处，管道通常平行构造，形成主干线，当供水网络远离水源进入不同的生活区时，主干线逐渐分离。并行的管道建造方式有多种（如伦敦河公司在1756 年有 8 种，切尔西公司有 5 种，新河公司的主要管道有 9 种），大多数都建造在地面上（Graham‐Leigh，2000，p. 15）。

这些体积小的管道与主管道在地面下相连，穿过一个个街区。管道由打穿的榆树干做成，水流从中流过，并通过塞子控制流量，最终流到客户家中。这些水最终会输送到客户家中事先安装好的一个储水器中。这个容器的体积不大，但储备生活用水绰绰有余。供水还无法实现不间断供应，时间是固定的，一般来说，公司每周于三个固定的时间段供水，每次持续两小时。供水过程中也经常会出现水源泄漏，如果不间断供水的话，尤其在夜间，将导致巨大的浪费，并且会使街道特别是低街道变成泥潭。供水的大体流程一般如下：自来水公司将水库的阀门打开后，水流入网络中，再由公司员工控制水从主管道到达二级管道，然后输送到居民的家中。

自来水公司会确保水进入每位客户的家中，但这个过程中存在很多困难与缺点。间断供水会造成很多不便。公司在固定的时间供水，不考虑客户当天是否在家，如果不在的话，他们便无法调节水流。居民家中的接水装置安装不合理，储水器过小，水流在供应途中可能会泄漏。因此导致客户的需求无法得到满足，他们只好从公共水库、水井或河里取水。居民还必须考虑水流的变化：因为水流依赖于重力供应，且由于客户住所与公司水库的距离不同，供应很不均衡。逐渐严重的泄漏问题迫使公司需要做好线路工作，检测、修理和更换有缺陷的管道。种种不便之处往往是居民、居民代表（教区委员会、地方官员、议员）与公司之间发生冲突的主要原因。冲突有时会演化为暴力对抗：马克·詹纳（Mark Jenner）提及了一起发生在 1704 年 8 月的事件。当时汉普斯特德公司工作人员在修理客户院子里的管道时，被房子的主人袭击和殴打。这并不是唯一的流血事件，此类事件不断增长，最后的结果都相似，这样的例证还有很多（Jenner，2003，p. 638）。

尽管客户有种种不满的理由，但公司的运作也实属不易。受制于当时的技术条件和材料的有限性，它们还必须对管道的运作、维护和修理进行连续、不间断的监控。公司的配水网络随着业务的扩展变得越来越广、越来越复杂（新河公司的配水网络在 18 世纪末长达 400 多英里），员工需要每天对沿线进行检查、开关进水阀、检测和修理泄漏以及定期更换管道。榆树木制作的管道通常平均使用寿命为 15 年，在某些地区却不超过 4 年（Graham–Leigh，2000，p. 17）。因此各大自来水公司必须承担高额的运营、维护和维修费用。

直到 18 世纪中叶，随着蒸汽机的到来，情况才开始发生改变。1741 年和 1742 年，切尔西自来水公司安装了两台纽科门（Newcomen）机器。1710～1712 年，铁匠托马斯·纽科门（Thomas Newcomen）发明了第一台蒸汽机，在深井钻探寻找新的矿脉和水体时打穿地下水位之后，用来发动水泵抽水。不可否认，该机器大获成功，并且迅速普及：18 世纪中叶在英国发展出 100 种蒸汽机器。它们的使用延伸出新的用途，并被许多公司所采用，这些公司的运作都需要大量的能源（Verley，1997，p. 350），比如自来水公司。切尔西自来水公司购买纽科门蒸汽机立竿见影：显著增加了从泰晤士河到水塔的抽水量。其他公司竞相效仿。新河公司于 1769 年使用纽科门蒸汽机代替风车和马匹的动能。从1778年起，伦敦各大公司使用设计更加现代化的蒸汽机（博尔顿和瓦特蒸汽机）取代纽科门蒸汽机。博尔顿和瓦特蒸汽机比上一代蒸汽机效率更高，在相同的功率下消耗的煤更少。新河公司在1785年订购了第一台机器，1793年又购买了另一台机器。作为从博尔顿和瓦特获得发明使用权的回报，新河公司同意在一段时间内支付使用费，具体如下：新河公司将因使用新机器而节省的煤炭成本的三分之一支付给两位发明人（Ward，2003，p.158）。

当时另一项重大的创新是铁质管道普遍取代木制管道。铁质管道具有更优秀的供水特性（寿命更长、耐压、泄漏更少、易于校准和标准化），同样是切尔西自来水公司于1746年首次尝试使用。然而，钢材的高成本和难以制造的防水接头减缓了新材料的推广，直到19世纪初铁质钢管才完全地替代木制管道（Graham-Leigh，2000，p.18）。

供水大战

19世纪初，一切又发生了变化：伦敦的自来水公司之间出现了竞争，虽然持续时间不长，但异常激烈。1805~1811年，新建的4家新公司进入主要位于伦敦南部和东部的市场，这些地区尚未建造供水网络。投资者被新河的高额利润所吸引，且当时的市场仍然具有巨大的需求，大部分居民还没有家庭供水。同时，已有的公司（主要是泰晤士河北岸的新河公司和伦敦桥公司、南岸的朗伯斯公司和肯特公司）共计拥有7万名客户，为伦敦一半以上的住宅提供供水服务。

南伦敦自来水公司（South London Waterworks Company）最先

成立，起初它并不打算侵犯邻居朗伯斯公司的利益，其经营许可证书中甚至包括一条划清与朗伯斯公司已有经营范围之间界线的条款。南伦敦公司的早期经营非常惨淡：一些设施遭到火灾破坏，客户发展速度缓慢。随后，公司董事们认为必须与朗伯斯展开积极的竞争才能解决问题，要求议会撤回"非竞争条款"。该请求被驳回（Graham - Leigh，2000，p. 26）。南伦敦公司只能与现有的公司（肯特公司、朗伯斯公司、自治市公司）一同在伦敦南部经营业务。伦敦这一区域相安无事，而其他区域的竞争已经热火朝天。

第二家新成立的公司是西米德尔塞克斯自来水公司（West Middlesex Waterworks Company），成立于 1806 年，正是这家公司最终点燃了竞争的火苗。其经营许可条款中规定了它的融资上限（8 万英镑）和明确的活动范围（伦敦西部的教区和村庄），但没有详细规定交界地区的事宜，同时也禁止在临近的切尔西公司的范围内经营业务。然而，该公司成立以后，便将业务重心放在了特许权规定的范围以外的地区，那些地区早已被其他自来水公司所占据。特别是马里波恩教区（Marylebone），那里的居民十分富有，并且非常不满意新河和切尔西两家公司的服务。

这两家公司招致的批评主要来自因弥补泄漏、维护和修理管道而进行的土方工程所造成的不便和服务退化。凭借新的蒸汽机、大容量水库和铁质主管道，西米德尔塞克斯公司的高管们认为，正面竞争可能会对他们更加有利。1808 年 5 月 3 日的西米德尔塞克斯董事会会议记录中记载："新河公司面临的困扰主要是内部贪污以及供水乏力。切尔西公司深受水质低劣、管理不适的困扰，因此即使它们进入马里波恩地区的时间很早，但对我们来说仍然有利可图"（转引自 Graham - Leigh，2000，p. 29）。

1810 年，西米德尔塞克斯申请对经营许可权进行修正并获得通过。该修正案一方面授权公司资本增加到 16 万英镑（初始资本已经用完），另外，撤销了限制行业竞争的条款。这似乎是因为，议会回应了西米德尔塞克斯提出的观点，即现有的公司没有努力提供足够的供水，并且在客户面前处于强势地位，收费还很高。马里波恩和威斯敏斯特居民以及消防员请愿支持西米德尔塞克斯公司的观点，对其安装铁质水管的承诺也非常满意。许多高层贵族人士也非常看好西米德尔塞克斯的发展前景，他们大多是伦敦东部的大地主，非常欢迎这家新公司的到来，因为这家新公司一定会以高价买下当地的土地用来建厂，同时也会带动该区域其他的商品价值的提高。西米德尔塞克斯与新河和切尔西之间在伦敦西部的竞争一触即发。

与此同时，第三家新公司成立，即东伦敦自来水公司（East London Waterworks Company）。该公司收购了伦敦港口公司（London Dock Company）、沙德维尔和西汉姆等公司，还升级了供水系网络（将木制管道全部换成铁制管道），装备了蒸汽机，修建了大型的水塔，迅速跻身行业前列。新河公司并没有意识到这家公司明显的意图：争夺新河公司因能力不足无法提供优越的供水条件而流失的客户。伦敦东部即将成为自来水公司竞争的第二大战场。

从 1810 年开始，西米德尔塞克斯和东伦敦公司成为业内的领头羊，击败当时众多的分销商，不断吞噬它们的业务范围，迅速壮大。在两年之内，西米德尔塞克斯从对手那里争夺了 4000 个客户，因而需要建立新的水系网络，增加升降机和水库的数量，加大运营投入，同时还进行了大规模的宣传活动（通过新闻、在公共道路张贴广告和个人宣传等手段）。它主要通过价格折扣来吸引新客户，同时不断提高水质，改善服务质量。1815 年，西米德尔塞克斯新增 7000 个客户。另外，东伦敦公司在 1809 年 1 万余个原始客户的基础上，将客户数量在三年内翻了一番。

于是，第四家公司也卷入了这场商业大战。1811 年，大枢纽自来水公司（Grand Junction Waterworks Company），携巨额资本（15 万英镑）和修建的现代化设施（70 马力的博尔顿和瓦特蒸汽机、高容量水塔、铁制管道）决心挑战西米德尔塞克斯、新河和伦敦以西的切尔西等公司的地位。1815 年，它在一个已被其他自来水公司占领的区域内抢夺了 2700 名客户，这一区域已存在马里波恩、威斯敏斯特和切尔西等公司（Graham - Leigh，2000，p. 37 - 41）。竞争愈演愈烈。老公司相继受到重创，尝试进行反击。而这些新公司公然挖掘街道，安置新管道，毫不犹豫地损坏通道，甚至破坏竞争对手的管道。冲突不断恶化，法庭不断受理相关案件，各大媒体也在争相报道。老公司不想失去原有的客户，一再调低价格。西米德尔塞克斯、东伦敦、大枢纽三家公司打起了降价幅度一致的价格战。新河则向客户发送信件，表明了愿意提供任何低于竞争对手的价格的决心。它还试图通过新闻媒体重塑曾经光辉的形象来赢得这场斗争，并且用铁制管道代替木制管道来加速供水系网络的现代化。订购价格出现了螺旋式的下降：几年内至少下降了 20%。

这场商业竞争让人感觉停不下来。管道的重复建设，过度投资，再加上为了吸引消费者和挖竞争对手的墙角而不断降低的税费，致使所有参与竞争的公司都遭受了严重的经济亏损（Sunderland，2003，p. 390）。新河公司在短短 5 年内（1810～1815 年）流失了近 10% 的客户，这些客户是它们花了数十年时间才逐步培育起来的，在价格战中就地蒸发了将近 25% 的营业额。其收入也从 1810 年的 82456 英镑下降到 1813 年的 68372 英镑（Rudden，1985，p. 140）。与此同时，投资支出也在增加：水管更换升级，增加由蒸汽机驱动的水流量，并向员工支付更多的费用以招揽顾客。结果是：管理层被迫大幅减少支付给股东的股息。新河公司的股票在1814～1816年降至每股100英镑以下，这是自17世纪中期以来从未有过的低价。新河公司需要数十年才能弥补这些损失，重回19世纪初竞争爆发前的盈利水平。

切尔西公司的处境也差不多。伦敦桥公司遭受的影响最大，由于设施破旧和竞争对手的反复打击，很快便流失了大批客户。公司很快在这场竞争败下阵来，不得不在1822年停止所有的商业活动。其供水系统网络被拆除，水库、管道和客户被新河接管收购。几家新公司的情况也并不好。价格的下跌超出预期的水平，收入受到了严重影响，商业计划遭到破坏，尤其是支出远高于预期：初始资本在几年内已经消耗殆尽，不得不要求股东进行资本重组才能继续经营下去。资本重组涉及的金额非常大，公司的资产负债表显示了竞争的激烈程度及其影响：西米德尔塞克斯公司重新注资26万英镑（超过初始资本的3倍，在不到10年内就消耗殆尽）。多年后，东伦敦公司也注资38万英镑，大枢纽公司重新募集资金11万英镑。其他指标也警报连连：这些公司已无力支付给股东股息（或仅仅支付很少的一部分），股票交易价格低于名义价格。处境最为艰难的无疑是实施进攻性征服战略的那家公司——西米德尔塞克斯公司。1812年，在宣布投入竞争的两年后，它已无力履行部分承诺。在所有的初始资本告罄之后，西米德尔塞克斯公司于1813年试图向公众发行新股来募集公共资金。这次行动几乎宣告失败，它并没有如愿地筹集到大量资本。债务逐步上升，很快就超过了其资产价值。公司的董事必须面对这样的事实：他们不能再这样任性下去，烧光了股东所有的钱，却没能取代那些老牌的自来水公司，特别是新河公司和切尔西公司（Graham - Leigh，2000，p. 47 - 51）。

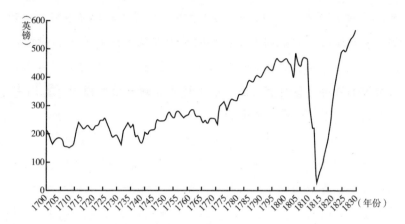

图 2　新河公司每股股息（1700～1830 年）

资料来源：下议院，《国会文件》，1828 年（567），《大都市供水选择委员会报告》，p. 53；Rudden（1985，p. 306–310）（原始来源：新河公司备忘录和财务报告）。

停止竞争行为，恢复垄断状态

因此，这些公司不得不结束竞争。它们都遭受了重创，急于通过谈判形成一个有利于各方的解决方案。那些损失较小的公司试图延长谈判时间，以求获得最有利的条件（如地盘和资产股价）。这场游戏持续了两年（1815～1817 年）。东伦敦公司和新河公司在1813 年 5 月最先开始谈判，于 1815 年率先达成了一项协议。协议中重新定义了各自业务区域的边界，并规定若其中一方越界为另一方客户提供服务，则予以严惩。它们都主动放弃了原来在竞争对手的地盘内修建的一些设施（分归区域内现有的公司管理），并对这些资产进行估价，差价将在 10 年内付清。

随后，新河公司于 1815 年开始与主要竞争对手西米德尔塞克斯公司展开谈判。新河公司希望签订一项与东伦敦公司类似的协议，但西米德尔塞克斯更希望两家公司合并。经过多次讨论，双方的领导人达成合并协议，并向议会提交一项法案。但在其他公司和一些教区委员会的激烈反对下，两家公司撤回了协议。尽管如此，它们还在继续协商，最终在 1817 年 1 月达成了区域划分协议（Graham - Leigh，2000，p.56 - 57）。其他公司也分别与邻近公司和竞争对手签订了类似的协议，在划分完商业区域后，它们又回到了最初各自"垄断"一方的状态。

1821 年，一份议会报告就这一价格战事件做出回应，并试图从经济基础方面为垄断地盘的自来水公司进行辩护。议员们指出，通常情况下，竞争是商业活动中"正常"的组织模式，在供水领域也不例外。但供水领域为什么违背了这一普遍原则呢？该报告解释道，该行业的基础是固定资本，不同公司的产品性能几乎没有差别，所以每当有新的竞争者加入该行业时，就会给原有格局带来冲击，所以各家公司不得不采取降价的方式来吸引顾客。随之而来的价格战却会利用一切机会"摧毁"现有的利益相关方。根据议员们的说法，公司间的安排表面上会违背消费者的利益，但总体看来，也只是公司一种"自我防卫"的措施。[1]

几年后，有关供水服务组织中的竞争有效性的争论又风生水起，两位英国经济学家纳索·西尼尔（Nassau Senior）和约翰·斯图亚特·穆勒（John Stuart Mill）截然不同的观点为之提供了养分。这场论辩为伦敦供水服务组织的深入发展甚至在更大范围内对公共服务的运作原则都产生了深远的影响（Tynan，2007，p.49 - 65）。

---

[1] 下议院，《国会文件》，1821 年（537），《大都市供水选择委员会报告》，p.3 - 4。

1836 年，纳索·西尼尔表示，自来水公司之间的竞争对消费者有利，因为这会增加新公司进入的可能性。投资者渴望赢得客户群，从而使投资获利，因此可能会参与降价的过程。即使进入该领域需要巨额的资本储备（提高了准入门槛），但西尼尔认为还是会有新的公司不断进入市场（政府在特定的区域内并没有授予"独家特许权"），这就迫使它们不能利用自己的地位继续抬高价格，哪怕供水网络的扩展抬高了成本（随着网络扩大，公司从客户消费服务的过程中获得的利润会下降）。从动态视角来看，新进入市场的公司得益于技术进步，能够装备价格更低的技术设备，这就降低了成本，从而轻而易举打开市场，提供价格更为优惠的服务（Senior, 1836）。

1848 年，约翰·斯图亚特·穆勒对这种论点提出异议。他认为，几家自来水公司（和天然气公司）的存在并不是经济效率最高的组织形式。相反，它可能导致浪费甚至过度投资行为，即"破坏性竞争"，也就是说新进入的公司要投入过多资金，增加不必要的设施（基础设施、供水网络），力图在市场中占有一席之地，并且通过压低价格来破坏竞争对手，之后再大幅涨价，长久对用户没有任何好处。穆勒认为，这种类型的活动具有自然垄断的特征（这种垄断是由环境而非法律规定的）（Mill, 1848, p. 490）。由一个公司负责一片区域的所有商业活动反而非常有利，避免了基础设施不必要的重复建设，还能通过合并成本以及利用水塔、水泵等的规模经济效应来增加回报。穆勒将成本分为两种类型：劳动力成本和基础设施成本。"因此，在一个具有真正公共重要性的公司规模扩大到使自由竞争几乎沦为泡影时，只有减少竞争，扶持某些大型企业发展，使之成为该区域内独一无二的机构，才可以避免资源浪费"（Mill, 1848, p. 174）。它肯定了伦敦自来水公司达成的协议中避免了基础设施重复建设造成的昂贵成本。但是他认为，一方面，所有公司的合并会带来额外的收益（Tynan，2007，p.54）；另一方面，这种合并应该由公共当局控制，防止公司滥用职权（Stigler，1982，p.2）。

作为"自由放任"经济政策的支持者，穆勒不愿意信任中央政府对国家可能滥用强权一直持谨慎态度。他从未设想过——因为这违背了公众的利益并且妨碍了自由——自来水公司最终会国有化且由国家直接管理。不过，他建议公共当局在监督自来水公司的活动中发挥积极作用，但是这些公司仍然需要掌握在私人的手中。根据穆勒的观点，政府理应扮演的监督角色——也就是所谓的管制——应该由各自地方政府而非中央政府来实施。因为这种角色可以扩大地方政府的权力，抑制中央政府的权力，从而限制或避免某些权力滥用（腐败、效率低下、官僚化），同时也能更好地跟上商业发展的步伐，为其发挥能力与知识提供机会。因为这些公民都接受过良好的教育，思维活跃且行动能力很强，如果国家权力滥用的话，他们会极力捍卫个人自由（Schwartz，1966，p.72-77）。

穆勒有关供水自然垄断的理论产生了深远的影响。大多数经济学家——和政策制定者——根据这一理念，为建立在垄断基础上的供水服务组织（以及许多其他网络建设活动）提出辩护。政府还要适当地干预、监管那些垄断企业，从而避免无益的竞争。公司也不能自发形成垄断，单方面地决定税费及业务开展的条件。私营公司必须界定其行动框架并接受公开的干预。从1821年议会的一份报告中可以看出一些端倪。该报告指出，当前拥有垄断地位的公司已经获得了"无上诉"（sans appel）的权力，可以加以滥用。因此，必须制定一项规则，保护公众免受自来水公司现实或者潜在的侵害。这种滥用尤其会导致价格上涨。"从长远来看，人们发现，如果缺乏对垄断权力的监管，公司不是通过竞争毫无限制地牺牲资本，就是垄断城市的某一区域，通过私自设定价格来弥补过去的损失并赚取未来的收入，除此之外没有中间道路"（Fletcher，1845，p. 153 - 154）。约翰·斯图亚特·穆勒的经济理论为受管制的垄断组织奠定了合理性基础，被伦敦自来水公司竞相采纳，而政府对其商业活动的监管力度在整个 19 世纪也越来越大。

不过，我们要认识到伦敦供水竞争时期有一大优点——规模——这点非常重要。新公司动摇了老的自来水公司的地位，迫使它们审视自身陈旧且保守的扩张政策。据记载，尽管伦敦的自来水公司已经发展了近两个世纪，但在 1800 年超过 50% 的伦敦居民仍然没有被供应上饮用水。新公司的进入及随后的竞争改变了这一状况，促使各大公司实行更加大胆、更为积极的战略。1827 年，距那场竞争结束十多年后，伦敦的自来水公司为总共 20 万个家庭中的近 16.4 万个提供了供水服务（Hardy，1984，p. 252）。相比之前的两个世纪才为 7 万个家庭供水，新增 10 万个家庭用户才用了不到 30 年的时间，增长率达到 80% 以上。这也得益于人口的快速增长，伦敦在 1800～1830 年增长了大约 50 万居民。

毫无疑问，如果没有这种短暂而激烈的竞争刺激，伦敦家庭供水系统的进展将会缓慢很多。

表 3　伦敦领先的私营自来水公司

公司名称	时期 *	终止营业
伦敦中心和北部		
切尔西自来水公司	1722～1904 年	市政收购
布洛肯码头自来水公司	1593～1703 年	由伦敦桥自来水公司收购
米尔班克斯自来水公司	1675～1727 年	被切尔西自来水公司收购
萨默塞特宫自来水公司	1655～1664 年	王室反收购

公司名称	时期*	终止营业
马钱特自来水公司	1696~1722 年	关闭
新河公司	1619~1904 年	市政收购
伦敦桥自来水公司	1582~1822 年	被新河公司收购
爱德华·福特爵士自来水公司	1655~1657 年	被新河公司收购
约克建筑自来水公司	1675~1816 年	被新河公司收购
汉普斯特德自来水公司	1692~856 年	被新河公司收购
波科克自来水公司	1809~1815 年	被新河公司收购
北米德尔塞克斯自来水公司	1867~1871 年	被新河公司收购
布什山自来水公司	1875~1887 年	被新河公司收购
伦敦南部		
朗伯斯自来水公司	1785~1904 年	市政收购
肯特自来水公司	1699~1904 年	市政收购
拉文思伯恩自来水公司	1701~1809 年	被肯特自来水公司收购
南沃克和沃克斯霍尔自来水公司	1845~1904 年	市政收购
岸边自来水公司	1771~1845 年	被索斯沃克自来水公司收购
自治市自来水公司	1771~1820 年	与南伦敦自来水公司合并
索斯沃克自来水公司	1820~1845 年	与沃克斯霍尔自来水公司合并
南伦敦自来水公司	1805~1834 年	改名为沃克斯霍尔自来水公司
沃克斯霍尔自来水公司	1834~1845 年	与索斯沃克自来水公司合并
伦敦西部		
大枢纽自来水公司	1811~1904 年	市政收购
西米德尔塞克斯自来水公司	1806~1904 年	市政收购
伦敦东部		
东伦敦自来水公司	1807~1904 年	市政收购
哈克尼自来水公司	1747~1830 年	并入东伦敦自来水公司
西汉姆自来水公司	1745~1807 年	并入伦敦码头自来水公司
沙德维尔自来水公司	1669~1807 年	并入伦敦码头自来水公司
伦敦码头自来水公司	1807~1808 年	并入东伦敦自来水公司

*开业时间和终止时间。

资料来源：根据 Roberts（2006，p. 76）；Ward（2003，p. 231 - 234）。

　　英国其他城市的情况怎么样？19 世纪初，其他城市还没有出现竞争（或很少），每个城市只有一家公司提供供水服务，不过也有特例，例如利物浦市有两家供水公司，即分别于 1799 年和 1802 年创立的地产公司（Compagnie des Propriétaires）与利物浦和哈灵顿公司（Liverpool and Harrington Company）（Matthews，1835，p. 132）。但是从 19 世纪 30 年代开始，私营公司在没有供水网络的城市中迅速而强劲地崛起，这些城市原本已有供水网络的草案，或者私营企业在 16 世纪、17 世纪的尝试遭遇了失败（Jenner，2003，p. 642；Hassan，1985，p. 532）。为什么呢？一方面，企业家是行动方案的驱动力。它们向市政当局提交详细说明其建设和融资项目的简报；提供建造水塔、抽水机和供水网络所需的资金；还能够通过贷款和人脉来筹集资本。而地方当局几乎没有财政周转空间，在行政机构、技术和人力资源等方面无法取代私营企业的作用。因此，地方当局只能将设计、融资和管理供水服务的任务委托给私营企业。

　　另一方面，地方民选官员（根据 1835 年的《市政合作方案》建立相应机构的城市中）是该市主要的纳税人或其代表。他们根据其财产的价值缴纳大量的地方税收，因而经常反对那些被认为效率低下甚至会涉嫌贪污腐败的市政项目。在城市的市政委员会中，掌握大权的往往是企业家和商人，他们是最主要的纳税人。他们的地位属于传统的精英，通常出身于大贵族或是大地主家庭（Garrard，2002，p. 50）。他们在供水问题上比其前辈更为敏感。更通俗地讲，除了上述原因（卫生、污染、健康）之外，更直接的原因在于供应足量的、优质的水是保证其工厂正常运作、贸易扩张以及与其息息相关的地方经济发展所必需的要素（Millward，2007，p. 122）。1841 年，在英格兰 81 个最重要的城市中，约有一半拥有独立的供水网络。这些供水公司中有 75% 是私营公司，其余由市政当局管理。1851 年，私人公司与政府公司的比例大致持平，但拥有供水网络的郡级城市的比例从 50% 增加到 75%（Hassan，1985，p. 536）。所以，无论是伦敦还是英国其他地区，私营自来水公司都是在城市化和工业化发展进程中创建第一批供水网络的引擎。

处于争论中心的水质与价格

从 19 世纪 20 年代开始，自来水公司因供水数量与人口不相匹配而遭到批评。那时，主要是从泰晤士河或利河（Lea）中抽水。直到 19 世纪末，才能从更远处的水域抽取少量水（约占总用水量的15%）（Hardy，1991，p. 77）。抽取的河水或者泉水会储存到水库中，借助各大供水网络中的蒸汽水泵动力输送到客户家中或者水井中。供水也是断断续续的，伦敦人只能在一天的某几个小时中才能用上水。许多公司被指责没有进行必要的投资以充分满足所有的人，尤其是抛弃了穷人，也没有为消防工作和清洁街道提供足够的水。

在 1821 年和 1828 年进行的调查中，历史学家对当时的评论家编辑的相关数据进行了细致入微的分析。1827 年，8 家伦敦公司为服务对象中的 17.6 万个"用户"（严格意义上的家庭住户数量为16.4 万个，此外还包括工业厂房、商店和手工业作坊）分配足够的水以满足大部分人的生活以及工商业的需求，同时也供给马匹饲养和马厩维护。据估计，1835 年，伦敦的马匹数量约为 10 万匹，用于交通运输，以及啤酒厂（Almeroth-Williams，2013，p. 420）。因为伦敦市 80% 以上的人口已经连接了供水系统，导致公共或私人水井逐渐被废弃（1860～1870 年，政府勒令关闭了几乎所有的水井）。在随后的几年中，私营公司伴随着城市的人口增长也在不断发展壮大，用水需求不断上升。到 1849 年，首都所有的住宅中，只有极少数（约 1%）的住宅确定还在使用水井（Sunderland，2003，p. 356 - 364）。它们都是无人居住的房屋，处在城镇的边缘，或者其所有者拥有独立的水井，无视家庭供水的需求。

表 4　伦敦人口的变化（1801 ~ 1901 年）

单位：人

年份	伦敦市内	伦敦郊外	伦敦大区
1801	959300	137474	1096784
1811	1139355	164209	1303564
1821	1379543	193667	1573210
1831	1655582	222647	1878229
1841	1949277	258376	2207653
1851	2363341	288598	2651939
1861	2808494	379991	3188485
1871	3261396	579199	3840595
1881	3830297	883144	4713441
1891	4227954	1344014	5571968
1901	4536267	1970622	6506889

资料来源：*Online Historical Population Reports*（www. histpop. org）.

因此，我们不能忘记伦敦在 19 世纪中期几乎每户居民都已经拥有了家庭供水系统。这样，每个伦敦人平均每天可以获得 20 加仑的水（一加仑约相当于 4.5 升），远远超过欧洲或北美的任何城市。这座城市全部覆盖供水网络大约花了 230 年（1620 ~ 1850 年），尤其是 1810 年以后增速开始加快。之前发展缓慢的原因应归咎于家庭供水网络的互联跟不上人口增长，同时，老公司的"马尔萨斯主义"做法也难辞其咎。不过，伦敦是欧洲各大首都中最早受益于饮用水分配网络覆盖所有人口的城市，比巴黎、柏林、维也纳、米兰或马德里等城市要早得多。它也远远领先于英国其他的大城市，例如曼彻斯特在 19 世纪中叶，只有 23.4% 的居民拥有家庭供水。这一比例在 1879 年上升至 79.4%，落后伦敦 50 年（Hassan，1998，p. 11）。

伦敦的各大自来水公司也在重新规划订购价格，试图弥补 1810~1817 年激烈竞争导致的巨额亏损。在签订结束竞争协议（1817~1821 年）之后的几年里，它们大幅提高了价格，最后比 1810 年的价格平均提高了 25%，遭到客户的指责和抗议。大枢纽公司的价格甚至上涨了 50% 到 300%。[①] 更可怕的是，消费者完全没有权力对这些公司的做法提出质疑和反抗（Fletcher，1845，p. 156）。1821 年的议会报告认识到需要制定一些法规保护消费者免受价格上涨的影响，但是并没有要求公司恢复到 1810 年的价格，只是限制其价格 4 年内上涨的上限为 25%。[②] 这一提案较为保守，虽然限定了时间，但实际上默认各家公司已经决定的涨价，因而没有得到议会的批准。不过，公司终止了继续额外涨价，对平均涨价 25% 的幅度也较为满意。此外，它们还继续向医院和学校提供低价水，为消防服务提供免费水。至少在 19 世纪上半叶，政府的干预和舆论的压力还可以约束自来水公司。更重要的是，私营公司整体上能够在不滥用投资的前提下，轻松地向股东们支付股息（Sunderland，2003，p. 369）。受用户数量不断增加的推动，企业收入从 1820 年到 1850 年一直稳步增长。与此同时，包括煤炭和冶炼在内的一系列投入要素的价格下降，使其运营成本几乎保持稳定，甚至略有下降。因此，它们可以持续获得巨额的利润，支付可

---

① 下议院，《国会文件》，1821 年（537），《大都市供水选择委员会报告》，p. 4。

② 下议院，《国会文件》，1821 年（537），《大都市供水选择委员会报告》，p. 9。

观的股息，同时承诺增加投资。

除了抱怨供水设备提出之外，客户很快对水的质量提出了批评。1827年，记者约翰·怀特（John Wright）写了一本名为《海豚》（The Dolphin）的小册子，谴责大枢纽公司从泰晤士河引水造成的污染。大枢纽公司的引水口（《海豚》的名字来源于此）靠近拉尼拉（Ranelagh）老旧的溢流堰。这篇文章很快引起社会的广泛关注，成为各大主流媒体争相报道和民众请愿的主题，迫使议会于第二年设立首都供水委员会。该委员会最初的工作重心是调查大枢纽公司的水质，进而批评其他自来水公司。

众所周知，泰晤士河的水质正在逐渐恶化，而伦敦的自来水公司还在大量地从中取水。不可忽视的是，当时的英国是世界第一经济强国，其财富积累大部分来自河流，因为河流是商品贸易流通和国际进出口交易的必经之路（Hardy，1984，p. 251）。泰晤士河成为废水聚集处，人们将污水直接排放到泰晤士河，许多化粪池（伦敦约20万个）也将排泄出口接至河中。从1830年起，伦敦一些居民开始使用抽水马桶（water closets），产生的废水量日益增加，也加剧了污染（Hardy，1991，p. 82）。此外，水上蒸汽船的出现、液态固态残留物的蔓延以及传统的、新兴的各种工商业活动都深深地影响了泰晤士河的河水质量。

第一次水质调查始于1828年，也是此后一个世纪中多次调查里最重要的一次，后来的那些调查分别出现在1850年、1866年、1880年、1892年和1898年。议会出台了数百项法案和提案，成立皇家委员会，发布备忘录和意见书：其中，伦敦供水管理的主题反复出现，贯穿一个世纪，挥霍着人们的热情。为什么人们会如此感兴趣呢？因为水是城市两大关切的交叉点：其一，一个城市人口快速增长，持续工业化，需要更为丰富的水，只能不断地开发和获取水资源，甚至过滤污水；其二，还必须要保证获取的水的质量，如果城市不注重卫生的话，就会很快遭受霍乱等传染疾病的毁灭性侵袭。

所有的调查报告都表达了同样的争论。知识虽然在进步，但参与者仍然不变：私营公司辩解说它们供水的质量与其采取的处理污染的技术方案有很强的相关性；有人倡导采取供水管理的公共监管方式（形式可以多种多样）；一些工程师和投资者辩解说他们开发的设备可以替换现有设施，提供更好的水质。这些群体的观点都有不同的专家观点（化学家、医生、地质学家、工程师、经济学家等）作支撑（Hamelin，1990，p. 73 – 76）。1828 年成立的委员会认识到泰晤士河的水质已经威胁到人体健康，即使过滤之后仍然无法达到标准。这引起人们对水质的批评，呼吁对伦敦的水源进行干预，同时积极寻找可用的新水源，从而保证卫生水平和纯净度。委员会感到遗憾的是，除了供水公司自行设定的规则外，其活动完全没有受到监管和监督，而那些规则可以随时改变或者撤销，特别是有关接通新客户的供水、切断老客户的供水或者改变服务质量等方面。

以上这些因素，都是公司与客户关系的重点，但只能依靠公司的自律和内部决定，政府丝毫没有参与。如果在收取的费用或提供的服务质量方面存在冲突或分歧，客户没有任何办法维权，只能寄希望于企业大发善心。因此，委员会希望自来水公司的活动能够受到更好的监督，并声称立法对现实情况绝对是不可或缺的，某些私营自来水公司提供的刚需服务不符合"传统"的商业和服务交换的基本原则。[1] 作为回应，一些公司在 19 世纪 30 年代开始在水塔中采用过滤设备，至少能净化一部分水，大多数公司则是转移储水库，以避免污染（Sunderland，2003，p. 374）。

---

[1] 下议院，《国会文件》，1828 年（567），《大都市供水选择委员会报告》，p. 4。

埃德温·查德威克、公共卫生和水质

1840 年，民众对水质的批评之声此起彼伏，这次运动的领导者是埃德温·查德威克（Edwin Chadwick）。他是一位资深律师，积极的维权人士，被许多人当作（尽管褒贬不一）社会改革家的典范（Hamelin，1998）。埃德温·查德威克在 1832 年担任皇家委员会秘书长，该委员会旨在推动修改不完善的法律。该委员会的报告成为 1834 年立法的基础，其中特别建议由中央政府统一组织（和监督）此前一直由教会实施的济贫活动。这项法律指出，济贫不再是一项集体责任，不到万不得已的时候一定要鼓励穷人在劳动市场中利用自己的资源改善生活条件，而不是依赖所在社区的帮扶（Mandler，1987，p. 132–140）。

《济贫法》（Poor Laws）从 16 世纪中叶开始就为穷人尤其是城市的穷人提供安全网，条例已经陈旧过时。济贫体制通过征收财产税（由当地的教区议会管理），在全国范围内运行，为失业人员和有需要的家庭提供有效的保障。《济贫法》在 17 世纪末的大饥荒中居功至伟。1834 年的修改案重新调整了以前的原则，减少了补助，还要与社保制度挂钩。此外，还建立了救济工厂，把失业人员圈禁起来，迫使他们接受工作安排来养家糊口。不过，救济工厂并没有得到普及，许多教区，特别是在英国北部的工业区，都认为工人、技工和农民等大部分的失业者都不是自愿地进入救济工厂，因而拒绝与之发生联系。因此，《济贫法》在经济强烈波动的时期（1830~1840 年）失去了（最低）社会保护网的效用。与此同时，劳动力市场的活力也大大受挫（Szreter，2004，p. 222）。

埃德温·查德威克在 1842 年发表了一篇名为《英国劳动人口的

卫生状况》(*The Sanitary Condition of the Labouring Population of Great Britain*) 的报告后，声名大噪。该报告关注英国工人阶级的死亡率，认为死亡率与工人阶级普遍存在的健康状况不佳有关，并提出了许多改进建议，包括提高饮用水的水质与合理处理废水。无可否认，工业革命不仅创造了巨大的财富，改善了生活条件，还对健康产生了积极影响。但也对某些阶层成员产生了不利的影响。工业化及伴随而来经济和社会变革，改变了工作环境（有时候甚至恶化），移民运动（从农村到城市）削弱了传统的社会凝聚关系，重塑了等级制度和组织形式。农民进城后面临着一个全新的世界，他们对城市生活一无所知，面对困难无所适从（Hobsbawm，1962，p. 1051）。

这种大变革现象具有破坏性的特征，在为一部分人带来美好的经济与社会前景的同时，也恶化了另一部分人的生活环境。历史学发现，整个19世纪，英国工人阶级的生活条件（以实际的年均收入与生活成本指数相比）只有微乎其微的进步（Feinstein，1998）。整个100年间，工人阶级的平均寿命没有显著变化，其60% ~ 70%的可支配收入用于食物开支。而且，他们的日常生活条件依然依赖于食品价格的变化。因此，社会进步的背后隐藏了巨大的差异，主要表现为健康和医疗状况的恶化。埃德温·查德威克关注工人阶级的生活状态并不是出于人道主义或社会正义，而是担心这些现象会冲击《济贫法》的预算（他认为1834年的改革之前这种预算过多），因为它减少了现有的人力资源，损害了经济的发展。

埃德温·查德威克的报告促使了1848年的《公共卫生法案》(*Public Health Act*)。该法案坚持要求城市大力投资供水分配、街道清洁和污水处理的集成技术系统，当地卫生管理部门必须组织社区监督，管控各项与人民生活质量和健康的相关活动（街道路面的清洁、污水处理、墓葬、公共浴池、游乐场等）。作为1848年成立的卫生总理事会中的成员，埃德温·查德威克严厉批评了私营公司的供水质量，推动伦敦供水机构进行全面的改革。他认为自来水公司受利益的驱动，无法持续性地供水，无视其他社区街道清洁的用水（因为不注重卫生导致传染病频发）。埃德温·查德威克还认为，一般情况下，只要客户对服务下降或者水质在可预见的未来得不到改善等方面没有话语权的话，自来水公司就会对改善供水系统毫无兴趣（否则将会产生费用，从而降低股息）。自来水公司不负责任，恣意妄为，丝毫不考虑顾客。公司之间的竞争也不能解决问题。对其加以惩治，迫使它们降低价格、改善水质也行不通。埃德温·查德威克认为，那样只会导致非生产性投资和增加浪费（Chadwick，1887，p. 31－39）。

埃德温·查德威克呼吁在政府主持下，合并所有的自来水公司。但经过很长一段时间后，他又设想成立一家私营公司——城镇改善公司（Town Improvement Company），接管现有8家公司的所有资产，同时建立一个新的污水处理系统。埃德温·查德威克还设计了这一倡议的获利前景，承诺如果股东愿意投资这家公司的话，每年可以获得6.5%的投资回报。但由于缺乏足够的投资者来筹集原始资本，该设想很快就流产了（Sunderland，1999，p. 351），埃德温·查德威克转而呼吁公共解决方案，即在政府提供服务的基础上将伦敦水域国有化。这不是第一次对资源实施公共管控的呼吁了（1820年成立的水资源反垄断协会和1850年成立的大都市教区供水协会对此呼声最为强烈）。然而，这一次查德威克的倡议仍然没有取得理想的结果：重蹈覆辙。

整个19世纪，关注水质及其对健康的影响始终是伦敦人民的核心问题。伦敦遭遇了4次霍乱传染疫情（1831～1832年、1848～1849年、1854年和1866年）的侵袭。正如我们所知，约翰·斯诺第一次确认了水质与传染疾病之间的关系。据斯诺记载，在苏活区（Soho）（他曾居住的地方），死于霍乱的 83 人都饮用了位于百老大街的一口水井中被污染的水。1855 年，在第二版《霍乱传播模式》（*Mode of Communication of Cholera*）中，他在著名的"幽灵地图"（ghost map）中标注的受害者住所的位置都在这口井的附近（Snow，1855）。他还发现，朗伯斯区毗邻地区的死亡率差别很大。在南沃克和沃克斯霍尔自来水公司提供服务的第一区内，每 1 万个客户中有 315 个死亡，而在朗伯斯自来水公司提供服务的第二区内，死亡比例降低了近 10 倍。这是为什么呢？自 1852 年以来，朗伯斯公司便在泰晤士河上游、远离市中心的地方建造了一个水库，其水质的污染程度比起南沃克和沃克斯霍尔公司的水质更低。"1849 年，我就表达了这样的意见，伦敦南部地区的霍乱肆虐完全取决于该地区的水污染情况。去年霍乱期间，饮用来自泰晤士迪顿（Thames Ditton）的优质水源的人民产生了免疫能力也完全证实了我的观点 [……]"（Snow，1855，p. 98）。这些创新性的研究成果被卫生学家广泛传播和转发，有助于人们认识到水质是一个主要的公共政策问题，尽管当时的医生还没有清醒地认识到疾病的原因与其传播方式。当然，多亏了约翰·斯诺，将霍乱导致的死亡与供水质量之间的密切联系准确地记录下来，供后世研究。

1858 年夏天，泰晤士河散发着令人作呕的恶臭，迫使下院和法院等一些位于河畔、地位尊崇的机构关闭所有的门窗和办公室，在伦敦人所谓的"大恶臭"（The Great Stink）中不得不中断工作。这起短暂的突发事件显然与炎热的夏季排入泰晤士河的污水量增加有关。"大恶臭"深入伦敦人的记忆之中，促使政府提高对伦敦水质状况的关注。之后，在 1866 年又暴发了一次霍乱疫情，东伦敦地区有 4000 多人感染。此次传染病的罪魁祸首立即被断定为东伦敦公司提供的劣质水。东伦敦公司从利河中抽取的水质非常糟糕，导致了附近地区人口染病死亡。该公司显然严重违反了监管规定，其露天水库已经被全部感染。该公司强烈反对一些医生和斯诺的研究成果中提出的"水理论"（théorie de l'eau），认为这种假设毫无科学根据，并自我辩解称，这种传染病是生活在东区的工薪阶层人民生活和食宿条件差造成的。东伦敦公司不断强调当时科学水平的落后性，试图撇清自身的责任。正如当时最有影响力的公共卫生专家约翰·西蒙（John Simon）在 1869 年的皇家委员会的采访中写道，"生与死的权利都被攥在商人手中，普通人无从插手，但可怕的是公众对此却毫不知情"（转引自 Luckin，1977，p. 40）。

随着人们越来越相信水质与健康（或预防传染病）之间的联系，以及相关的科学知识逐步普及，政府逐步加强了对供水管理的监督。随后，供水网络成为必不可少的基础设施，尤其对于防止传染病蔓延与应对工业化和大规模生产所产生的大规模污染至关重要（Trentmann et Taylor，2005，p. 53）。

监管的开始

政府加强了对所有自来水公司的监控：1847 年的《水利工程法案》（*Waterworks Act*）制定了包含财务和技术标准在内的行为准则，规定了地方卫生委员会的监督内容，并建议它们成立独立的部门监控和管理与供水、污水、街道清洁等有关的问题。1848 年出台的《下水道法案》（*Sewers Act*）是第一部涉及处理各种废水的条例。作为污染源和霍乱主要传播渠道的化粪池被陆续关闭，但这只是将污染源转移，因为仍然缺乏合理的下水道系统，还不能终结向泰晤士河倾倒排泄物。1852 年，《大都市自来水法案》（*Metropolitan Water Act*）要求自来水公司的蓄水库远离泰晤士河，同时要加强过滤设备的建设，保护水库和分水管道免受污染。该法案还规定了各个自来水公司每项供水服务的最高价格，要求其价格按相对价值计算，即为居民住所租赁价值的一定比例，也就是"通常"（ordinaire）服务的 4% ~ 7.5% 。然而，各个公司各行其是，继续以客户获得的收入作为基础，计算每年的租赁价格。因为计算租赁价值的方法当时有许多：第一种方法是最低价值，即根据租客每年支付的住宅维护和修缮的租金总和；第二种方法是最高价值，是业主自行维护和修缮住宅的租金总和。自来水公司当然更倾向于第二种计算每年租金价值的方法，不管事实上是否真是如此，但这无疑会转化为更高的发票收入，带来更多的利润。因此，尽管政府出台种种限制，仍然无法阻止公司千方百计绕开这些规定，这引发了许多顾客的愤怒和不解，甚至其中一些顾客还诉诸法庭（Rudden，1985，p. 169）。

这些价格限制与支付股息的限制有关：政府允许公司可以向 90% 的普通股支付 10% 的股息，向剩余部分的普通股支付 7.5% 的股息（Ashley，1906，p. 27）。政府还要求公司向其业务区域范围内的所有有需求的居民接通供水网络。它们不能再像以前那样，挑选市场上的富裕客户或者最容易提供服务的家庭。①

总体而言，这些自来水公司受到了一定程度的监督，在定价和支付股息方面都受到了限制。此外，它们还必须履行报告义务。例如，在 1855 年 3 月的回信中，自来水公司详细地回复了它们都按

---

① 下议院，《国会文件》，1852 ~ 1853 年（564），税费。政府规定的税费回报适用于巴斯和其他城市的内部供水服务；政府规定的水费适用于新河公司和其他自来水公司。

照《大城市自来水法案》①的要求，改进了设备和供水网络。1855年，大都会工程委员会（Metropolitan Board of Works）成立，旨在监督私营公司的商业活动并打击污染。总工程师约瑟夫·巴扎盖特（Joseph Bazalgette）负责升级下水道系统。他利用筹集到的公共资金设计和建造了一套与泰晤士河平行的管道，这些管道可以将城市中的废水直接引流到伦敦东边的河流中，降低了水源污染的风险。新的下水道系统从 1859 年开始建设，到 1865 年基本完工（Hardy，1984，p. 267）。直到 1887 年，伦敦的废水终于不再向泰晤士河排放了，而是直接排到大海中。

地方管理委员会（1867 年）通过投票来更好地协调地方各部门的行动，便于完成监督和管控私营公司行动的任务。过去这些部门都被淹没在几百个决策中心（教区）中。1871 年，议会根据《大城市自来水法案》设置了大都市水质检测员（Metropolitan Water Examiner）和水质审计员（Water Auditor），确保自来水公司遵守安全规则和标准以及其行动符合政府的利益。即使这些部门的权力仍然有限，但它们收集了大量的信息——特别是公司输送水质的各种信息、服务的收费信息以及客户的信息。利用这些统计数据，政府一砖一瓦地垒起了一座法制、监督和管控的"兵工厂"。这个过程贯穿于政府在供水领域决定开展的卫生运动。

从 1860 年就开始的持续供水，一直是 19 世纪最后 30 多年的头等大事，经过几十年的发展终于实现了伦敦的所有家庭全部通水。因此，一味要求水质脱胎换骨仍然是徒劳无益的。人们逐渐意识到储备一定数量的水的必要性，而不是每天期盼水何时来以及持

---

① 下议院，《国会文件》，大都市自来水公司，1854～1855 年（125）。几家自来水公司进一步向 1854 年议会会议继续提交的报告拷贝。

续多长时间。只有连续供水才可以改善个人和环境卫生，甚至会创造出特殊用途的新需求。持续供水不再是稀奇之事：1847 年《水利工程法案》条款中规定了自来水公司必须放弃间断供水的原则。但这项条款在当时是个可选项，直到 1871 的《大都市自来水法案》才确立了强制性，此前只有少数大城市，如伦敦才能要求私人公司或市政公司提供这项服务。值得一提的是，这项业务充满艰辛。公司需要将水送到客户的家中，客户需要支付高昂的费用。若要实现持续供水，就需要改装全部的内部管道。支出非常高昂不说，许多客户也不愿意更换到新系统。许多自来水公司一直到1880 年还在抱怨这项条款费时费力却收益甚微，因为缺乏合适的材料，内部装置更新换代阻力重重，管道时常出现泄漏，导致公司的损失急剧上升（Hillier，2014，p.233）。

因此，我们可以假设私营公司并不认同政府大力推行的持续供水的初衷。因为这些强制性措施会要求新的投资和更高的支出。它们不想其财务状况出现问题，更不愿减少支付给股东的股息，所以不接受政府的要求。它们推迟持续供水所需花费的投资。这场"拉锯"又持续了几十年。

表 5　伦敦各自来水公司持续供水的百分比

单位：%

公司名称	1874 年	1887 年	1891 年	1901 年
新河	1	35	45	96
东伦敦	43	86	98	100
大枢纽	—	77	75	100
西米德尔塞克斯	0	33	43	100
切尔西	0	17	24	100
朗伯斯	6	51	53	77
南沃克和沃克斯霍尔	5	31	77	93

续表

公司名称	1874 年	1887 年	1891 年	1901 年
肯特	5	50	58	100
伦敦整体	10	47	65	95

注：数字表示伦敦各自来水公司中，客户能获得持续供水的比例。
资料来源：Hardy（1991, p. 88）。

尽管 1847 年政府已经提出持续供水的要求，1871 年开始强制实施，但直到 1874 年，伦敦只有 10% 的家庭应用了持续供水系统。直到 20 世纪初，伦敦才完全告别间断式供水，享受到了真正的不间断供水。由于设备的特征、工程的类型以及不同街区的差异性，不同的自来水公司在系统更新方面的差异十分明显。

19 世纪下半叶，伦敦迎来发展的转折点，城市居民的规模史无前例，城市范围扩展到周边以及农村地区。泰晤士河不再是伦敦生活的中心。在泰晤士河南边，沿岸的古老房屋逐渐被新的城市街区所取代，这些街区很快覆盖了那些原始花园和村庄。东部地区的变化最明显，出现了大量的仓库，造船业与冶金业迅速崛起。这座密集型城市从 1801 年开始逐步发展，城市中心最终主要集中在白教堂（Whitechapel）和威斯敏斯特（Westminster）之间的泰晤士河北部，到 19 世纪末成为世界上最大的城市（Pasquet，1899，p. 34 - 41）。

表6　伦敦各自来水公司权重的变化（1820～1903 年）

单位：%

	1820 年	1828 年	1841 年	1853 年	1872 年	1883 年	1887 年	1903 年
新河	39	37.6	35.7	31.7	24.2	21.3	20.5	18.4
东伦敦	24	23.2	15.4	20.9	21	21.5	22	23.1
南沃克	9.1	9.5	12.4	13.2	15.9	15.3	14.9	13.2

	1820 年	1828 年	1841 年	1853 年	1872 年	1883 年	1887 年	1903 年
朗伯斯	8.6	9	9.9	8.5	9.8	11.5	11.8	13.3
西米德尔塞克斯	7.8	8.2	8.9	8.1	8.8	9.5	9.6	9.3
切尔西	6.1	7	7	7.5	5.6	4.9	4.7	4.1
大枢纽	5.4	5.6	5.5	5.3	6.7	7.1	7.2	7.6
肯特	n.c	n.c	5.1	4.8	7.9	8.9	9.4	11
合　计	100	100	100	100	100	100	100	100

注：百分比是各家自来水公司服务的居民数与全部自来水公司服务的居民总数之比。南沃克公司数据包括南伦敦和沃克斯霍尔以及新河公司和汉普斯特德 1856 年的客户。

资料来源：下议院，《国会文件》，1828 年（567），《大都市供水选择委员会报告》；Fletcher（1845）；Ashley（1906）。

随着城市的演变，伦敦各大自来水公司的权重也在发生变化。1820 年，两家供水公司瓜分了伦敦最大的市场份额：新河公司和东伦敦公司。前者的用户占总人口的 39%（61.3 万家用户），后者占 24%（约 37.7 万家用户），其他 6 家公司则远远落后。但这一比例在世纪进程中渐渐地发生了变化：虽然新河公司不断获得新的客户，但它逐渐失去了领先地位，在 1880 年被东伦敦公司超越，后者的发展得益于东伦敦地区人口爆发式的增长。1903 年，新河公司服务的人口仅占 18.4%（约 120 万居民），而东伦敦（150 万居民）以 23.1% 占据榜首。其他公司规模也在发展壮大，并在某些领域发挥着举足轻重的作用，但切尔西公司是个例外。

为了积极应对时代的变化，各大自来水公司都在积极改善设备，改造抽水泵，扩大储水库，改进过滤系统，逐渐实现了连续供水。当时的过滤系统已经有了明显的进步，通过滤床（在沙子或砾石层中将"原始"水过滤）将一部分影响水质的颗粒和有机物质筛除（Hardy，1984，p.270）。尽管这些新型过滤设备占地面积大，耗资也不菲，但随着用水需求（逐步实现持续供水以及人口增长）的持续增长，这些困难也被逐一克服。自来水公司采取的战略都相同：投资新设备，完善基础设施，实现设备现代化，以应对不断变化的需求而不损害股东的利益。

丰厚的利润

如上文所述，政府对自来水公司的监督，特别是 1871 年的《大城市自来水法案》，获取了自来水公司更多的财务状况信息。这些报告每年都要定期更新①，上报给政府，所以议会对其中的细节尽在掌握。这些报告内容相当详细，涵盖了 30 年的交易营业记录，基本反映了真实状况。从整体上看，私营公司的财政状况都十分健康。即使每个公司的指标之间存在差异，但我们掌握的指标（营业额、利润、支付给股东的股息）也能反映出该行业的整体情况，存在的争议不大。1873～1902 年，伦敦供水公司的平均盈利率为 6%～7%，乍一看，没有任何特别。这里的利润率是通过年度净利润除以公司创建以来的资本总和（累计资本支出）计算出来的。但在一些历史学家看来，一些自来水公司的收益并不是那么高，投入的资本甚至很难取得相应的报酬（Sunderland，1999；Millward，2007）。当我们采取两种操作时，结果就大不相同：一种是将利润率与其他工业部门进行比较；另一种是仔细研究它的计算方式。

---

① 下议院，《国会文件》，大都市自来水公司，大都市自来水公司历年财务报表 [1871～1903 年]。

　　首先，我们对比了 1873～1902 年同一时期铁路公司的利润率。铁路部门被视为 19 世纪末资本主义的排头兵，是英国经济不断发展的动力大熔炉。在 1840 年的发展高峰期，英国铁路的投资占国家总投资的 28%（Verley，1997，p. 190）。铁路公司首先在伦敦证券交易所实现了资本化。

　　据估计，在 1870 年，这些铁路公司就占到了所有股份公司资本的一半甚至四分之三（远远领先于银行、工业和贸易、采矿和基础设施建设）（Acheson，2009，p. 111）。直到 19 世纪末，铁路公司的利润流还是非常可观的，支撑着投资和升级的需求，因此在证券市场上也是备受青睐。然而，英国 15 家主要铁路公司（运营超过 100 条铁路段）的盈利率在 1873～1902 年仅为 4%～5%。这意味着伦敦自来水公司盈利水平高于铁路私营公司。要知道，当时铁路是最受投资者欢迎的投资项目之一。

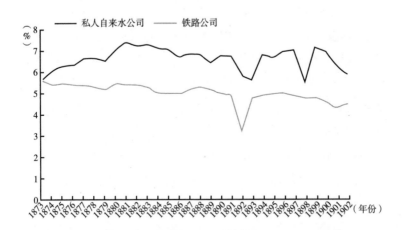

图 3　伦敦私营自来水公司与铁路公司的利润率比较

　　注：利润率 = 年利润/累计资本。

　　资料来源：Mitchell et al.（2011）；下议院：《国会文件》，大都市自来水公司，大都市自来水公司历年财务报表（1871～1903 年）。

　　如果我们参考盈利标准来分析公司的财务状况（上述历史学家广泛使用的一个标准），伦敦的自来水公司无疑比同时期的铁路等"蓝筹股"（blue chips）更好。那么又如何解释认为自来水公司的财务状况相当悲观的言论呢？这要归咎于计算方式造成统计误差，低估了利润率。回想一下，盈利能力的计算涉及两个方面：每年报告的利润和公司自创建以来累计实物资本存量（实际投资的总和）。根据伦敦自来水公司的会计政策，实物资本存量不折旧，其账面价值不考虑磨损、老化或设备更换。这里隐含的假设意味着公司具有永续的生命周期，所有投资永远不会折旧。长期投资、原始设备和基础设施，即使已经失去了所有效用或者已被新型设备所代替，但仍然被计算在资本存量中，年复一年地滚存，永远不会贬值。应该指出的是，当时的会计规则尚未标准化，资本折旧还没有被用于会计实践中（Parker，1990）。显然，伦敦自来水公司并没有进行资本折旧。

　　在其他条件相同的情况下，公司年代越久远，就越需要对设备和基础设施进行更新和现代化，账户中显示的资本存量的过高估值就越大，利润率自然就会降低，因此很大程度上被低估了。伦敦的自来水公司（尤其是成立时间较早的公司，例如新河、肯特、朗伯斯、切尔西）就是这种情况。这些公司的创建时间比铁路公司早，随着时代的发展，它们不得不扩大、更新和改造几乎所有的设备。无论是水力驱动器（从风车到不同代的蒸汽机）、储水库（扩大、过滤）还是输水管道（从木制到铁质），都经历了数代的更替，更不用说水渠等大型供水系统。因此，它们的"生产性"资本存量（未予以折旧）在很大程度上被高估：它们的利润率高于铁路公司也不符合实际。而铁路公司的情况就不一样了，它们成立的时间更晚，在 1870 年及以后的资本总量中，尚未贬值的投资份额仍然很大（Mitchell et al., 2011, p. 804）。

　　遗憾的是，由于缺乏数据，在考虑到公司资产贬值的情况下，无法计算投入资本的投资回报率。但可以肯定的是，根据现行会计计算准则，自来水公司的"实际"利润率要远远大于依照当时的会计核算标准估算出的"账面"利润率。

表 7　新河公司主要数据（1873～1902 年）

单位：英镑，%

年份	营业额	支出	毛利	股息	股息收益率
1873	307897	164555	143342	153088	49.7
1874	320270	173336	146934	166746	52.1
1875	342281	170150	172131	175777	51.4
1876	355981	169549	186432	183086	51.4
1877	371323	170131	201192	198476	53.5
1878	387528	181229	206299	201895	52.1
1879	396829	186079	210750	201834	50.9
1880	409554	191408	218146	222945	54.4
1881	418133	196233	221900	232514	55.6
1882	436619	206629	229990	235863	54.0
1883	434280	206831	227449	241125	55.5
1884	441008	207808	233200	241125	54.7
1885	438492	214911	223581	242125	55.2
1886	454453	222234	232219	232811	51.2
1887	457689	227010	230679	241131	52.7
1888	464542	223018	241524	241124	51.9
1889	470116	236248	233868	228870	48.7
1890	484675	236776	247899	241131	49.8
1891	485121	254490	230631	241623	49.8
1892	503768	253690	250078	21111	41.9
1893	517350	273697	243653	203014	39.2
1894	517874	269815	248059	249742	48.2

续表

年份	营业额	支出	毛利	股息	股息收益率
1895	529078	283302	245776	245090	46.3
1896	547103	281251	265852	256440	46.9
1897	559097	290008	269089	262181	46.9
1898	585964	308371	277593	208079	35.5
1899	592964	316270	276694	275810	46.5
1900	592412	331312	261100	275577	46.5
1901	604041	366835	237206	254526	42.1
1902	613873	369587	244286	254520	41.5

资料来源：下议院：《国会文件》，大都市自来水公司，大都市自来水公司历年财务报表（1871~1903年）。

回顾一下，在19世纪的末期，伦敦的自来水公司的利润率要高于铁路公司。它们的投资回报更为可观，保持着低水平的经常性支出，财务支出得到控制，投资保守，几乎从未出现过债务危机（南沃克和沃克斯霍尔公司除外，其在1845年合并期间背负了巨额债务）。很多自来水公司的负债水平很低或者几乎没有任何负债，只需要支付适度的财务费用。所以它们的利润非常高，分配给股东的红利也非常可观。平均而言，1873~1902年，8家伦敦自来水公司分配给股东的股息占其年度营业额的40%~55%。这一数额可谓相当"奢侈"，特别是对那些年代久远的公司：这种情况并不稀奇，许多盈利情况好的公司在开业几年内就赚取了巨额的利润。随着19世纪下半叶政府的监管越来越严格，城市化发展产生了巨大开销，比如设备更换的开支，因为更换连续的供水设备对任何一家自来水公司来说都是发展路上难以规避的过程。

但是这一切并没有降低自来水公司的盈利能力：年复一年，它们的财政状况都稳中有进。所有公司的利润率都很高，股东也赚得

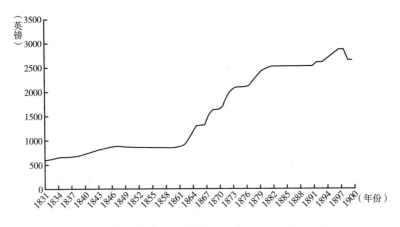

图 4 新河公司每股股息（1831～1902 年）

资料来源：Rudden（1985，p.306－310）（原始资料来源：新河公司备忘录和财务报告）。

钵满盆满，尽管不同公司的财务状况可能存在差异（见附录 3）。肯特公司与南沃克和沃克斯霍尔两家公司就是两个极端。肯特公司位于伦敦南部，规模很小，但历史悠久且结构良好，每年发放的股息占到年收入的 60%～70%。它的发展很有限，客户规模有序增长。相反，南沃克和沃克斯霍尔公司每年只将公司营业额的20%～30%以股息形式支付给股东：这种特性要归因于其负债率以及每年承担高昂的财务成本，很大程度上限制其发放与同行相当的股息。除了这两家公司外，其他 6 家公司均采用大致相似的派息政策，即股息占其营业额的 40%～55%。新河公司，这家伦敦最早的自来水公司的利润率竟然不是最高的：其派发股息与竞争对手的水平大体一致，但一直保持着非常高的稳定性。它的财务比例变化不大（见附录 3 和图 4），但从绝对数字来看，每股股息在此期间大幅增加（每股股息在 1831 年约为 500 英镑，19 世纪末上升到 3000 英镑左右）。19 世纪末，随着客户数量的增长，新河公司的营业额和利润都取得显著的增长。

"市政社会主义"

政府实施的管制并没有取得太大的效果，反而引起越来越多的不满。对供水价格的限制也形同虚设。由于决定定价的租赁费用上涨，自来水公司反倒能从中获利。伦敦的平均租赁费用从 1851 年的 37 英镑上升到 1896 年的 73 英镑（Rudden，1985，p. 179）。有关股息的限制措施也不起作用，累计资本总量的持续增加（我们还记得没有贬值的规定），导致即使在同样的股息分配比例下，支付给股东的股息总量也会持续上升。因此，公司可以在不损害其财务状况的情况下规避政府的限制价格政策；这并不妨碍公司获利的进程。

早在 1840 年，埃德温·查德威克已经开始呼吁地方政府管控自来水公司，这一设想重新受到重视，"市政化"开始浮出水面。1866 年霍乱的暴发增加了政府管控私营公司的限制和固有的困难，于是 1869 年成立的皇家委员会，大力推崇"市政化"倡议。该委员会认为将供水系统置于公共机构的权力之下有许多好处。它强调供水是一件特别重要的事务，不能依赖私营公司的利益。这一观点得到了媒体以及各出版机构的大力宣传，例如 1880 年约瑟夫·斯特（Joseph Quick）的著作，就以同样的原因，呼吁政府应该接管私营自来水公司（Quick，1880）。英国其他城市的市政委员会陆续终止私营企业的供水活动，可能也影响了伦敦的市政委员会。

从 1840 年英格兰北部的一些以大型制造业闻名的大都市开始，越来越多的城市都在收购私营自来水公司的资产，选择直接管理供水服务。当伦敦对这一举措充满兴趣时，"市政化"已经在英国很多地区扎根了。从1860年到1880年，由政府负责供水（主要是政府收购私人公司）的大都市占比从40.8%上升到80.2%，在1901年达到了90.1%（Hassan，1998，p.18）。伍尔弗汉普顿（1868年）、伯明翰（1876年）、莱斯特（1878年）、蒂斯河畔的斯托克顿（1878年）、埃克塞特（1878年）、诺丁汉（1880年）、德比（1880年）等城市都很出名，它们都收购私营公司的资产，实施公共管理供水的模式（Silverthorne，1881，p.74-76），这种例子有很多。1884年，首相威廉·尤尔特·格莱斯顿（William Ewart Gladstone）确定供水和供气是"市政当局最基本的两项任务"（引自 Falkus，1977，p.138），公共管理供水遂成为常态。

于是，随着"市政化"运动的蓬勃发展，"市政社会主义"成为一种政治运动和选举力量，随后发展起来。主张"市政社会主义"的组织主要有三个，即社会民主联盟（Social Democratic Federation）、费边社（Fabian Society）和独立工党（Independent Labour Party），分别成立于1881年、1883年和1893年。它们赢得了19世纪末的第一次地方代表选举。主张社会主义的候选人第一次获得全国范围的成功是在1906年，那一年工党最终入主议会。自1840年以来，许多市政当局直接管理工业企业和网络覆盖类企业（特别是在供水领域），其经验无疑是这场政治运动的先驱之一。因此，19世纪末，费边社出版了很多介绍各城市收购私营自来水公司的案例，大力赞颂"市政化"的优点，呼吁许多"顽固"的市政当局加入到这场运动中。许多支持该运动的政治家、工会会员、记者和经济学家根据地方政府的案例，从理论上证明了政府借助公共权力来管理和经营企业的合法性与实用性（Boverat，1907，p.3）。工商业活动的"市政化"在政治领域仍处于实验观望期，是实现国家层面生产资料集体化之前的步骤之一。

公共管理被视为一种手段，可以限制某些私营企业滥用权利，加快在全民中普及持续的、高质量的供水，顺便接管营利性的业务，使其中一部分资金可以资助大量的其他市政活动。还包括其他原因：提供更好的消防服务，降低高耗水产业的供应成本，提高房地产价值或改善人口的生活条件，特别是工人的生活环境（Hassan，1985，p. 538）。出于同样的原因，各地政府也会关注对其他行业私营公司的控制，如天然气、电车和电力（Falkus，1977，p. 135），只不过不像管理自来水公司那样系统化。当然，指导各地政府决策的并不是意识形态目标或政治原因。事实上，在许多城市，企业家在地方公共事务中发挥着领导作用，他们首先致力于捍卫私人利益，在扩大社区活动范围的动机十分可疑。例如，伯明翰市（Birmingham）与英国很多城市一样，"市政化"运动如火如荼，但是企业家经常参与管理这个城市（1860～1891 年，几任市长和超过半数的市政委员都由商人轮流坐庄）。该市深受约瑟夫·张伯伦（Joseph Chamberlain）的影响，他是这个城市标杆性的市长（1873～1876 年），也是自由党的领导人之一，强烈呼吁在供水与天然气领域实施"市政化"（Jones，1983，p. 241）。

伦敦政府仍然处于观望状态，但压力也在与日俱增。直到 1879 年，迪斯雷利（Disraeli）政府上台后，在众多团体（医生、伦敦教会当局以及客户群体）的建议下，直面接管私营公司的问题。两种殊途同归的方案都得到了大都市工程委员会的支持。政府就收购的财政条件与许多公司的高层开展谈判。这一过程持续了 4 个月，最后与 8 家公司的代表分别达成了单独的协议。但在此时，迪斯雷利政府下台了，新任政府并不准备履行那些对私营公司特别有利的协议。在以前的谈判中，企业成功地获得十分优厚的条件，其中最主要的是根据股票的价格来收购资产（当然，这受益于围绕政府回购条件的谣言，当时充满了投机性）。政府虽然没有批准协议，但要求供水公司从1886年起依照其资本缴纳税收。张伯伦利用收到的税款，通过信托方式购买公司股票，目标是在公司的资本中占据越来越多的股份，不久之后就能够控制公司。但是，税收收入水平还达不到目标，来自其他领域加强监管的压力丝毫没有减弱。伦敦市在1891年不得不再次考虑市政化举措。1892年议会起草的一份新报告确认了市政化的优点。此后，由兰德罗夫（Llandoff）主持的皇家委员会（1898年）建议购买私人公司的资产并成立一个地方公共机构，即自来水局（Water Board）（Ashley，1906，p.28）。此外，伦敦市政府于1899年成功地接管了有轨电车公司的资产。

伦敦的私营自来水公司遭到越来越多批评者的抨击。亚瑟·沙德维尔（Arthur Shadwell）见证了动荡的那几年，在1899年出版的一本书中描述了媒体和公众舆论对伦敦自来水公司的批评是如何恶毒，对公司及其领导充满敌意与不信任成为社会的主流。他指出，这些批评远胜于对当时的铁路公司、邮局或负责民事的教区组织（管理教区委员会）的负面评价。"就连这些社会公敌遭到的自由批评也远不及对供水公司的憎恨。人们所痛恨的不仅在于真理和正义，还包括最普遍的公平竞争（fair-play）、良好的规范、市民生活的福祉等所有的一切都被供水公司弃之如敝屣。无论是谁或怎样辱骂这些自来水公司都被认为是正常和合理的"（Shadwell，1899，p.2）。民众的指责涵盖所有方面：水量少，水质差，危害健康，价格太高，垄断地位，只考虑股息增长（已经达到"巨额"的程度），公司对任何人都不负责任，未履行义务也不会受到处罚，任何场合下都肆无忌惮。所有这些都是自来水公司以不光彩的方式从议会获得特权的后果。高额的股息是遭到批评最多的问题，激起了"消费者的愤慨"（Shadwell，1899，p. 55）。因此，批评的焦点既涉及这些公司所提供的服务（数量、质量和价格），也涉及在开展业务中为攫取最大利润而罔顾道德的行径。费边社整理了所有的批评意见，并于1898年1月发表，对伦敦私营自来水公司进行了严厉的批评（*Fabian Tract*，第34期，1898年1月）。

东伦敦公司更是遭到千夫所指。它的客户三年内经历了三次严重的断水期：1895年（10周，全部在夏季）、1896年（两个月，仍然在夏季）和1898年（从8月22日起三个半月）。这三次"水荒"将公司置于风口浪尖，即使供水没有完全中断，居民也只能获得零星的、间断的供水。前两次断水不能完全归咎于东伦敦公司，一场罕见的旱灾减少了利河的水量，这是东伦敦主要的水源之一。东伦敦公司事先申请过政府的批准，但未能如愿，因此不能建造一座新的储水库来应对干旱。第三次断水损失最严重，这次也是长时间的严重旱灾引起的，甚至导致了利河的断流。东伦敦公司被指责即使得到政府的批准也不会建设必要的工程并从邻近公司调水。这起事件最终上升到了政治层面，消费者成立维权联盟，控诉在支付费用后没能得到相应的服务，但东伦敦公司仍然维持支付给股东的分红，而不是将资金用来解决燃眉之急，修建其余的供水管道（Trentmann et Taylor，2005，p. 67）。

各种批评的焦点，并引起人们关注的，当属批评者认为这起事件影响了贫富之间的不平等。富人通常拥有或者获得大容量的储水装备（或者重新启用曾弃之不用的私人水井），而条件一般的人则没有机会使用这些设备，因此前者受旱灾的影响更小。东伦敦公司的客户中有许多贫困家庭，他们感到强烈的不公正。矛盾越发尖锐，"水荒"形成公共舆论的巨大压力。同一时期，伦敦其他地区的自来水公司的服务也受到干旱影响，但并没有遭到如此之多的指责。消费者主张（以及通过舆论传播）有权获得持续的家庭供水，不能忍受这项权利被剥夺。东伦敦公司的辩护理由（干旱的影响、特殊情况）无法得到认可。至此，居民对供水的看法发生了巨大变化。公司提供的家庭供水服务不再仅仅是居民自行解决方案（水井、送水工）的代替品或者互补品，居民有权根据其购买力、需求以及便利程度进行选择。随着时代的发展和居民购买力的提高，家庭供水已经成为一种不可或缺的商品，对于正常生活来说，这就是一项基本的公共服务。随着水系网络的扩展普及以及生活方式的转变，私人取水的方式逐渐演变成公共集体供水。它改变了消费者的看法，增加了他们的需求，给私营自来水公司带来了更大的压力，私营自来水公司和工商业一样，行为、决定和业务范围，都成为公共政策的范畴。

"市政化"

由于遭受到媒体、公共舆论和一些消费者组织的批评，加之落后于英国其他城市政府公营的公司，伦敦的私营自来水公司最终还是难逃政府收购的命运。新的《大都会自来水法案》于 1902 年通过，通过财务补偿将 8 家自来水公司的所有资产转移到一家名为"大都市自来水局"的市政机构名下，从 1904 年 7 月 25 日起生效（另外还包括一个独立的水库——斯坦恩水库以及托特纳姆和恩菲尔德等两个城区的水库）。一切水利设施、设备和供水网络都归属大都市自来水局，该机构由来自伦敦不同级别的地方机构（郡议会、市公司、自治镇委员会等）的代表管理，负责管理供水服务和收取费用。8 家公司（其股东）共获得 3060 万英镑的赔偿（加上债务追偿）。这一数额基本上满足了这些公司（除新河公司之外）的诉求，尤其对于其股东来说是一笔不菲的收益。收购款大概是公司年营业额的 15 倍，以及年利润的 38 倍（1903 年）。伦敦市发放贷款以支付收购款。政府还发行了名为"水债"（water bonds）的债券，年利率为 3%，期限为 100 年。由于要支付高额的收购款，故而无法大幅度地降低家庭供水的价格（Ashley，1906，p. 30）。

19 世纪末 20 世纪初，英国地方政府逐步成为当地基础设施、设备和公共服务融资服务和管理的主要参与者：道路、学校、公共建筑、电车线路、天然气、电网和发电、收容所，当然还包括供水和卫生网络。它们推动了地方的工业化经济发展，并试图改善城市中"恶劣"（*épouvantables*）人口的生活和工作条件（Millward et Sheard，1995，p. 501）。地方政府负责全国公共投资总额的 90%。因此，它们的预算大幅增加，而中央政府并没有财政转移支付来减轻地方政府哪怕是一点点的负担。地方政府必须自谋生路解决新的支出，此时的中央政府奉行经济和社会领域干预最小化的理念。由于地方政府不能再加重居民的税收负担（这是地方政府财政的大部分来源），因此只能转为借贷。

表 8　"市政化"期间收到的补偿款

单位：英镑

公司名称	公司要求金额	实际收到金额	政府欠企业债务
切尔西	4750000	3305700	249217
东伦敦	7204144	3900000	2251166
大枢纽	4830000	3349500	500250
肯特	3715614	2712000	330880
朗伯斯	5511342	4301000	1045753

续表

公司名称	公司要求金额	实际收到金额	政府欠企业债务
新河	13260144	596712	2758000
南沃克和沃克斯霍尔	5674140	3603000	2487982
西米德尔塞克斯	4200240	3524000	772000
合计	49145624	30662323	10395258

资料来源：Ashley（1906，p. 30）；下议院：《国会文件》，1905 年（83），《大都市自来水法案》，1902 年；《大都市税务局在 1904 年 3 月 31 日的首次年终报告》，p. 68。

政府利用贷款收购之前私营公司盈利性非常强的业务（供水、供气、电车、电力），甚至是盈利性非常强的公司，例如伦敦的自来水公司。此举增加了公营企业的收入，它们可以有两种选择：要么降低收费；要么维持与以前相同的水平，将盈余向那些盈利性差或者社会效应强的业务发展进行财政转移支付。在其他城市（曼彻斯特、利兹），政府通过供气行业的收入来补助供水行业的发展，可能是因为地方政府试图降低客户支付的供水费用，但是无力承担供水服务的固定成本和变动成本，包括为支付给私营公司的补偿款而发生的偿还成本（Millward et Sheard，1995，p. 508）。

伦敦（像其他城市一样）不存在上述情况。在伦敦地方政府的运作下，大都市自来水局没有出现赤字，于是选择利用供水行业的收入盈余来补贴其他活动。总体而言，在 19 世纪末，供水网络服务一直是英格兰和苏格兰地方政府的重要收入来源：供水、供气和其他市场服务（不包括港口业务和房地产收入）带来超过 860 万英镑的收入，地方政府的基本总收入约为 5140 万英镑（不包括债务）（Blunden，1894，p. 89，117）。

总结一下。16 世纪末资本主义的初步发展，促进了供水技术的创新和进步。以新河公司为首的伦敦自来水公司，无疑极大改善了居民的生活条件。尽管早期遭遇了严重的困难，但它们成功地推广、扩展和维持了一种非常新颖的商业模式。这个过程一点都不简单。这种模式就是在可接受的卫生条件和充足水量的前提下，设计、建造、安装和运营相关的设施和网络，实现家庭供水。政府有必要了解私营公司的优点和可行性，然后学习这些技能，特别是在水利工程、水源地的选址、蓄水库的规模、使用最好的抽水技术、规划供水网络等方面。

于是，政府不得不解答一个精细的经济学方程，即在从客户支付的收费中获得每年收入的随机条件下，如何支付初始投资和庞大的、不可缩减的运营成本呢？这意味着，一方面，控制固定成本，这还不是简单地移植有关设备的设计、安装和选择的技能；另一方面，还要通过成功开展商业活动来解决这个问题。供水公司循序渐进地（即使实现持续供水也没有花费太长的时间）彻底改变了居民对于供水的态度。随着居民生活和思维方式的转变，家庭供水已经取代了其他解决方案（曾经的人工送水和水井打水）。这项新服务因其不断转型和新奇之处，推广起来并不容易，第一批"吃螃蟹"的人充满了疑虑，再三权衡。特别是因为它是由公司开展的商业服务，这种交易当时并不出名，也很空泛，取代了原本免费或者半免费的方式以及社会或者个人的元素（顾客与送水工之间的关系），因此，公司要说服家庭订购这项服务并不容易。起初它们遇到了许多困难，花费了大量的时间（超出预想）才招揽到第一批客户。新河公司在创办后的前20年内所遭遇的困难就与上述问题有明显的关系。

伦敦的公司在忘我精神和耐心的驱动下，努力克服了这些困难，它们通过招揽源源不断的新客户分担了高昂的固定成本。伦敦的自来水公司富有创新性、创造性地维持着业务的开展，探索出一种（收入和利润）积累逻辑，成功地解答了这道经济学方程。可以说，它们是企业的先驱，在英国各地乃至欧洲和北美都具有相当大的影响力。

因此，如果抛开那短暂却残酷的竞争，供水公司成功激活并发展了一种业务模式，即在保持客户稳定增长的同时，严格地管理运营和投资成本。在企业获得租赁经济成功的同时，也获得了经济和财务转型上的巨大成功。

19世纪见证了连续爆发的重大卫生危机，告诫人们要改善水质，要求提高相应的供水服务，供水公司的态度和行为备受指责，多个委员会相继成立，报告和账单充斥着整个世纪。向公司发出的警告并没有或者错误地转化为合理的法规去鼓励或者胁迫公司改变行为。即使19世纪下半叶管控手段的"武器库"扩容，地方政府的这些法规仍然是局部性的、不充分的，"装备很差"，缺乏真正的权力来组织和管控私营自来水公司的行为……因此，无法抵消私营自来水公司凭借地区垄断地位获得的特权与利益。

面对严格的监管力度和不肯放松的批评，自来水公司如何应对呢？它们采取了最低回应策略，为它们的行为辩解，抵制对它们的攻击（特别是在卫生领域）。尽管它们也会改善提供给客户的服务，但是极其缓慢、保守。尽管之前没有提及，但必须强调的是，公司通过降低税费、规模经济和提高生产率，在这几十年的经营活动中受益颇丰。它们仿佛成了只会产生高额利润和巨大红利的机器，对社会未来的发展缺乏真正的关注，对供水网络的现代化漠不关心，更不会与用户分享收益，这些行为导致英国本土及其殖民地缺乏发展空间。伦敦的公司不收购其他资产，也不寻求扩大在其他城市的影响范围，更不会利用盈余在其他地方投资，它们是在那些已经开发殆尽的区域内故步自封。我们可以看到，自来水公司的领导人和股东的意愿只是尽可能扩大资产的最大价值（以股息的形式），不愿意发展新的领域。这可能决定了它们最终被淘汰的命运。

第三章　纽约决战

20世纪初期，纽约拥有引以为豪、享誉世界的公共供水管理系统，这套系统供水设备的规模和流量最大，服务用户的数量最多（Wilcox，1917，p. 550）。一个城市的供水能力如同国家的旗帜和形象一样，成为这个城市的标志。1891~1910年，美国取代英国成为世界第一经济强国（McCloskey et Sandberg，1971，p. 90），世界经济重心向西半球转移，越过大西洋直达经济和知识之都——纽约（Braudel，1985，p. 94；Beaud，2000，p. 192-196）。这是一座充满活力与不断创新的城市，建筑风格奇异大胆，吸引着无数文化艺术精英。17世纪中期，纽约还处于荷兰商业帝国的外围，从19世纪下半叶开始成为承接欧洲大规模商业贸易的中心。它从英国进口工业制品，出口美国南部的棉花和中西部平原出产的农产品到欧洲，促进了美国的繁荣及工业化，同时也吸引了大量的资本和人力资源。依靠制造业、农业和金融活动，纽约在一战结束之际成功地取代伦敦，成为世界第一大经济中心（Burrows et Wallace，1999，p. XVII）。纽约在城市供水的规划和选择上雄心勃勃，该计划从19世纪40年代起一直延续至今：正是因为这个（长达几十年的）长期规划，城市供水可以取自尚未城市化的遥远地区（因而远离污染）；城市的负债能力大规模提升，可以建设工程、管理设施以及满足消费者需求。纽约毫无疑问成为市政直接干预最成功的案例之一，这种干预不仅在经济上，而且在技术上，使纽约成为市政承担供水服务的城市。

纽约市的规划作为公共供水问题解决方案的成果和范例，逐渐在各个国家竞相传播，最终取代了私营管理供水系统。美国和英国一样，公共供水系统最早主要由私营公司负责，但是其辉煌只持续了19世纪初的几十年。美国大部分城市的市政服务部门自主建造了供水设施，在19世纪下半叶取得了空前发展。它们在设施投资上毫不吝惜，几乎是整个19世纪最昂贵的投资（Tarr，2002，p. 514）。那些私营供水企业还没来得及在美国城市化历史上留下痕迹，便从人们的视野中慢慢消失，印迹几乎无法辨认。究其原因，一方面在于它们的存在时间短（最多十几年，个别例外），另一方面是它们没有能力满足城市及居民对城市供水的期待。许多现象可以证明它们没有完成使命的能力（个别公司情况稍好），这要归咎于公司创始者对金钱利益的贪婪。在纽约和旧金山，自来水公司往往沦为企业家和政治家肆无忌惮的操纵工具。从各个方面来看，这些行为方式其实是无法无天的野蛮资本主义。这就是纽约在18世纪末的情况。曼哈顿公司的建立是城市建立公共供水系统的首次尝试，遗憾的是，这次尝试因普遍的反对和责难而告终。从成立、壮志未酬到最终因为1840年市政供水的介入而终止业务，曼哈顿公司的历史反映了19世纪末公共事业与私营企业之间的斗争，尤其体现在美国两大政治家亚历山大·汉密尔顿（Alexander Hamilton）和阿伦·伯尔（Aaron Burr）之间血淋淋的较量。

为何在纽约？

纽约市位于广阔的海湾入口处，曼哈顿岛是纽约城的摇篮，由几条注入大西洋的支流（东河、哈德逊河、哈莱姆河）与大陆隔开。1625 年，此地成为荷兰商人的殖民地，之后建起了堡垒、仓库和房子。曼哈顿岛逐渐成为荷兰商人和印第安人定期交易的地点，规模不断扩大。荷兰人将其命名为新阿姆斯特丹，这个交易地点的选择最后证实非常明智。曼哈顿岛南部可以建立深水港，方便荷兰商人和沿岸印第安人以及大陆居民建立联系，定期进行毛皮交易（利润十分可观），将印第安人出售的毛皮出口到欧洲市场，换回工业制成品。这实际上是一种三边贸易：荷兰人用进口商品换取沿岸印第安人的项链和珍珠首饰（类似货币的贝壳串珠），以此再换取内地印第安人的毛皮。17 世纪 40 年代初期，为了争夺贸易控制权以及领土，印第安莱纳佩人与荷兰人发生了军事冲突。在许多小规模冲突中，印第安居民遭到袭击和报复，这场殖民者与印第安人之间的激烈战争于 1645 年以莱纳佩人的溃败以及数以百计的伤亡而告终。而那些殖民地和种植园也被遗弃，欧洲人集中起来退居于曼哈顿岛的南端附近。整个 17 世纪，分散在东海岸边的小城镇、哈德逊湾和殖民地经常受到印第安人的威胁、围困或者攻击。

荷兰商人认识到在与印第安人的交易中，自己生产用于交易的货物比起进口这些货物更加有利可图。于是他们开始建立第一批工厂，利用殖民地自产的资源进行生产。以前分散在不同种植园的殖民者于是集中在 6 个临近的村庄里。一个真正的小城市横空出世，而且几乎从创建之日起，就不限于港口贸易的商业活动，而是致力于维持生存的方式。彼得·史蒂文森（Peter Stuyvesant）于 1647 年被荷兰西印度公司任命为殖民地总督，他发现了新的商机，其中之一就是奴隶贸易。之后，这项贸易在城市的早期发展中扮演着重要角色（Burrows et Wallace，1999，p. 50）。为了挑战荷兰公司控制的烟草、糖以及靛青等贵重商品交易，英国当局决定采取军事活动，取代荷兰人在海外殖民贸易中的地位（贸易船只停泊和检查，控制港口及大型交易点）。1664 年，英国人在一艘小商船的带领下，出现在哈德逊湾，数百名士兵登陆并和平占领了小镇，而后将其重新命名为纽约。

1660 年，一张"卡斯特罗地图"（carte de Castello）描绘出这个位于曼哈顿南端的城市约有 1500 名居民，有三条主要街道、两个风车磨坊、一个配有大炮的小堡垒（阿姆斯特丹堡）、一个码头、几个仓库、许多花园环绕的房子以及保护内陆的城墙，城市面朝着一片部分开垦过的平原。纽约成为英国的殖民地后，吸引了来自英国的商人和投资，商业贸易机会倍增。纽约转而将农产品出口到英国和荷兰在加勒比海域的殖民地（Glaeser, 2005, p. 7）。17世纪末，纽约是一座自由港，出租海盗船、私掠船和走私船，这些船只航行到马达加斯加，贩卖烟草、糖、衣服、朗姆酒以及其他所有可交易的货物。纽约在 18 世纪发展相对缓慢，一个世纪下来居民大约只有 3 万人，主要还是该世纪下半叶的成果，上半叶充斥着危机和萧条。纽约在北美殖民地的港口中并不是最活跃（相比波士顿、新奥尔良和费城），也不是人口最多的城市。直到 17 世纪末，城市依然集中在曼哈顿岛的南端，被港口及护城墙环绕，为未来的成功积累着基础。早在 1720 年，纽约已成为蔗糖交易的中心，迅速增长的需求推动加勒比群岛的殖民者推广甘蔗种植，与此同时摧毁了其他作物尤其是粮食作物的种植。这些岛屿越来越依赖进口食品，特别是从美洲殖民地。这种双向需求（英格兰的糖需求与加勒比殖民地的食物需求）使纽约以及美国其他港口获得了巨大的利益，它们在整个 17 世纪的蔗糖贸易里扮演了重要的角色。从18 世纪中期起，纽约的地理位置使得商船航行到巴巴多斯或牙买加的时间减少了一个多星期，波士顿的商贸系统和经济活动受到重创。纽约由此成为仅次于费城的北美第二大港口。

表9 纽约人口变化（1664～1890 年）

年份	人口	年份	人口
1664	1500	1830	197112
1697	4320	1840	321710
1756	13040	1850	515547
1790	33131	1860	805658
1800	60489	1870	942292
1810	96373	1880	1206299
1820	123706	1890	1515301

注：1790 年之前的人口数来自评估，1790 年之后人口数来自普查。
资料来源：Wegmann（1896，p.2）。

与此同时，纽约还开展其他活动，促进了城市的发展，确立了它的地位：某些农产品的加工、船只建造和修理（1728 年）、建造蔗糖提炼厂（1730 年）和朗姆酒酿酒厂、奴隶贸易、进口或生产许多租赁业务所需的众多商品，以及提供和维修商船。然而纽约的经济和商业扩张并非一帆风顺，18 世纪末的纽约动荡不安：独立战争导致英国军队 1776 年入侵纽约，直到 1783 年停止敌对行动前一直占领纽约城。这些事件削弱了纽约与英国之间的商品贸易，使这座城市陷入了严重的萧条。19 世纪，这座城市才真正繁荣起来并跻身美国最重要的城市之列，随之成为世界主要的城市中心之一，并在 20 世纪初超越伦敦。这一叹为观止的经济增长都是围绕着它的港口贸易展开的。得天独厚的地理位置使它既能实现远距离贸易，又能通过内陆水道实现内陆贸易，成为美国运输和交通的首要中心。伊利运河的建造（1817～1825 年）将纽约与大湖区（伊利湖、安大略湖）连接起来，也将纽约市及其港口与内陆地区连接起来，大大降低了中西部平原地区的农产品运输成本。通过伊利运河，纽约成功地掌握了出口到欧洲的美国主要商品，并"刺激"

了商业、银行业和制造业（Burrows et Wallace，1999，p. 450）。

纽约由此成为地区性乃至全国性的商贸交易中心。随着美国经济起飞和交通运输的发展，不同地区开始连接形成全国性的市场，纽约的商贸网络逐步扩大（Glaeser，2005，p. 12）。处于交通中心的地位有利于相关业务的发展（保险、银行、船坞）并吸引制造业（钢铁厂、铸造厂）和加工业（炼糖业、服装制造业）。港口业务活跃，设施（仓库）齐全，众多商船整装待发，商贾云集，便于掌握大量有关物价的商业最新信息以及亚欧主要商业区的交易机会，极大地吸引从事运输、生产和/或转运商品到国外市场的企业家们。这种商业的活力对移民很有吸引力，刺激了欧洲人来这里定居，从而使城市快速发展，加快了国内市场的发展。显然，这种演变的方式并不是线性、顺利、无危机的。整个19世纪，纽约一直充斥着周期性的恐慌和严重的经济衰退（1837年、1857年、1873年、1893年），有时还伴随着民众的起义，其中不乏严重的暴力反抗（1860年的骚乱），这些抗议提出改善生活和工作条件的社会要求。19世纪经济、商业和工业的强劲扩张，使纽约的人口经历了持续的增长（在这个世纪中增加了10倍），远高于东海岸的竞争对手（波士顿、费城），也高于持续的、大规模移民运动带来的美国人口平均增长率。尽管如此，纽约的城市基础设施仍然十分落后，尤其是城市的供水设施。

东海岸城市最初的供水网络建设

在殖民地时期兴起的首批北美城市的供水网络已经粗具雏形（1652年的波士顿、1776年的温斯顿 - 塞勒姆），但主要还是依靠水井、水箱和送水工人。费城是第一个拥有公共自来水系统的城市，因决定采用供水系统独特的财政和管理体制而闻名，即不依靠私营自来水公司。后面将会看到，在相当长的时期内，这种决定在美国的城市中非常罕见。1789 年，黄热病肆虐后，本杰明·富兰克林，这位费城最著名的居民之一，向费城继而向全美国绝大多数城市提出建议，建立一套供水和配水系统，其水源地来自居民聚集区之外。1793 年黄热病再次暴发，市议会开始研究不同的解决方案，最后在 1798 年选择了本杰明·亨利·拉特罗布（Benjamin Henry Latrobe）提出的方案。这位英裔建筑师和工程师设计了众多公共建筑，例如华盛顿国会大厦；以及私人建筑，例如宾夕法尼亚银行总部。拉特罗布的计划是使用以博尔顿－瓦特式蒸汽机为动力的抽水泵，从斯库尔基尔河（Schuylkill）取水，储存于高位蓄水池中，然后利用重力通过木质管道输送到住户家中（Melosi，2000，p. 19）。这一方案得到市政府的支持，原因似乎是项目成本小且执行速度快，而并非技术新颖。拉特罗布方案计划将这套系统在 1799 年夏天之前即黄热病高发季节前投入使用，比起其他需要建造运河或隧道的竞争方案具有明显的优势。

尽管市政当局曾考虑将工程委托给私营公司，但最后还是决定亲自投资并直接管理供水网络。建设成本预估为 15 万美元，然而最终却达到 22 万美元，超出的预算主要是由于工程建设不断延期。工程所需的资金由市政发行市民自由认购的债券来筹集，但这种方法收效甚微。于是市政决定开征一项水税，用于偿还项目所需的资金。1801 年，尽管使用资金大幅超出预算，工程建设还延迟了 3 年，公共供水系统最终投入运营，开始从河流引水配送给费城居民。订购用户数量稳步增加，但数量仍然不多。1814 年，在约 5 万居民中只有 2800 人订购，这个数据还是供水网络投入运行 15 年后的结果。从用户收取的收费不及弥补供水网络正常运行的必要支出的一半（包括运行蒸汽机需要消耗煤炭的支出），更别说回收资本了。1799～1815年，市政部门报告的亏损高达55.2万美元（Spar et Bebenek，2009，p.690），水泵运行经常发生故障，导致有时会中断服务。直到1837年（从1819年开始其他的重要工程建设），财务状况才达到平衡，获得了第一笔利润，用于偿还资本费用（利息和本金）。一方面，自1819年起，新安装的设备既便宜，动力又足，减少了大量的日常支出，冲抵了大幅增加的改善型投资支出；另一方面，订购用户数量的增加（1837年，在约9.5万人的总人口中订购用户数量为1.5万人）使服务收入得到增长。

费城供水系统受到竞相效仿。1811年，新奥尔良聘请亨利·拉特罗布设计供水系统，辛辛那提在1817年也亦步亦趋。波士顿考虑建立一个公共供水体系，但选择将供水系统的建设管理委托给当地企业集团，即创立于1795年的渡槽公司（Aqueduct Corporation）（Jacobson，2000，p.34）。这家公司拥有从牙买加池塘（Jamaica Pond）用水的专属权，用于为城市发电，形成垄断服务，但是必须给市政免费提供消防用水，并需接受由司法机关确定的水价。尽管渡槽公司接受了这项工作，并从1798年开始服务第一批居民（大约800个家庭），但事实证明其效益达不到预期：公司的股票下跌，10年间无法分配红利；而在支出上，尤其是更换极易损坏的木质管道上的支出，远远超出预期。市政当局开始怀疑公司技术选择上的合理性、供水的质量，以及将服务完全延伸至人口迅速增长的居民区的能力，尤其是在1825年火灾使当地经济遭到严重破坏之后（Cutler et Miller，2005，p.9－13）。城市经常需要完善，于是要求公司提高服务覆盖率，建造更大规模的工程，开发新的取水方式，容纳更多的水流量，水源地离城市更远。公司不愿意在这方面更多地拓展，认为水的销售量提升太慢，无法支持（并获得盈利）弥补支出。最后，经过多年的推迟、讨论和研究最佳技术和相关成本方案，该市在 1846 年决定自己出资建立城市的供水网络系统。备受冷落的私营公司日益衰败，最终于 1851 年进行资产重组（Savage，1981，p. 6 - 94）。波士顿起初按惯例将供水服务委托给私营公司。18 世纪末 19 世纪初，大部分的美国城市在关键时期都经历过同样的状况。1791 ~ 1800 年，美国诞生了 29 家私营自来水公司，为东海岸的城市提供供水服务（Blake，1956，p. 64）。

纽约需要水

纽约建成以后，便一直存在供水问题。起初，居民可以依靠位于曼哈顿岛南边水源丰富的池水（科莱克特池），同时开挖一些浅井，这些都是个人举措。1658 年，一些小社区的领导人决定出资开挖一个公共水井。因为这些指令（以及资金支持），纽约的主要街道交叉点上都挖掘了公共水井，既能满足居民需求，又便于应对火灾（Wegmann，1896，p. 3）。到了 18 世纪中叶，城市人口迅速增长，人口密集区的水池和水井逐渐不再够用。水源受到污染，有时甚至干涸，迫使居民去城市之外还未城市化的小岛上开挖（或者请人开挖）水井，那里的井水因为水质纯净而闻名，可以用于烹饪以及泡茶。这口井叫老茶井，名气随着其他水源的恶化而越来越大，旁边有 18 世纪末的纽约人经常去的娱乐小花园。井水借助两匹马的动力抽出来后，并不直接卖给居民，而是以每 130 加仑 6 美分的价格出售给送水工，再到城市里走街串巷以每加仑 1 美分的价格出售出去（1 加仑在美国约等于 3.78 升）（Blake，1956，p. 14）。老茶井是唯一真正可饮用的水源，被称为"茶水人"的送水工每天向分散在城市中的约 3000 户家庭运送和出售水（Koeppel，2000，p. 34）。

　　由于担心供水问题，纽约开始寻求新的解决方案。像其他城市一样，纽约也收到很多关于建立引水和配水系统的建议，这个系统要能够为大约 2 万人供水，同时考虑人口数量的飞速发展。1774年，纽约同意实施和资助爱尔兰裔工程师克里斯托弗·科尔斯（Christopher Colles）提出的方案，在曼哈顿建造一个水库，再在专门新挖的井里安装两台水泵（使用纽科伦蒸汽动力机器）将水抽到水库。工程师计划通过城市主要街道上安置的木管将蓄水池里的水输送到户，试运行的效果令人满意：装置设备的选址确定下来后，城市开始购买新的土地。市政当局以负债方式支付首次安装的全部费用（基础设施、设备、购买土地），因而发行票面利率为5% 的债券（水利工程款），筹集 11400 英镑（Pursell，1969，p. 568）。工程建设成功完成后，新的供水系统于 1776 年开始运行。克里斯托弗·科尔斯被任命为市政服务总监。但是，由于独立战争的影响，加之在头几年遇到水量不够的困难（这会阻止潜在的订购用户，减缓公司业务增长速度），整个设备遭到破坏以至于被废弃（Wegmann，1896，p. 4）。

　　供水的问题依然存在。到了和平年代，许多项目卷土重来，其中大部分主要是科莱克特池及周边的地下水利用。由于城市中最有影响力的一部分人反对，这些计划全部遭到否决，这些人不想将供水管理委托给私营公司。尽管如此，私营管理的方案也并未完全遭到抛弃。因而引发 1785 ~ 1798 年当地政治阶层的激烈辩论。供水问题迫在眉睫，科莱克特池的水源已经无法使用：它已经变成一个露天的下水道，成为工厂制造和手工业的废水排泄场，充斥着粪便和动物尸体。尽管如此，一部分居民依然使用它（直到 1815 年完全干涸才被填平）。

1798 年，纽约遭受特别强烈的黄热病袭击：5% 的人口死亡，即 2086 人。许多居民被感染，这种疾病让人长时间衰弱，有时会留下终身后遗症。黄热病的发作非常频繁且极具破坏性：纽约在 1803 年、1805 年和 1819 年遭受黄热病侵袭（Burrows et Wallace, 1999, p. 321）。城市的主要代表人物把目光投向费城，当时费城正在建造新型的大流量供水网络，能够提供足够的水清洁街道，还能避免积水。纽约不甘落后，当地的报纸，尤其是与工商业利益相关的报纸，都特别关注缺乏足量优质的水引起的严重后果。《纽约日报》在 1798 年 12 月 20 日发出警告，"纽约的公民们，你们会怎么做呢？如果再推迟到明天，你们就会毁灭，因为当你们只考虑生意，或者沉溺快乐，对未来毫不关心的时候，其他城市，你们的竞争对手，已经在大力开展最有效的预防措施"（引自 Blake, 1956, p. 46）。正是在这种背景下，在如此短的时间内，阿伦·伯尔、亚历山大·汉密尔顿和曼哈顿公司之间发生的故事，远远超出供水问题的本身，将对城市及其供水选择产生持久而深远的影响。

阿伦·伯尔的时代与工程建设

亚历山大·汉密尔顿与阿伦·伯尔，两人有着相似的人生轨迹，或许能够解释他们的争论为什么会脱离严格意义的政治领域，转化成私人恩怨。亚历山大·汉密尔顿在 1783 年以律师身份定居纽约。他曾在独立战争期间担任乔治·华盛顿的军营副官和秘书，声名卓著，热心公共事务，并且对经济和金融问题有一定研究。很快他便在地方和国家政治舞台上占据重要地位，作为乔治·华盛顿领导的联邦政治的主要"知识分子"之一，他对竞选公职歧视并不热衷（只有两次例外：1782 年参加制宪会议，1786 年成为纽约州议会议员）。他强烈主张 13 个州联合起来建立一个强大的、稳固的联邦，认为这是保证国家工商业繁荣、结束州与州之间的竞争关系唯一可行的方式。亚历山大·汉密尔顿还负责创办了纽约第一家银行（纽约银行，1784 年），随后于 1789 年又担任了乔治·华盛顿联邦政府的财政部部长。他打下了现代金融和货币体系的基础，因对美国经济增长具有长期的、结构性的影响而名垂青史（Rousseau et Sylla，2005）。

一些激进分子在 1794 年组成民主共和党（于 1824 年分裂）。他们处于政治光谱的另一翼，强烈反对成立联邦政府，认为联邦政府限制了自由，削减了州的自治权。当时纽约民主共和党的党魁是乔治·克林顿（George Clinton），在 1777～1795 年以及 1801～1804 年担任州长。他依靠利文斯顿家族，继而通过他的侄子德威特·克林顿，成为城市乃至国家名副其实的掌舵者，再通过拉拢和庇护等手段巩固权力。在克林顿的政治高光期，能够调动大约 1.5 万名在职军政人员供其驱使，可以随时自作主张打击或支持某个政治立场（Fleming，1999，p. 34）。阿伦·伯尔是民主共和党最著名的支持者之一，他的经历和亚历山大·汉密尔顿相似，之前是军官，独立战争期间成为乔治·华盛顿的亲信。阿伦·伯尔怀疑亚历山大·汉密尔顿阻碍其在军界的晋级，便离开了这个圈子，比汉密尔顿晚一年成为纽约事务所的律师，他的律师事务所就开在离老对手的律所几步远的地方。1784 年，他作为激进分子的代表被选为国家议会议员。阿伦·伯尔的从政之路堪称经典，他几次连任议员，一路攀升到党派的高位，最终成为与后来担任美国总统的托马斯·杰斐逊、詹姆斯·麦迪逊齐名的政治人物。阿伦·伯尔参加了1796 年的总统选举，败给了联邦党候选人约翰·亚当斯。1800 年他再次参加总统选举，但惜败给托马斯·杰斐逊（与他同一党派）。这两人赢得的选举人票数完全相等，最后还是众议院做出裁决。

联邦党人更倾向伯尔。但汉密尔顿从中作梗，破坏了这种平衡，他形容伯尔是"一个只对个人利益感兴趣，没有任何原则的痞子和煽动者"（引自 Burrows et Wallace，1999，p. 329）。伯尔以一票之差落败，根据当时的规则，成为副总统。① 他地位显赫，付出的代价也很大。伯尔被质疑买选票贿选，遭到杰斐逊的报复。杰斐逊一直都在追查伯尔，逐渐将他推向政治边缘化直到使其名誉扫地（Davis，1837，p. 89 - 111）。

在野心的驱使下，阿伦·伯尔并未因此离开纽约的政治舞台。1797~1800 年，出于自身利益考虑，他试图争取国家议会多数以及市政府的支持。于是，他按照当时的常规，组成了一个名叫"圣坦慕尼"（Saint - Tammany）的亲友团组织（1805 年改名为"坦慕尼协会"）。伯尔安插了一些效忠者和亲信，加强了自己的影响力，将这个亲友团组织改造成真正的政治俱乐部，这个俱乐部完全效忠于他的领导以及民主共和党（Myers，1917，p. 13）。这是第一个也是最强大的"政治机器"，从整个 19 世纪到 20 世纪上半叶主导着美国许多大城市的政治生活（Troustine，2008）。伯尔利用坦慕尼协会的资源，不仅打击了克林顿这个主宰了纽约民主共和党以及美国独立以来政治舞台的大人物；也打击了亚历山大·汉密尔顿的联邦党人，联邦党创建银行需要国家议会或者市政府的批准。成立公司（契约公司）的权力是需要单独授予的。很显然，国家

---

① 那个时期，选民没有两张选票分别投选总统与副总统，需要在四人中为总统位置投选一人，第二名自动获得副总统席位，最后两名排除在外。1800 年，杰斐逊和伯尔是民主共和党的两位代表，都名列榜首，而亚当斯获得第三名。

议会和市政府并不打算授予阿伦·伯尔成立契约公司的许可，因为那样会与已经存在的两个机构竞争，更加助长伯尔的政治野心。当时，银行的角色非常重要，它们常常为政治竞选提供资金支持，还可以争取到包括市民、商人、工业者和企业家在内的客户群（政治意义上的）（Reubens，1957，p.579）。银行在选举游戏中的重要性或者作为党派影响力的一种手段一直持续到1838年，在此之后，纽约州决定放宽创建信贷机构的政策（Bodenhorn，2008，p.182）。面对重重困难，伯尔深知此路不通。因此他只能另辟蹊径，通过创建一家自来水公司——曼哈顿公司——进而将业务扩展到银行业。

联邦党人在1785~1801年成功地从竞争对手处夺得市政府和议会[①]的支持。简而言之，伯尔打算成为纽约的主宰人，领导纽约市与纽约州民主共和党，与汉密尔顿的联邦党相抗衡。为此，伯尔需要钱，需要资金支持和人脉资源以获得商界人士的青睐，而这些人是市议会的重要代表。阿伦·伯尔计划创建一家银行，打破纽约新兴金融机构的垄断，提高坦慕尼协会发放的酬金并扩大其客户群。

曼哈顿公司

战略虽然确定，但要实施起来也并非易事。创建自来水公司的想法似乎是受到其姐夫约瑟夫·布朗（Joseph Brown）的煽动。布朗在1797年已经向市政府提交过一个项目计划，1798年又提交了

---

① 1795~1801年的政治生态前所未有：两个权力中心掌握在联邦党人手中。约翰·杰伊在1795~1801年担任州长，而理查德·瓦里克是纽约市市长（1789~1801年）。从1801年开始，民主共和党重新夺回对议会的控制。

一份新的备忘录（没有出现伯尔的名字），强调建造一个现代的城市供水系统的必要性在于不仅能够减少黄热病的传播风险、抵御火灾，还要能够改善街道清洁状况以及污水排放。不同于大多数人的项目，布朗的设想是基于该岛的水资源数量不足、水质不佳的现实情况，确保持久性地供水。他特别指出，大量使用位于城市心脏的科莱克特池的水源可能会造成严重的后果。约瑟夫·布朗建议在曼哈顿北部的布朗克斯河（Bronx River）上建一座大坝，再挖一条运河引水至哈莱姆河（Harlem River），这条运河穿越哈莱姆河，成为曼哈顿岛和大陆的北部边界。

他进而建议为城市装备液压泵，以便把水抽到曼哈顿岛南部的水库里，再接入铺设在城市主要街道下的水管里。这个项目成本共计 20 万美元，预计可以每天提供 30 万加仑的水，大于城市的需求量。必须指出，这笔钱在当时不是一个小数目，远远超出绝大多数美国私营公司的注册资本。阿尔弗雷德·钱德勒（Alfred Chandler）提到美国当时最大的公司是一家名为波士顿制造公司（Boston Manufacturing Company）的织造厂，1812 年投入的原始资本只有 10 万美元（Chandler，1988，p. 67）。尽管工程浩大，但布朗认为如果能争取到城市一半的订购用户，并保证每年有 1 万美元用于维修及商业技术管理，他的项目就可以盈利。他估算公司成立 10 年后可以开始盈利，且能以高达 13% 的利润回馈股东。

在专家独立评估了项目的可行性之后（专家们广泛赞同约瑟夫·布朗的方案，同时做了一些微小的修改），市政代表委员会决定同意这项提案，但对项目规模做了改动。不过，这个项目并未委托给提供资金的私营公司（布朗如此建议），市政府希望自己负责整个投资以及日常供水网络管理。委托私营公司的想法多次遭到否决，"除非私营公司能预见到非常可观的盈利，否则就无法承担市民的舒适与健康的责任。而以盈利为目的势必要以牺牲城市的利益为代价，于是委员会同意由市政部门来运行并掌控这个项目"（市政委员会1798年12月17日的报告，转引自Wegmann，1896，p.8）。纽约市进一步起草了一份预算草案，在1799年1月州议会上获得批准。这项法案授权城市可以通过贷款或开征市政税来为约瑟夫·布朗的项目开支进行融资（Koeppel，2000，p.73）。

阿伦·伯尔反对这个项目，他利用其影响力来扭转局势，他和同僚们不依不饶，施加大量压力，采取各种手段给曼哈顿公司的成立制造更多的障碍（Reubens，1957，p.584）。当时，阿伦·伯尔是纽约州议会议员，和其他同僚一样，住在奥尔巴尼。在报刊关于布朗的项目能否很好地实施以及将项目委托给市政的可能性的讨论后，阿伦·伯尔说服议会中的纽约代表团成员，希望他们在奥尔巴尼召开的议会全体议员会议上搁置此法案，理由是收到的提案并不清晰，市政选择将私人资金排除在外而选择公共管理没有得到大众的完全赞同。他设法拖延了10天时间，在此期间他返回纽约并会见了身为联邦党人的市长理查德·瓦里克（Richard Varick）。陪同会见的五人分别代表当地主要的政治派别，其中支持并赞成其要求的人中就有亚历山大·汉密尔顿。

似乎在这次私人会议上，伯尔成功说服市长相信该法案的拟定存在严重问题，议会要求对文本进行重大修改后再行审查。市长请这些访客们提出书面意见，并建议他们提出法案的改进方法后提交给市政委员会。他们按要求做了之后，市长一星期后与委员会联系，并附上了亚历山大·汉密尔顿签署的文件。在这份文件中，亚历山大·汉密尔顿质疑市政部门筹集项目资金的能力，项目资金的金额也离谱地高达100万美元。因此，他建议委托私营公司建造纽约的供水系统，这样可以利用私营企业筹集到足够的资金。他建议市政机构投入公司资本的三分之一，支持其工程建设并在一定程度上参与公司业务。汉密尔顿对私营公司加入项目的支持具有决定性意义。作为市政委员中心联邦共和多数党派的强势人物，汉密尔顿名誉与智慧并存，他的签名使委员会一致同意在法案中加入由一家私营公司来建造纽约的供水工程和基础设施的请求，这份草案经过副本审查和修改后提交给了议会（Koeppel，2000，p. 74–77）。

　　与此同时，伯尔利用逗留纽约的优势，组建起未来公司的管理团队。他联系了纽约城中杰出的精英，挑选权威人士担任公司领导，并且给他们准备了丰厚的股份。曼哈顿公司的领导层中很多是市政议员、商人，或者两种身份兼具。民主共和党的精英也在其中，比如克林顿和利文斯顿，他们认购了大量的股份。这些领导人的品格与威望是公共决策与公共舆论的信任保障，伯尔主动将他的政治盟友和好友都吸收进来，并特意将领导职位留给联邦党人，以消除他们的反对。更聪明的是他雇用亚历山大·汉密尔顿的姐夫约翰·巴克·丘奇（John B. Church）这位一直与他保持友好关系的商人担任公司领导层之一（Reubens，1957，p. 587）。他甚至把亚历山大·汉密尔顿多年好友尼古拉斯·劳（Nicolas Low）也招进了公司。

　　亚历山大·汉密尔顿与阿伦·伯尔长期水火不容，或者至少可以说是对阿伦·伯尔的厌恶和不信任溢于言表，为何还会支持他的倡议呢？可能是亚历山大·汉密尔顿认为1799年创建的这家公司更多的是出于公共利益的考虑，而不是党派之争。汉密尔顿极有可能不清楚伯尔的计划是迂回达到开设一家银行的目标。另一个更常见的因素可能影响了汉密尔顿：让家人和朋友受益。他也有可能在秘密状态下否决这个项目，为的是在1801年州议会和市长选举前削弱克林顿党派的势力，并加深民主共和党内部的分歧。汉密尔顿的支持是促成伯尔实现目标的决定性因素。

回到奥尔巴尼后，伯尔立刻提出在纽约州议会上对修改过的法案进行投票。这个法案从各方面论述了选择私营企业的好处，提交到议会宣读后获得通过。同样的程序在州参议院又过了一遍，最后提交给修订委员会，审查议会和参议院通过法案的合宪性。1799年投票通过的法案经历了多次重大修改：阿伦·伯尔没有遵守与纽约市政委员会达成一致的协议，背弃了亚历山大·汉密尔顿修改的内容，公司资本为 200 万美元，只允许市政当局购买 10 万美元的股份（占资本的 5%，而不是之前约定的 30%），管理层人数从 6人增加到 12 人。公司获得了曼哈顿岛周围的市政土地和水源的使用权，权利非常广泛，不需要履行相关义务作为补偿，如在安装管道后修复街道、保持固定的价格（由公司自行决定）以及为城市或者消防部门提供所需要的免费用水等义务。所有的授权都是永久性的，公司只需要履行一个义务：必须在 10 年内有能力供应整个城市居民的用水。如果到了 1809 年，公司还不具备这样的能力，它将失去法案给予的便利，与之配套的所有特权也将被废除（Spar et Bebenek，2009，p. 693）。

最后，发生了一件非比寻常甚至是前所未有的事件——让纽约人后来大失所望——伯尔成功地在授权条款塞进了一条，允许公司为它所认为有用的任何目的使用资金，比如购买其他公司、金融交易或者其他操作，甚至包括业务领域之外的活动。伯尔的能量在于：他成功地在法案中加入了一项条款，能够使一家履行社会目标的公司摇身一变成为一家银行。这个时期在纽约州以及美国其他州有一些"不同寻常的"条款，股份公司的创立非常受限，数量也很少，并且公司的业务类型也必须得到当局的批准。有了这个条款后，曼哈顿公司就能够参与水管理之外的任何活动，因此它可以合法开展银行业务（Koeppel，2000，p. 83）。

曼哈顿公司于1799年4月开始运营，所有股票很快被抢购一空，资本也被超额认购。这样一来能够让其他的股东（公司的领导层和早期支持者除外）加入进来，例如商人、民主共和党派或者联邦党派的政界人物，包括纽约市市长理查德·瓦里克（Richard Varick）。经过一段时间的犹豫，市政委员会决定购买期权并收购公司的2000股（Blake，1956，p. 65）。从一开始，高层便决定尽量减少对供水管理的投资。公司没有按照先前的计划把水引到布朗克斯河里，而是决定在曼哈顿再挖一口井，这样就不必花费很高的成本去很远的地方寻找水源。公司建造了一个蓄水池，但是这个蓄水池比当初预想的要小，容量只有12.3万加仑。之后决定利用马匹驱动的水泵，放弃了选择功率更大但更昂贵的蒸汽机。公众很快发现，该公司最多只能为曼哈顿岛南部提供有限的供水服务。与此同时，领导层和股东同意开设银行部门并从1799年9月起开始存款和贷款业务（Reubens，1958，p. 102）。

阿伦·伯尔承诺银行的未来非常光明——主要股东与领导层可以马上获得丰厚的收益，银行积极参与发展和巩固美国金融业的活动。从银行角度来看，自来水公司可以忽略不计了。领导层尽可能少地投入资金，只需执行最基本的操作以履行它仅有的义务，冒着失去法案给予的特权的风险。公司在整个存续阶段唯一保持不变的行为就是：提供最低限度的供水服务，不给法案撤销公司留下口实，不然法案将禁止其开展银行业务（Hayes et al.，1920，p. 7）。1800年，公司只有220个订购客户，到1802年末有1700个订购客户。在随后几年里，它的储水能力和管道网逐渐壮大。但投入自来水业务的资金仍然十分有限，与公司的总资本相比微不足道，而且公司首要关注的是银行业务：在200万美金初始资本中，1802年底投入在设备、基础设施和供水网络上的资金仅有 13.2 万美元；从订购用户收取的费用只够填补日常开销。公司提供的服务也不尽如人意：供水网络充其量只能覆盖一小部分的城市居民，而且水质非常糟糕。

阿伦·伯尔的处境并没有得到改善。克林顿一派赢得了 1801 年的市政选举和州议会选举胜利，于 1802 年接管了公司。阿伦·伯尔被免职后，没有停止与克林顿的斗争。他在民主共和党的内斗中失败，未能撼动克林顿在纽约市至高无上的地位。阿伦·伯尔最后将朋友们重新聚集起来（过程艰难），最终控制了坦慕尼协会和纽约的"政治机器"，银行从此完全服务于伯尔派的利益。从 1803 年起，乔治·克林顿州长的侄子德威特·克林顿担任纽约市市长，要求城市的所有资金由银行管理，以便行使民主共和党在地方选举和政治干预中的金融手段。阿伦·伯尔开始陷入绝望的窘境之中。他失去了民主共和党的政治信任。与杰斐逊的不合使其无法连任副总统，克林顿派把他从纽约市市长竞选名单上除名，于是伯尔作为候选人主动参加 1804 年 7 月 1 日州长选举，与自己党派的候选人形成对立。在推翻攻守同盟形成完全对立的背景下，汉密尔顿和克林顿极力反对伯尔的候选人资格。当时的政治气氛十分沉重，事件发展浩大，攻击伯尔的新闻报道、小册子和诽谤小短文特别猛烈（Davis，1837，p. 293）。在选举活动即将结束的情况下，受挫的伯尔几次在公共场合宣读亚历山大·汉密尔顿在报刊上辱骂他的信件。这封问题信件表明亚历山大·汉密尔顿可能对他的政治对手用了"藐视的"（卑鄙的）言语。接下来的几天，阿伦·伯尔要求亚历山大·汉密尔顿收回在公共场合和报刊上说过的侵犯其荣誉的话语。汉密尔顿在 1804 年 6 月 20 日发表一封辩驳书回绝了阿伦·伯尔的要求。他解释说，自他进入政界以来，不可能对有关他的全部言论都上心。他声称对那封信并不知情，并没有同意或支持它出版。他首先指出那封信件里指责的对象极其模糊，并且对"藐视的"一词所涵盖的具体意思提出了质问。汉密尔顿对关于伯尔的言论感到吃惊，可是他扪心自问，既不能撤销也没法承认那封信件。正如所料，阿伦·伯尔对汉密尔顿的辩驳并不满意，在第二天的回复中重申了诉求，认为汉密尔顿的言论就像当初那样，严重损害了自己的公共名誉，他要求挽回名誉（Davis，1837，p. 293 - 321）。结局已经无法避免，尽管旁观者努力为他们寻找和谈的余地，但是亚历山大·汉密尔顿只能答应阿伦·伯尔用决斗来解决他们之间的斗争。汉密尔顿虽然从原则到经历上都反对决斗（他19岁的儿子于1801年在决斗中丧生），但也无法逃避。1804年7月11日，两个人横渡曼哈顿岛（纽约禁止决斗），在正面相对时，阿伦·伯尔给了对手致命一击。

亚历山大·汉密尔顿的死引起舆论哗然。阿伦·伯尔的行为遭到千夫所指。他意识到了自己的处境，并在接下来的几天里绝望地写了一些信件给他的家人和朋友，告诉他们他正等待最坏的情况。伯尔躲在家中，两周后最终逃离纽约。他害怕被人群骚扰或被捕，于是决定永远不再回来（Burrows et Wallace，1999，p. 332）。他在南卡罗来纳州定居并参与针对托马斯·杰斐逊政府的秘密行动。在1807年因叛国罪被捕。因为他组织雇佣兵，阴谋策划，意图让西部各州独立并脱离合众国，他可能会被执行死刑，但由于缺少证据被无罪释放，从此彻底离开政治舞台。

1804～1835年，迷失的30年

从1804年起，需要更多投资的诉求此起彼伏，人们甚至开始

谴责合同包庇曼哈顿公司且授予其经营供水和银行两项专属权。曼哈顿公司的新任强力领导是担任纽约市市长的德威特·克林顿，他八面玲珑，极力寻找保住自身利益的出路。他企图促成市政当局出面收购公司在供水领域的资产，从而专注于银行业务。此时，法官和政党在市政机构和公司之间摇摆不定，他们从 1804 年起组织确定赔偿事宜的谈判，但在联邦党的强压下中断。联邦党认为这种交易是一种欺骗，因为公司收益甚微（联邦党怀疑公司一直处于亏损状态但没有找到确切的证据），设备的质量问题也十分可疑，因此纽约市政机构不应该购买公司的资产，反而是公司应该支付纽约市政一定数额的资金，纽约市政机构才会同意接管供水业务，公司也能专注于利润丰厚的银行业务。但要想把它变成现实，只能寄希望于司法机关。不管怎么说，曼哈顿公司将原本建造水网的资本和专属权偷梁换柱到银行业上，是一种欺骗以及无耻地剥削市政和居民的手段，公司必须付出代价（Baker，1956，p. 104）。

德威特·克林顿因此放弃将供水"资产"出售给市政的想法，他利用各方面的影响力，成功地使州议会修改了对曼哈顿公司的授权。法案规定的期限延长了 10 年（1809～1819 年），如果公司不遵守在供水方面的承诺，就会撤销这项授权。他同时获得了 30 年的银行特许权的保障，即使公司剥离了供水业务，也可以将其出售给市政府。这样一来便确保了曼哈顿公司的未来，从（不确定）未来的供水业务中脱离出来，同时维持了授权及其约定的特许权。尽管受到批评，面临重重的困难，收益也不明显，但曼哈顿公司还是继续管理供水业务，尽管它看上去是一项无利可图的业务，但是曼哈顿公司未能抽身，而且维持现状可以允许它继续做大银行业。

由于没有进行任何重大投资，公司在供水管理方面的资产逐渐损耗，各种指责接踵而来。1809 年，订购用户给《纽约商业报》

(*New York Commercial Advertiser*) 发出一封投诉的信，声称 4 个多月前就已经停水。《纽约商业报》回应了投诉者，同时向其读者说明这种情况远不止一次，并借此谴责曼哈顿公司的行为并要求撤回授权（Blake，1956，p. 106）。曼哈顿公司努力安抚舆论，落实了一些工程并使用蒸汽动力水泵取代马动力水泵。随着时间的推移，市政部门与曼哈顿公司之间的联盟不再紧密：一方面是市政部门财务状况不佳，最终放弃了 1811～1814 年在公司持有的所有股份；另一方面，德威特·克林顿——曼哈顿公司在市议会中最赤忱的守护者，不再要求在 1813 年连任公司的董事席位并在 1816 年出售他的所有股票。当地的政治局势不太乐观，对公司从不待见的联邦党人 1809～1816 年在市议会中成为多数党。1823 年，曼哈顿公司建立的供水网络只有 33 英里（仍然使用木材管道，直到 1828 年才开始换成铁制管道），从井里抽水的水泵在一天内某段时间不可用（Reubens，1958，p. 121）。很多居民，不管有没有订购服务，都要自己想办法解决用水问题。然而纽约市经济迅猛发展，人口增长迅速，供水问题变得越来越突出。平常人家继续使用被污染的老井，水质也不好。如果没有接入曼哈顿公司薄弱的水网的话，就只能购买用马车从城外运来的桶装水。

纽约必须寻找新的解决办法。市政部门尝试依靠不同的蓄水方式，有规律地安装新的装置。尽管有些计划经过了严格的可行性研究，但是没能得到市议会的同意，市议会在接下来几年内也一直推迟决定。纽约人被迫继续使用曼哈顿公司的旧设施，这至少在一定程度上能够满足他们的需求。因此供水问题在 19 世纪 20 年代尤为突出。同样烦恼的是城市需要防范破坏力极强的火灾，比如 1828 年的火灾就摧毁了大量居住区，最终还是通过海水抑制住了火灾。为什么这么多年以来，城市发展很快，人口迅速增长，用水需求

（数量上和质量上）变得越来越明显？有如下几点原因：其一，供水项目没有建立在坚实的基础和理性的成本评估之上，缺乏说服力，城市在回应直接管理供水系统的可能性方面不断拖延；其二，在将要采取的总体方向上的争议不断（应该关注寻找丰富优质的水源，还是继续挖井，包括在岛上开挖深井？哪一种在执行简单并可节约开支方面更有优势？）；其三，因为曼哈顿公司的顽固反对。即使供水业务已经濒临绝境，曼哈顿公司仍然不允许其他私营公司分一杯羹（Wegman，1896，p. 15）。

不过，纽约在 1830 年采取了一些措施，开挖了一口水井，在百老汇附近修建了水库，在沿岛的主要街道上都安装了铁管。这个新网络的初衷主要是灭火，这些行动很快被发现只是权宜之计。尽快确定供水新体系的基本原则，及时开展工程建设。雪上加霜的是纽约城仍然经常遭受黄热病的袭击，再加上霍乱……1832 年的传染病造成了一半人口逃离城市前往农村地区避难，有 3000 多人因无法或不愿离开而死亡。可悲的是美洲其他大城市也受到霍乱疫情的影响，但是它们拥有更高效的供水系统，受害者则少得多：费城的受害者约 900 人，蒙特利尔有 1210 名受害者（Blake，1956，p. 133）。纽约市政官员迟迟没有反应，因为他们认为传染病会饶过富人区，主要攻击贫困地区。受到上帝谴责的只会是那些过着堕落、空虚生活的罪犯、浪荡子、堕落分子和底层人民，那些道德严谨、行为端正虔诚的人会被赦免，优秀的品质是防止疾病的最佳保障（Burrows et Wallace，1999，p. 590）。最后的结果似乎也证实：平民区的死亡人数多于资产阶级区。很显然，这要归咎于水源问题而不是道德问题。1849 年的传染病致死率高于以前证实了这一论断。

尽管这些偏见根深蒂固，市政当局出于形势所迫仍然要在供水服务街道清洁和城市规划两方面做出重要决定。那时候还没有收集和处理废物的系统：人们在街道、庭院或海湾堆放残留物和排泄物，长年累月最终污染了土地和水井。即使曾经尝试过垃圾收集，比如通过市政服务或私人雇用清洁工，但这些不太规律的措施依然很难解决问题。雨水和暴风天气似乎是最常见的废物处理和街道清洁方法，如此一来，脏水没有被地面（大部分没有铺设马路）吸收，而是最终流向大海（Tarr et al.，1984，p. 229）。像伦敦一样，频繁使用抽水马桶也需要大量疏水，废物和废水处理问题变得更加尖锐，导致集体疏水系统得到进一步发展（从 19 世纪 50 年代开始）。

1830～1840 年卫生运动的浪潮深深影响着美国。其中一大目标就是建立卫生秩序。这次运动的成员（医生、地方官员、议员、教士）呼吁改善城市居民的卫生条件和道德状况。纽约城似乎陷入两难境地，一方面城市蓬勃发展（财富的增加、个人发展的潜力），希望无限；另一方面隐藏着各种风险（犯罪、放荡、道德败坏、贫穷、疾病等）。这些人在进行调查之后，游说建立永久的市卫生局。其中一些人在社会上宣扬疫气理论，指出需要遏制工人阶级危险且不道德的行为，将他们安置在城市中心之外（Ogle，1999，p. 324 - 325）。对这次运动的某些成员来说，这场针对社会卫生和道德的运动，主要成果将是推动市政（包括纽约）发展公共引水和供水系统，以满足人口的需求，应对卫生问题。

另一个很大的困扰因素是纽约经常受到火灾的影响，但基本都能被城市消防队迅速控制住。1835 年，一场大规模的火灾破坏了 700 栋左右的建筑，其中大多是商业公司、商店、仓库等。纽约金融和商业中心受到重创，损失估计为 2000 万美元，成千上万的人失去了工作。在 26 家经营火灾损坏业务的保险公司中，只有 3 家逃脱了破产的命运。当时的报纸称这场灾害为国家悲剧，其影响远远超过了城市范围。如果说霍乱的破坏力对富裕地区的影响力很小，火灾则完全不同。商人、巨贾和企业家投资大量的不动产。房地产业主和保险公司大股东把持着市议会或州议会的席位，火灾也是他们急切关注的问题。对需要大量用水的工厂业主来说，能够使用足够的水是一个必不可少的条件：肥皂厂、酿酒厂、制革厂、炼油厂等。这些人打听市政的决策（或者他们就是市政中的一员），积极推动城市利用公共资金尽可能快地承担供水业务，他们认为于公于私这都是合情合理的（Burrows et Wallace，1999，p. 594）。

在所有这些方面（公共道路的清洁、对抗传染病和火灾），纽约与其主要竞争对手费城相比完全处于下风。费城多年前就拥有了高质量的饮用水供应系统，这个系统被认为是城市活力的主要载体之一，也是构成城市吸引力不可否认的因素。被局势压垮的纽约市决定向法庭起诉曼哈顿公司，以求最终废除授权并把这块商业空间解放出来给其他公司。这次起诉没有成功，但是标志着城市与私营供水公司之间完全决裂。由于纽约市无力收购曼哈顿公司所有资产，又没有其他私营竞争对手，因此随后决定实施迂回策略。

如果曼哈顿公司不想放弃水业务，又不想将这个领域让给他人，与此同时继续不遵守它的义务，那么，市政当局就必须取而代之。在洞悉了私营企业管理的诸多缺陷之后，市政府决定采取直接管理的方式，同意投入更多资金，希望在融资以及引水和配水工程的建设和运营上超过1830年的水平。纽约公开宣布计划追加200万美元来解决这个困扰多年的难题。1832年，市议会委托前任市长和州长德威特·克林顿的儿子小德威特·克林顿撰写方案，研究纽约市如何取代曼哈顿公司建立一套新的供水管理系统。

　　小德威特·克林顿预测纽约市居民数量在 60 年后将超过 100 万，因此建议该市投资和建设的供水网络能够满足今后的居民需求。他不赞成那些出于技术原因只能满足部分需求的解决方案，那些方案提供的水量有限或无法满足城市未来的发展需求。小德威特·克林顿放弃使用自流井的可能性，决定使用城市北部克罗顿河水域的水源，它是最早起源于卡茨基尔山丘的支流。用小德威特·克林顿的话说，这些水源只能够确保为城市所有人口每人每天提供充足的 20 加仑水。因此需要去远离城市中心的地区寻找水源，这将需要非常大的投资。与其他美国城市不同的是，纽约没有一条可供就近开发的河流（如费城、华盛顿、匹兹堡），或附近的湖泊（如芝加哥、布法罗）。这个城市周围都是无法使用的海水，淡水和海水在这里会合并融入哈德逊河口。市议会十分赞同并决定跟进小德威特·克林顿的提案。市政府给自来水委员会下达了指令性文件，并划拨 8500 美元给两位工程师代表（康瓦斯·怀特和戴维·贝茨·道格拉斯）评估并制定整个工程建设的第一个计划。经过详细审查工程师的报告，市政当局在确保项目技术和经济上的可行性后，于 1834 年 2 月原则上同意并签订了 250 万美元的贷款合同（按 5% 的利息计算）以便开展工作。1835 年 4 月 14 日、15 日和 16 日举行公民投票。结果无可争辩：74% 的选民（23330 张选票）投票赞成该项目（Wegmann，1896，p. 31 -32）。

　　1835 年是一个转折点。面对迫在眉睫的项目，市政府决定自己投资，曼哈顿公司也意识到其供水业务发展特别缓慢。此外，曼哈顿公司几乎无法反对市政府，因为从远处寻找水源并没有侵犯其在水资源开发上的特权，曼哈顿公司的开发权仅限于曼哈顿及周边地区的水源和河流。一旦工程完成，曼哈顿公司将无法与市政机构竞争，只能眼睁睁地看着所有用户离开。它别无选择，只能趁着还有些价值的时候，建议城市购买其供水业务。谈判流于表面，到1839年彻底宣告失败（Blake，1956，p.145）。此后曼哈顿公司逐渐退出供水业务，失去了所有客户，因为这些客户都转向市政与克罗顿渡槽公司（Croton Aqueduct）建立的公共供水网络了。

从克罗顿渡槽到卡茨基尔系统

同美国其他市政府一样，纽约市也采取了公共借贷的方式来支持基础设施建设。从1835年的克罗顿渡槽到后来的其他维修和改建工程都采用了这种方式。纽约市自行组织各项工作：自来水委员会任命戴维·贝茨·道格拉斯（David Bates Douglass）为首席工程师，他为供水工程制定了最终方案。在此期间，纽约市政府开始购地，这一过程旷日持久，并导致了多起与私人产权之间的法律纠纷。1837年，工程正式启动，挖凿出一条深约40英尺的运河连接城市与水坝，并在哈莱姆河到曼哈顿岛之间建造了一座水管桥，然后在岛上修建了一座水库。这项运河建设工程共计雇用了4000名工人，并在上游的克罗顿河地区同时修建起一座堰堤。工程在1842年结束，水源依次通过水库和铸铁管道进入了曼哈顿的主要街道。在随后几年里，供水网络伴随着城市人口增长和扩张不断扩展和完善。市政当局在已经运作的水库的基础上还进行了补充，以保证供水系统充分满足城市人口的需求。

1842年10月14日，水源接通，城市乘机举办了游行和庆祝活动。来自各行各业和社会各阶层的人云集一堂：市长、州长、军队官员、神职人员、法官、批发商、消防员以及各种慈善机构、学术社团、行业协会的代表。人们为这一天谱写了颂歌，制作了纪念章，并在备忘录中特别记载了这个重要时刻。就这样，人们用盛大的节目来庆祝当时被认为是纽约市历史上最重要的成就之一（Soll，2012，p. 297）。

该工程预计成本为 250 万美元，实际支出为 1200 万美元，这必然需要额外的财政借款来补充经费的不足。克罗顿渡槽公司在上游修建的设备和其他基础设施都发挥了良好的效用，如小德威特·克林顿所言，保证了纽约居民大约 60 年内的用水；由纽约市设计、资助并搭建的引水输送系统将供水总量从 1840 年（每天 1200 万加仑）到 1890 年（每天 14500 万加仑）提高了 10 余倍；与此同时，纽约人口总数提高了 5 倍（Wegmann，1896，p. 107）。这样，纽约便成功地通过供水系统满足了居民用水需求，保障并推动了城市的发展。事实上，由于曼哈顿公司的拖延以及当地政客的阳奉阴违，这一供水网络直到 1842 年才投入实际使用，大大晚于其竞争对手费城。

这座城市的任务还没有结束。19 世纪 70 年代，纽约遭遇罕见的干旱气候，在不得不面对未来新增用水需求的情况下，它开始寻求继续拓展供水系统。第一项决定是通过重新购买部分土地使用权保障克罗顿河的支流补给；随后考虑到旧渡槽已经投入使用近 40 年，尤其是水坝部分，难以为市区提供足量的水源，纽约市决定启动更大规模的工程计划。而此时，1835 年以来为修建旧渡槽付出的巨额投资才刚刚瞥见盈利回报的迹象。1868 年，从供水网络获得的总收入，以 27 年（1842～1868 年）为期计算，达 1600 万美元，而这些还不足以支付初始费用和借贷的利息，更不用说支付当前运营和维护的费用。如果我们采取同时计算本金和利息的偿还方式，到 1869 年，纽约市至少还需要相当于 5 年的供水收入才能够达到预算平衡。

表 10 克罗顿渡槽还款明细（1842~1868 年）

初始贷款	1200 万美元
30 年利息（5%）*	1120 万美元
共需偿还	2220 万美元
总收入（1842~1868 年）	1590 万美元
待还款（1869 年）	630 万美元

* 为简化统计，此处假设所有借款均为同时发生，即 1839 年。

资料来源：作者计算、纽约市共同委员会（New York Common Council 1869，p. 694）。

就纽约而言，至少在最初的十几年，用户为供水系统支付的费用还无法覆盖工程成本。波士顿也有类似滞后 10 年的情况。选择使用市政财政补贴供水系统的部分成本（运营成本与维护和/或建设成本）同时涉及经济和政治上的问题。由于考虑到居民的普遍利益，城市采取固定的低价水费，因此管理者必须尽可能为城市获取更多的水源；这不仅出于公共卫生健康的要求，也关系到选民的支持度。但这不是唯一的原因。公共服务的税收无法弥补全部费用，这涉及以价格优势吸引最大的客户源并为城市创造一个良性循环。合理的价格将鼓励他们订购新服务，消费更多的水量，有利于通过设备的规模效应降低单位成本，这一效应在可以预见的几十年内都将是相当余裕的。

这就是纽约或波士顿等城市选择在供水网络建立之初超支补贴部分供水和分配成本的原因。此举一方面可以赢得来自公众的支持，另一方面也便于争取新的客户群并加速自来水消费量的增长。城市由此在供水服务上获得了财政收支平衡的时间。快速达到一个相对可观的参购率对于投资回报来说非常重要。萨拉·巴特利特（Sarah Bartlett）在对波士顿水系统的历史和经济研究中也提出了同样的看法。虽然私营自来水公司的订购率只有 25%，但在 1838

年，波士顿市已经接管了私营企业的资产，并承担了大量投资，力求取得更好的结果。它取得了成功，到1850年，在更合理的水价、更广泛的服务和更好的产品质量的综合影响下，订购率达到了近70%，并在1878年接近100%（Bartlett，1999，p. 24 – 25）。1848年，波士顿市市长小约西亚·昆西（Josiah Quincy Jr.）为水价政策辩护，然后宣称城市将会做到："将价格稳定在一个所有人都能负担得起的水平上。而所有市民，无论是否订购，在工程结束两年后，都将不得不通过缴纳的税款来弥补（水价和返回成本之间的）赤字。不论是经济层面还是公民层面，他们自然希望能从支付税款的义务中受益，因此，每家每户都倾向于从订购服务中获得该福利，使得工程一年的成本是收益的十倍"（引自 Bartlett，1999，p. 26）。当纽约市设定的水费无法弥补成本，需要利用债务来为收支差额融资时，它所依照的也是相同的逻辑。

1835年修建的克罗顿渡槽一直用到了19世纪末，纽约市才开始投资新的工程。民用工程局（Department of Civil Works，自1870年以来取代水利委员会）的工程师于1877年提议在旧水坝附近建造一座新的水坝，以控制克罗顿河的另一个支流，并建造两个新的拦水装置（"索多玛"和"大溪"），两者之间以水渠连接。1883年纽约市做出新项目的决定后，各项工程在征用土地和使用权的法律程序上花费了两年时间，于1885年开工，直到1892年才完成。这些工程的初步费用估计约为1450万美元。围绕克罗顿渡槽修建的一整套水库、水坝和拦水系统使城市得以在19世纪末永久储存700亿加仑的饮用水，每天可以为居民连续供应2.8亿加仑的饮用水，大约是旧渡槽在1837～1842年总和的两倍。这一期间，人类和动物种群缓慢而持续地增长，不断侵蚀克罗顿河流域的河岸线和自然湖泊，人们对河流污染的担忧也与日俱增。面对这种情况，纽约市决定启动一项积极的政策对水源和渔获物进行保护。根据《韦伯斯特法案》（*Webster Act*），从 1893 年开始，任何靠近水道、池塘或水库的资产都将被赎回或清理，以确保为城市提供安全的水源。

市政府再次利用公共债务为新修供水工程筹资，这使得政府在基础设施建设方面的负债更加严重。1886 年，纽约市政府负债1.26 亿美元，而当年预算只有 4910 万美元（不包括偿还借款的费用）。政府建立了一个分期基金，收入来自城市的商业活动，代替一般预算来支付利息和债务的主要部分。水费收入（245 万美元）是该基金会的主要收入来源，1886 年，该基金的总收入达到 1190万美元，但远不足以支付当年的贷款（2260 万美元），更不用说减少债务存量了。因此纽约市政府像美国许多其他城市一样，通过负债滚存为基础设施建设筹集资金，供水服务首当其冲。此举不会增加税收负担，因为税收负担无论从绝对价值还是相对价值而言都无关痛痒（1886 年财产税为租赁价值的 2.3%），在整个 19 世纪几乎没有什么变化（Ely，1888，p. 473 - 475）。

从 20 世纪初开始，纽约人口急剧膨胀，远远超出了曼哈顿岛的范围，两条渡槽已经不足以满足人口爆炸式扩张的需求。这就需要在更加困难的接入条件下，进一步改进水源获取的方式。城市北部仍然是突破口，当然也包括卡茨基尔山等其他集水区。此时开始建造的一系列新工程，后来被称为"卡茨基尔"系统，即一整套基础设施从更远的安波山流域抽取水源供给城市使用。这一堪称当时城市供水领域最雄心勃勃的项目令观察家们激动不已。工程需要挖通水渠，建造一个长度超过 90 英里的主渡槽，以及大型水库和众多道路拦水装置（Flinn，1909）。从 1905 年开始，这些新工程陆续引起各种社会反响。首先是农村的社区群体对市政府买山买地以及将水源收归国有的举措抱有敌意。城市最终说服了他们，并承诺使用部分基础设施为其供水（Soll，2012，p. 299）。这项工程几年后开工，1915 年，卡茨基尔系统的第一台设备投入使用。

这两个工程系统（克罗顿和卡茨基尔）为纽约提供了充足的优质水源，惠及从原始丘陵到城市化地区的所有地区。随着城市的扩张和发展，逐渐吸纳布朗克斯区、布鲁克林区和皇后区等郊区，市政供水把城市古老的供水网络整合成一个统一的系统，尽管布鲁克林区和皇后区的部分供水系统直到 20 世纪 20 年代仍然掌握在当地经营了几十年的私营小公司手中（Wilcox，1917，p. 550）。1920 年，城市人口扩至 600 万，卡茨基尔山区的水源供应发挥着日益重要的作用。纽约市政府在水源区购置新的土地和使用权，建设另外的工程。卡茨基尔系统在 1928 年实现了主要工程的竣工。上游的污染物处理点的建立有利于解决水质问题，在很大程度上保证了水质。

纽约市在供水系统投入巨大：1920 年，这座城市的资产估计能够达到 3.415 亿美元。每年收入刚好能够平衡支出，并偿还为克罗顿和卡茨基尔的工程而贷款的利息。1919 年，从订购用户方面获得的总收入达到 1500 万美元。支出分为：（1）370 万美元的管理费及维修和保养费用；（2）偿还两笔用于融资的贷款，分别为400 万美元和 710 万美元。刚好可以平衡收支，1919 年还有一点点盈余。值得一提的是，需要偿还的金额，即用于基础设施建设（大坝、水库、渡槽、水泵、管道）的金额占到了总金额的 75% 左右（Hayes et al.，1920，p. 16）。

后来（由于）曼哈顿公司倒闭，纽约便朝着另一个方向发展，即城市直接管理供水。市政依靠大规模负债的方式筹集资金，用以建设供水网络，补贴水费，促进用户群的快速发展。纽约迅速与私营公司划清了界限，而私营公司仅仅存在了几十年便消失在人们的视野之中。在这点上，纽约并不是一个例外。许多美国城市都有过相同的历程。

私营公司的退出

美国其他城市的情况如何呢？我们从美国独立后的情况说起。18 世纪末，自来水供给系统从一些新兴城市开始逐渐推广到一些人口不多的小城镇。美国的大部分地区仍然是乡村，95% 的人口居住在城市中心之外。19 世纪上半叶的城市化十分缓慢。1850 年，城市化率为 15.2%（US Bureau of the Census，1975）。这个阶段除了人口最多的城市——纽约已有超过 50 万居民，其他重要的中心城市（巴尔的摩、波士顿、费城、新奥尔良）的人口要远远少于里昂或马赛。

19 世纪下半叶，尤其最后 30 几年内，随着美国城市的规模和数量扩大，大部分城市都装备了公共供水系统。尽管如此，公共供水系统的普及相对有限：1800 年，在美国 33 个人口超过 2500 人的城市中，一半左右拥有集体供水系统。19 世纪上半叶的城市改善尚不明显：1800 年只有 16 个供水网络（在 33 个城市中），1820 年有 30 个（在 61 个城市中），1840 年有 54 个（在 131 个城市中），1850 年有 83 个（在 236 个城市中）。供水网络数量的发展确实不太明显，甚至相对倒退：1800 年的供水设施的配备率为 48%，1850 年减少到 35%。显然，新城市创建供水网络的比例要低于老城市。19 世纪最后 30 几年内，城市才不遗余力地装备供水设施。自此以后，对于大多数美国城市来说，装备供水装置才真正成为现实。1890 年，82% 的城市装备了公共引水和配水设施（Anderson，

1984，p. 213）。

在供水网络扩展的第一阶段（1800～1850年），费城和纽约的成就似乎在东海岸其他城市产生了涟漪效应，并引发效仿，随后影响了北美大陆的其他城市。第一批供水网络之所以引起广泛的兴趣，在于它们似乎对降低发病率和死亡率发挥了较大的影响。市政当局迫于民众压力而兴修供水网络，能够降低传播疾病和传播传染病的风险。另一个重要驱动因素是供水网络应对火灾的效率。火灾一直是北美大城市的心腹大患，对贸易、运输和工业领域活动，仓库、工业建筑及其存放的所有货物都存在潜在的影响。19世纪初成立的许多保险公司，会逐渐根据城市是否供水来设定它们的价格。还没有供水网络的城市，保险价格通常更高。市政当局（确保公共建筑的安全）和企业家们（确保商场、仓库和个人住宅安全）都可以获得潜在收益，这也是刺激供水网络发展和传播的原因。保险公司则更进一步：其业务涉及抗击火灾、资助购买消防泵或发放奖金给最为活跃的志愿消防部门和立功者（Anderson，1979，p. 339）。

当市政当局意识到建立供水系统的必要性后，他们倾向于将供水服务委托给私人公司。1791～1800年，仅在马萨诸塞州就成立了18家公司并颁发了执业执照。其中大多数规模较小，存续时间很短。它们的目标是给小城镇甚至不超过百人的小村庄供水。不需要任何技术含量（通常只要在水道上取水，建造一个小水库和埋一些木管），也不需要大量的资金投入。这些本地的小公司由城市或周边地区的企业家成立。马萨诸塞州并非特例。19世纪初的头几年，全国各地的私营自来水公司犹如雨后春笋般兴起：新罕布什尔州、新泽西州、康涅狄格州、南卡罗来纳州等（Blake，1956，p. 68）。据伯摩西·贝克的分析，1800年，在美国屈指可数的16

个供水系统中，15 个是私营公司创建的（Baker，1899，p. 15）。城市和公司之间签署的协议通常规定，公司负责资金、供水网络和装置（包括蒸汽机）的设计和建造，如此一来公司便能永久地拥有区域的使用权、各种税务和义务的豁免权、公共区域（安装管道的街道、用于建造水库和安装装置的土地）的使用权以及自由规定水价的权力（Anderson，1984，p. 219）。还有些条款规定公司可以将安装的消防水栓租赁给城市，使上述的有利条件更有吸引力，由此获得的收入基本足以涵盖最初因为扩展供水网络和安装基础设施产生的连续赤字。

一般来说，在美国大多数城市，私营公司可以得到市政当局和有相当势力的政治人物党派支持。即使在某些城市，选择私营企业一开始被驳回（尤其是费城），但是在 19 世纪的前几十年，私营自来水公司的运营通常能够得到有力支持，原因主要有两个方面：一方面，当地企业家可以利用地方政府的支持；另一方面，美国城市的政治力量集中在有经济实力的人手中。企业家、商人、小贩和统治城市事务的银行家都支持创建私营自来水公司并自愿授予它们特殊的豁免权。除了这些支持者之外：其他利益集团也联合推动公司的创建，比如房地产业主（希望增加他们的房屋价值）或保险公司（希望减少索赔金额）（Tarr，2002，p. 514）。

因此，私营公司在美国大部分城市首批供水网络的建立方面发挥了主导作用。然而，在整个 19 世纪，市政逐渐取代私营公司的地位，投入越来越多资金并直接参与管理水网。随着人口快速城市化和新城市的建立，供水网络的建设也稳步推进。截至 1850 年，私营公司仍占绝大多数（1850 年 83 个城市中有 50 个），到 1880年已经被公共自来水公司赶上（299 家私营自来水公司，与公共自来水公司的数目相当），之后在世纪之交时被全面超越。1880 ~

1924 年，供水网络从 600 个左右发展到近 10000 个，公共供水网络成为主流，不仅为新兴城区新建了大部分引水和配水系统，同时收购了私营公司仍在使用的上百个水网（Baker，1915，p. 279）。

表 11　公共/私营比重的变化（1800~1920 年）

年份	私营	比重（%）	年份	公共	比重（%）
1800	15	94	1800	1	6
1810	24	92	1810	2	8
1820	25	83	1820	5	17
1830	37	80	1830	9	20
1840	39	72	1840	15	28
1850	50	60	1850	33	40
1860	81	60	1860	55	40
1870	126	52	1870	116	48
1880	299	50	1880	299	50
1890	1070	57	1890	807	43
1899	1539	46	1899	1787	54
1915	1346	31	1915	3036	69
1924	2925	30	1924	6900	70

自来水网络数量和公共/私营自来水网络百分比。
资料来源：Anderson（1984，p. 213）；Masten（2011，p. 610）。

1924 年，公共自来水网络的比例达到 70%。这一比例在 20 世纪进一步上升，到 2003 年达到 85% 左右。值得一提的是，20 世纪 90 年代以来的一场运动导致某些市政当局退出供水直接管理而委托给私营公司。1997~2003 年，私营管理的自来水公司数量从 400 家增加到 1100 家，但相比全国 52800 个公共自来水公司来说，这个比例不算高（Melosi，2012，p. 52）。

19 世纪，大城市走在向公共供水体系转型的前列：相比其他城市，大城市倾向以更快的速度摆脱私营公司。1890 年时，私营供水公司还占大多数（勉强占大多数），但在居民超过 5 万的城市中 70% 的供水网络是由市政府直接管理的，到 1915 年私营管理供水网络已经完全退出了这些城市（Cutler et Miller，2005，p. 21）。如果把目光转向人口更多的城市，公共和私营之间的"拉锯运动"就更加明显：1897 年，50 个美国最大的城市中有 41 个（占 82%）转为公共供水，而从整个国家范围来看，公共供水的比例已经稍占多数（54%）（Wilcox，1910a，p. 398；Baker，1893，p. 56）。

类似的例子还有很多。1817 年，辛辛那提市授予辛辛那提制造公司开发建设供水网络的经营许可证。在得到俄亥俄州立法议会的同意并通过全民公投后，市政府于 1839 年买下这家私营公司。1818 年，匹兹堡市委托私营公司建立供水服务后，最终于 1826 年决定亲自接管供水业务（Tarr，2002，p. 513）。1831 年，圣路易斯市与两家当地企业合作成立了一家公司，公司获得了为城市供水的 25 年特许经营权。1835 年，为解决公司创办者的融资困难，圣路易斯城市注入新资金收购了这家公司的资产。1845 年，蒙特利尔市收购了从 1801 年就为该市服务的私营公司，即蒙特利尔自来水公司（Faugères，2004）。芝加哥在 1852 年做出同样的决定，收购了一家小型私营公司——芝加哥水力公司（Chicago Hydraulic Company）。巴尔的摩在 1854 年也如是。波士顿在 1851 年收购了还在服务城市的渡槽公司的资产。有些城市在私营转成公营之前犹豫不决或反复了好几次，比如新奥尔良市。

新奥尔良市的第一个供水网络是由本杰明·拉特罗布创办的公司于 1811 年资助和建造的。本杰明·拉特罗布因黄热病去世后，公司于 1820 年宣布破产，其资产于 1821 年被市政当局收购。1833 年，市政府将 35 年独家特许经营权授予一家银行，1869 年经营权到期后回购了公司的资产。1877 年将特许经营权再次授予另一家私营公司，这次是 50 年期限。市政府再次接管公共供水系统之前，与私营公司之间发生了多年的冲突和诉讼，原因是私营公司坚决不同意增加投资以改善水质和扩展供水网络覆盖范围，因为当时的供水网络尚未覆盖整个城市（Kolb, 2000; Culter et Miller, 2005, p. 19）。

如果将视线转向西部，尽管私营转公营的进程相对迟缓，但整个演变过程却基本类似。例如，旧金山市私营转公营的历史悠久而曲折，见证了私营公司的参与导致的不满与失望。1848 年淘金热后，旧金山市从一个只有 1000 名居民的小镇变成了一个超过 2 万人的名副其实的大都市。1856 年，它依靠第一家私营公司初步建立了供水网络。其他公司看到了发展前景，开始为一些街区服务，水源主要来自水井。其中有一家叫春之谷（Spring Valley Water Company）的公司，创立于 1857 年，以远离城市的天然水库（皮拉西托斯湖）为水源，开始建造为城市部分居民服务的供水工程，通过渡槽输送水库的水。1865 年，春之谷收购了主要竞争对手并成为城市唯一的自来水公司。城市与公司签署合约，确定了水的定价方式（每年由城市和公司共同委任 5 名委员商议确定，年基本投资回报率为 24%，5 年后降到每年 20%）（Jacobson, 1989, p. 16 - 17）。同时还载明合同开始 20 年后，城市在一定条件下，有权赎回公司（及其所有资产）。但是如同一个世纪前的曼哈顿公司一样，公司并没有将自来水服务作为主要发展目标。从 1864 年开始，银行家威廉·拉斯顿掌管公司后就从事其他纯粹投机性活动，与其原定的社会目标背道而驰。如同被黄金热吸引的其他人一样，威廉·拉斯顿是一个商业冒险家，他对开采金矿（内华达州的康斯托克矿脉）和金钱感兴趣，于是开办了一家银行（加利福尼亚银行），通过收集私人情报成功地操控了黄金的市价，名声大噪。他用这些收入投资了大量公司，从土地投资到电报业，其中还有保险业、铁路业及海运业，最终于 1864 年和他的一个贸易伙伴威廉·沙龙（William Sharon），把手伸向了春之谷公司。几年前，威廉·沙龙已经控制了弗吉尼亚城和金山自来水公司（Virginia City and Gold Hill Water Company）（Brechin，1998，p. 103）。

春之谷公司收购干旱田地，挖掘水渠灌溉之后转手卖出，从而沦为谋取利益的工具。选择截取水源的地点不仅要考虑其蕴含的水量，还要评估是否具有能使沿线农田升值的潜力（阿拉米达溪）。他们毫不犹豫地贿赂城市官员，董事会成员甚至通过转售水源牟取可观的收入。人们很快发现，威廉·拉斯顿的巨额财富是建立在一个金字塔模型之上，这个模型通过第一笔投入给第一批股东提供可观的收益，利用贷款购买自来水公司的目的之一是接济因无效投资以及可疑的投机行为而经营不善的银行。威廉·拉斯顿尝试与旧金山市协商出售自来水公司以及阿拉米达溪的使用权，但是还没等他来得及谈成这笔生意便于 1875 年宣布破产了。所有的财产转到了他的生意伙伴威廉·沙龙手里，后者借此机会成为自来水公司的新老板。旧金山市针对春之谷公司的服务提出了许多保留性意见，并在 1873 年第一次试图收购该公司，但以失败告终（Hanson，1985，p. 19）。19 世纪 90 年代，旧金山市发展很快。水资源不足和私营公司的服务引起很多批评和不满，春之谷公司一直缺乏足够的能力解决这些问题，于是旧金山市市长决定插手此事。1900 年，他指示市政当局投资一个浩大的工程项目：建造水坝拦截水源，并建造渡槽为整个城市及其居民供水。

这个项目以"赫奇赫奇"（Hetch Hetchty）命名，目的在于拦截图奥勒姆河到内华达山脉间的盆地水源，通过重力作用为旧金山每天至少提供 4 亿加仑的日常饮用水，如此一来可用水量增长了

10 倍。与此同时，还建造了一个水力发电厂。这是一个十分浩大的工程，足以与纽约的卡茨基尔项目相提并论（O'Shaughnessy，1922，p. 743－750）。1906 年 4 月 18 日的地震将旧金山市化为一片废墟，并引发了多起火灾。由于春之谷公司无力为消防公司救火提供足够的水，这一事件成为一次声讨春之谷公司的机会。旧金山市克服了无数司法和技术上的困难，虽然推迟了很久但最终完成了赫奇赫奇蓄水工程及其设施和基础设施的建设，从而将水输入旧金山市（1914～1934 年）。或者更确切地说，春之谷公司只是一个从城市批量买水再转售给订购用户的公司，它总是强力捍卫合同授予的权利，因此与市政府之间的关系十分紧张。旧金山市频繁抱怨它们的服务以及缺少资金投入来满足用水需求，法院常常需要处理有关水价的诉讼案件。1873 年以后，市政府在 1910～1928 年进行了四次收购该公司的尝试，但都以失败告终。这家公司拥有大量的资产，在供水行业处于垄断地位，指望从市政府收购中牟取利益。1914 年，双方同意以 3450 万美元的收购价格成交，这个金额约为公司年营业额的 10 倍，是根据公司的财产价值（基础设施、设备、供水网络）以及市政府希望购买的部分来估算确定的。但这次尝试和其他三次一样，公民有权对此次收购进行审查，并就收购问题在组织的全民公投中投了反对票。需要说明的是，根据当时的规则，城市收购公司必须得到三分之二的多数票。

　　第五次尝试终于取得成功。1928 年终于达到多数票，使旧金山以 3930 万美元的价格收购春之谷公司，并于 1930 年完成正式交接（O'Shaughnessy，1934，p. 62－64）。在整个过程中，市政当局进行了长达 50 年的斗争才得以收购公司，进而建设和投资公共供水系统，弥补私营公司的无效。在合同的约束下，旧金山市在对其极其不利的条款面前束手无策，除了在司法层面上进行争取之外别无选择，年复一年地受到不平等合同的制约，如果退出，合约就会作废，以至于无法根据自己的意志自由地做出选择。相反，这些合同条款对私营公司极其有利，因为它知道城市很难满足所有的收购条件，理所当然地以降低服务质量的方式继续业务，而且公司从出售供水服务获取的收益可以最低限度地覆盖支出。在1920年12月4日发布的一份为收购春之谷辩护的公众声明中，旧金山市市长小詹姆斯·罗尔夫指出公司净利润每年超过250万美元，但是这个数据受到公司的质疑（Railroad Commiss，1920）。值得一提的是，在这种类型的合同中，资产最后还是回到了私营公司手里，城市和订购用户使用供水网络需要支付两次费用：一次是水费（包括开发和投资费用），另一次是城市收购自来水公司资产的时候。

私营自来水公司显然不会接手从纽约途经新奥尔良或旧金山到达巴尔的摩的供水业务。这个现象在美国人口众多的城市中很普遍。19世纪下半叶私营企业为何衰落和剧变呢？在美国城市日益普及公共供水系统时，私营企业何以逐渐丧失了影响力？当然，我们已经指出，供水网络在组织和管理的选择上（公共/私营）首先取决于当地历史以及契合适宜的决策，发展的契机与背景和具体情况相联系。如果每个案例有独特的一面，其中必然也有共同的作用因素。在那些影响美国各个城市的决定和促进公共供水管理的因素中，腐败是一个很大的影响因素。

表12　1850年20个主要城市的管理模式

城市	1850年人口	水网建设年份	性质	当前状态（起始年份）
纽约	515547	1801	私营	公共（1840）
巴尔的摩	169054	1809	私营	公共（1854）
波士顿	136881	1798	私营	公共（1851）

续表

城市	1850 年人口	水网建设年份	性质	当前状态（起始年份）
费城	121376	1801	公共	公共（1801）
新奥尔良	116375	1811	私营	公共（1877）
辛辛那提	115435	1817	私营	公共（1839）
布鲁克林	96838	1853	私营	公共（1856）
圣路易斯	77860	1831	私营	公共（1835）
奥尔巴尼	50763	1835	私营	公共（1850）
匹兹堡	46601	1828	公共	公共（1828）
路易斯维尔	43194	1854	公共	公共（1854）
查尔斯顿	42985	1823	公共	公共（1823）
布法罗	42261	1826	私营	公共（1868）
普罗维登斯	41513	1871	公共	公共（1871）
华盛顿	40001	1819	公共	公共（1819）
罗彻斯特	32403	1838	私营	公共（1873）
旧金山	34776	1856	私营	公共（1828）
洛厄尔	33383	1873	公共	公共（1873）
芝加哥	29963	1842	私营	公共（1852）
里士满	27570	1830	公共	公共（1830）

资料来源：美国人口普查局（US Bureau of the Censun，1998），表 8 为人口统计，引用了不同来源数据以说明城市供水网络（创建日期、管理方法）；Rex et al.（1917，p. 129 - 164）et Foss - Mollan（2001，p. 21）。

地方性腐败

美国私营公司没有正面新闻的说法只是一种委婉的说辞。整个 19 世纪，随着美国城市数量和规模的增大，基础设施（水、卫生、街道清洁、垃圾清除、汽油、电力、有轨电车等运输系统）发展很快，在颁发公共市场许可证等领域，地方性的贪污腐败丛生。20 世纪初，私营公司操纵舆论，密切关注市政选举，引发供水网络私营管理的主要问题。1910 年，在德罗斯·威尔科克斯（Delos Wilcox）发表的有关市政特许经营的经典作品中开篇写道："在很多城市，野心勃勃的公司为了得到特许经营使用贿赂手段已经不足为奇，渎职几乎成为惯常犯法行为"（Wilcox，1910a，p. 4）。

当地政客和私营公司的领导者有着共同的利益，密谋从中获取个人利益最大化。前者在后者的慷慨贿赂下，动用权力向出价最高者授予许可证、特许经营权和公共事务合同，牺牲了社区和居民的利益。地方公共当局的信誉扫地，公民们认为当地执政者就是想为其成员及追随者牟取退休金，而不是做好保护和维护公众利益的本职工作。摘取大量腐败案件中的一些案例：1879 年，霍利公司（Holly Company）的负责人库欣（Cushing）博士在获得奥马哈市一个供水网络的建筑专营权后不久，被一位失意的竞争对手指控其收买了城市官员，库欣之后遭到逮捕、审判，最终因缺乏证据被无罪释放（《纽约时报》1879 年 8 月 22 日）。1903 年，大急流城（密歇根州）的市长和市议会成员承认在授予一家私营公司水管理的权力时收受了巨额现款，该公司的领导人和当地政客被判有罪并被监禁。当时所有的全国性报纸都报道了这一事件。类似的事件还出现在芝加哥市（1894 年）和圣路易斯市（1898 年）的铁路领域（Troesken，2006，p. 268）。

市政服务领域也存在腐败现象。美国许多城市建立了"政治机器"，用来维持某个执政党或者宗派的形象，将各种形式的反对派边缘化。他们在掌控政客、工会、企业、公共服务和地方行政联盟的基础上控制着公共或私人资源，用（金钱、工作、恩惠、市场以及对报刊进行控制、施压和舞弊）来建立并扩大客户群。他们经常依靠个人关系和族群团结（在纽约或芝加哥的爱尔兰人）开展行动（Bonnet，2010）。纽约坦慕尼协会的例子最为突出。我们也看到了，纽约市的这个"政治机器"，先后为阿伦·伯尔和克林顿提供背书。这个组织建立了一个庞大的代理人机制，利用包括市政招聘在内的一切机会收买选票（Wilcox，1910b，p. 68），并利用公共市场来赚取佣金。例如，其中爆发了一个重大事件：1872年，《纽约时报》揭露了一起涉及数万美元的欺诈事件，事关从臭名昭著的无良承包商处购买铸铁水管，然后以过高的价格转卖给公共工程。报纸报道这一事件后，提出要重新审查当时的腐败问题："以前的市政机构被爆出欺诈丑闻并不出奇。社会舆论已处于被动阶段，新的骗局正在逐渐成形"（《纽约时报》1872年1月19日）。

为了衡量腐败现象的程度，丽贝卡·美尼斯（Rebecca Menes）指出在1880~1930年，美国最重要的15个大城市中大约有一半普遍存在腐败问题（受到什么激励）。这个比例在1850~1880年似乎更低一些，只有四分之一的城市存在腐败现象，但此后腐败比例不断增加（Menes，2006，p. 66）。在这种情况下，人们当然不能指望市政当局采取公共或私人的有效措施和手段来确保对自来水公司的监管、监督和控制。关于私营公司，除了造成监管失败的一些通常的原因之外（信息不对称，缺乏技术、会计和财政经验），腐败的蔓延似乎是导致市政当局签订极其不平等的霸王合同的原因。

有关供水管理的合同具有如下特征：授予公司在服务区域的垄断权，但其必须尽可能地实现有关供水、配水、投资方面的目标，通常须与城市就水价问题达成协议。最后，它们在筹集资金、吸收公共储蓄方面受到严格监管。它们从长期合同（20年的合同比50年的更常见）中很难获益，但要终止合同条款却非常便利，甚至是过于便利。因为市议会不能单方面终止合同，市政府不仅在终止合同上受到制约，而且必须向私营公司支付一系列数额不菲的赔款。

这些赔款的金额根据签订合同时的具体情况而定，并且具有法律约束力，对私营公司极其有利。比如赔款是根据公司资产的价值或共同投资的总和（包括已经摊销的部分）而确定。赔款金额有时还会增加，增加的金额相当于股东在合同的整个期限内收到的预计股息（Wilcox，1910a，p. 411）。在计算讨论这些利益时（双方估计的数额不一致），必须由法院决定或由仲裁委员会裁定。当私营公司未能履行承诺或不希望按照市政当局的要求降低费率时，合同的其他内容将成为诉讼对象（Troesken，2001，p. 757）。这种情况经常发生：由法院裁定合同的有效期和可能终止的条件，显然不能令社会满意。在裁决出来之前，有时必须等待数年，所有补救措施都已用尽，并且没有机会单方面执行决定（降低收费、立即恢复服务），因为合同具有私法协议的所有特征。特别是因为市议会不是唯一决定停止私营公司活动和重新购买其资产的决策者。要获得批准，一方面必须得到州议会的支持，另一方面必须得到全民投票中多数（普通或有法定资格的）选民的支持。根据法律要求，如果市政当局未能征得选民的同意，那么合同的有效期和公司的运行都可以人为地延长。上面提到的旧金山市的案例就很有说服力。

我们也可以引用纽黑文市的案例，1881 年，在第一个 20 年合同的结束之际，市政希望接管私营公司的资产。仲裁委员会召集双方开会协商购买公司的价格。委员会提出的价格为 140 万美元（后重新评估为 110 万美元），但该公司组织媒体活动，宣称售价定为 180 万美元，因而对公投的选民产生了负面影响，他们认为必须对出售方案进行制裁。选民们拒绝市政府以这样的价格赎回私营公司的决定。市政府指责纽黑文自来水公司花费数千美元来影响大众、收买选票并传播虚假信息（Priest，1993，p. 319）。但是，由于选民反对收购公司，市政当局别无选择，只能与这家公司又签订了为期 10 年的合同。在 1902 年谈判和签署新合同之前，该合同将被续签两次，条款依然对公司特别有利（合同没有终止日期）。与此同时，私营公司的领导人与市政当局主要的新成员建立了非常密切的联系。反对派强烈反对 1902 年的合同，通过媒体和法庭，指责市、州代表们通过支持这家公司获利 4 万美元。这些申诉虽然被驳回，但反对派在随后的选举中成功地控制了市政府，计划有条不紊地、一劳永逸地解决与这家私营公司的纠纷（NCF, 1907, p. 120 - 135）。苦战很久……直到 1977 年，当地市政府终于收购了纽黑文自来水公司，此时距离签署第一份城市合同已经过去了一个多世纪（McCluskey et Bennitt, 1996）！

像纽黑文市或旧金山市这样的例子并不少见，这些城市有时要等上几十年才能摆脱私营公司，因为私营公司会采取所有可能的补救措施和金钱来人为地延长合同期限。这可能是私营公司更喜欢留在小城市而非大城市的原因之一。这些小城市可能不太倾向于参与司法程序诉讼，缺乏技巧、资源和影响力（Troesken, 1999, p. 931）。它们必须克服重重障碍才能回购公司的资产：获得议会的批准，通过公民投票获得居民的同意。此外，它们也没有足够的资源和债务能力来支付遣散费和/或解雇补助金。

总体而言，腐败是不合格的私营公司参与服务的强力引擎，具有左右公众舆论和全国媒体的效应，压制反对派的批评，是地方民主的主要挑战之一。1880～1900 年，在这种日益发展成为地方通病的做法面前，理查德·T. 埃里（Richard T. Ely）或者约翰·R. 康芒斯（John R. Commons）等进步改革者在市政公共管理的发展中处处碰壁（Glaeser, 2001；Fine, 1951；Commons, 1899）。总而言之，在这种不利的背景下，最好向公共管理转型，才更容易尽快地阻止腐败。"一家公司一旦通过政治庇护或者贿赂取得特许经营权或任何其他公共特权，在这些欺诈或者腐败行为的真实性很难被证实的情况下，可能就很难被清理出去。因此，它可以年复一年地继续以各种合法的方式回笼收入。市议会或公共工程部门形同虚设，即使付出艰巨的努力作为代价，也应该终结公司的暴利行为"（Baker，1899，p. 48）。

必须指出的是，这一时期（1880～1930年）被认为是腐败问题最严重的阶段，也是公共管理供水网络远远超过私人管理的阶段。对于那些首次装备供水网络的市政府来说，选择私营管理的难度非常大。关于私营自来水公司会成为一种贪污手段的怀疑和担忧胜过任何其他方面的考虑。特别是在这个"系统性"腐败和进步改革主义者思潮同时兴起的时期，他们都倡导市政接管供水管理，要求公共当局深入整改与其签订合同的公司之间的关系（Wallis，2006，p. 51）。这必然会使当选官员三思而后行，以便确保自己的候选人资格或者免受牢狱之灾。包括那些参与"政治机器"以及试图形成强大而持久的利益联盟的人，也必须在合理范围内遏制腐败，同时为民众提供基本的服务，还要防范时不时可能伸向市政的黑手。从这个角度来看，私营供水管理对"政治机器"来说不是一个好的选择：他们得不偿失。

供水管理是否比其他服务存在更多的信任危机现象呢？是的，毫无疑问。公众舆论、媒体和选民可能对一个被认为共同利益至关重要的领域中的渎职和腐败案件更为敏感。水对抵御传染病和对抗火灾都非常必要，对城市的运作、贸易和工业的蓬勃发展也是必不可少的。德洛斯·威尔科克斯评论说，私营自来水公司难辞其咎，是"无法忍受的暴政"的标志（Wilcox，1910a，p. 399）。在我们的讨论中也提到市政管理层在满足市民期望、降低价格、扩大网络和降低"水滋生疾病"引起的死亡率方面所具有的优越性。总体来说，这些论点有根有据。公共管理实行的价格大约要比私营公司的低 25%。1880~1920 年，公共管理促进供水网络更快地扩展到黑人和新移民居住的贫困社区，降低了这些人群的死亡率（Troesken，2001，p.750），最终吸引了更多的投资，特别是在过滤系统方面。

优先选择公共供水管理是不是一些经济学家所说的"异常"的现象呢（Masten，2011；Troesken et Geddes，2003）？我们是否应该进一步了解为什么美国市政当局几乎一致选择直接管理供水服务，但是让私营企业负责电力、燃气或公共交通领域呢？是否有必要引用其他的"经济学"解释论点（涉及合同的性质、执行合同的困难以及它们带来的诉讼风险）？即使这些因素存在并导致一些城市摆脱私营企业伙伴，但我们必须考虑后果而不是原因。在美国，有关供水合同的诉讼如此频发，是市政不满私营公司的行径采取自愿补救造成的。它们不是服务"市政化"的主要原因。私营公司（几乎）没有从美国的视野消失，因为它们无法在合同中获得投资盈利的条件。而且因为经济和法律风险太大，特别是考虑到技术发展或满足新的需求（现代化、网络扩展），必须谈判变更合同。不，那时美国地方性腐败盛行，一方面，导致市政当局同意不平等的合同（随后导致诉讼数量增加）；另一方面，永久取消公众舆论和地方决策者有关私营企业参与的选择。

公共管理的可持续优势

市政当局建立自己的供水网络（或从公司购买）的动机都很严肃，也具备相应的财政能力。在整个 19 世纪，宽松的负债规则是美国市政当局参与资本主义活动的必要手段。正如我们所看到的，从 1840 年开始，纽约市毫不犹豫地通过负债方式资助公共供水系统的建设。这种行为并不新鲜，因为从 1774 年以来，该市已经采取借贷来（暂时）解决供水问题，在美国已非个例。城市必须有条不紊地发展并满足相应的规划需求（公共建筑、公共工程、街道铺设、土地购置等）。此外，美国不断向外扩张，征服了西部的土地，建立新的州，联邦不断扩大。各个城市为了吸引人口、企业和商业，以及维持已有的成就，彼此之间相互竞争。最后，在联邦政府的干预仍处于初步阶段的环境下，城市必须独立承担各项支出，拥有现代化的交通方式（公路、水渠、铁路）和强大的银行机构，才能在商业圈中立足（Wallis，2005，p. 211）。一直到大萧条之前，美国各城市和各州都投入了大量的公共投资，1790~1842年是各州，1840~1933 年是各个城市（Wallis，2000，p. 62）。

城市不能仅仅靠居民、贸易、企业来直接获取投资的来源。税收压力太大可能会减缓城市的发展并使人们逃离城市。市政当局要通过依靠未来人口的增长与贸易和工业的预期发展来借款和信贷，以便减少当期的支付额。借款是对未来的赌注，能够将支出分摊到多个时间段，提前发展城市的基础设施需求。

1840 年以前，美国城市债务没有强制设置上限值：在还款能力和愿意承担的利率范围内，可以任意借款。1790~1841 年，各州和城市的借款都超过 2 亿美元，用于建设道路、运河，以及为其支持创建的银行提供资金。1840 年之后，随着许多负面的重大事件爆发，一些州出台立法限制公共债务。该立法并没有对基础设施的公共资金产生重大影响。相反，它扮演了一个动态角色：一方面，减少了城市和各州负债的机会；另一方面，这些约束具有保护作用，迫使地方当局遵循选择、控制和批准（通过公民投票）的程序，要求它们仔细确认支持的项目，正确评估项目的社会效益和盈利能力。地方公共当局还必须确保能够偿还所借的资金。

市政投资的动态效应在约翰·沃利斯（John Wallis）和巴里·韦加斯特（Barry Weingast）（2008 年）收集的国家层面的数据中得到证实。整个 19 世纪，尤其是在 19 世纪下半叶，地方公共债务稳定增长，市政府和州主要投资于基础设施建设。供水和配水系统在 1880 年的投资总额中位居前列，仅次于铁路。1905 年，供水系统仍然是美国城市债务的主要来源之一，或者说就是首要来源（Cutler et Miller，2005，p. 21）。

纽约供水服务的创建历史有什么启示呢？随着克罗顿渡槽的建设，纽约市直接控制了供水系统。它放弃了私营管理方案，自行管理项目（项目选择、规模调整、技术方案定位）以及配水网络的技术和商业的管理。这种选择在整个 19 世纪得到公认和巩固，直到今天还大行其道。怎么解释呢？可能有很多因素使公共管理模式在纽约和美国其他地方如此风生水起并持续发展。

随着人们有关卫生方面知识的提升和发展，供水管理对人们来说是至关重要、不可或缺的，事关人民的利益，将其委托给私营公司合适吗？这种担忧被曼哈顿公司所证实，它完全放弃自己的义务，将精力都放在银行业务这一实际目标上。这种错误的出发点，或者说为了私人利益将敏感的整体利益工具化，可能会对人们的思想产生持续影响，使其对随后在纽约和其他地方建立新私营公司的意图产生怀疑。不仅如此，曼哈顿公司还不愿转变社会目标，系统地阻碍城市的项目，阻挠城市结束法律纠纷，并推迟推出解决持续供水的办法。要知道，曼哈顿公司的供水业务和克罗顿渡槽的建设之间隔了近 30 年。在这 30 年，人口增长迅猛——1800 ~ 1830 年人口从 6 万增长到 20 万，贸易和工业不断发展，火灾风险增加，疾病（黄热病、霍乱）间歇性暴发。所有这些因素都迫切需要城市最终拥有足够量的优质水。我们可以想象纽约人的愤怒，他们强烈希望曼哈顿公司私营管理带来的不幸经历能够彻底翻篇。

　　纽约的历史看起来很特别，比如参与者的特点以及公司几乎没有（可以说承担）参与城市的供水网络的发展，但这并非例外。正如我们看到，社会目标错位、腐败、滥用签订的合同条款、人为地延长合同期限，等等，诸如此类的事情有时甚至会令人作呕。这种地方性腐败的状况，即使不是供水管理或私营公司所特有的，其结果也只能是地方决策者和公众舆论逐渐直至永久地将私营管理的选项排除在外。正是在这种背景下，地方当局借助 19 世纪下半叶起可获得的金融手段，促使公共管理突飞猛进并最终成为 20 世纪初的主要运营模式。自来水的基础设施投资和装备浪潮前所未有，席卷了全国各地。如果曼哈顿公司是一个反例，那么一些具有国家影响力的城市（费城、华盛顿）早期倾向于公共管理反倒可能会鼓励其他城市做出同样的选择。

第四章 奥斯曼时期的巴黎

1900 年，巴黎是继伦敦之后的欧洲第二大都市圈，在世界排名第三。这座城市在 19 世纪初已有 55 万左右的居民，此后发展非常迅速，地理区域也不断扩大。1901 年，巴黎的居民人数已近 280 万。其周边郊区经过 19 世纪不断地扩张之后，形成了巴黎大都市圈，从广义上讲，它是世界上最早的卫星城市群之一。巴黎市区变得密集、拥堵，周边布满了防御工事。它从市中心向四周扩张，边界不断囊括郊区、村庄和农田。从 18 世纪下半叶开始，巴黎的城市人口急剧增长。在人口涌入的同时，卫生观念也开始形成和传播，尤其是转化成了供水领域的新需求。城市居民使用的公共设施异常陈旧，就连建造于 17 世纪的最新设施（圣母院水泵），大部分也难以满足日常需求。像伦敦这样的大城市已经有了供水网络，巴黎在这个方面依然欠缺，不仅使它陷入尴尬的境地，而且也意味着，在城市现代化的基础设施——水渠方面，法国已经落后于主要的竞争对手。

政府寄希望于私营企业能够改善这种状况。但是在技术上存在争议，许多项目夭折，加上鲜有公司取得成功，迫使城市和国家亲自重新接管并资助这些工程：19 世纪初，建造了乌尔克水渠，并对供水网络的一些线路进行部署。然而，令人感到自相矛盾的是，巴黎中心城区及其郊区成为通用自来水公司这家私营企业在 19 世纪下半叶发展和扩张的跳板。这家公司财力雄厚，雄心勃勃，在竞争对手中脱颖而出，在巴黎及其郊区的发展中起到了辅助作用。政府负责决策、规划、运营和资助所有的供水工程，通用自来水公司负责管理供水服务的商业部分。在政企通力合作之下，巴黎的面貌焕然一新。从 1853 年起，杰出的人物奥斯曼组织制订了对巴黎市进行改造的发展计划。通过建立公共空间，创建新的交通道路，对公共及私人建筑设施进行改建、拆除和重建，发展大量的基础设施，奥斯曼在巴黎留下了不可磨灭的印记，一直延续到今天。他和欧仁·贝尔格朗一起，通过用引水管道从其他水源（迪伊和瓦纳）引水的方式，改变了首都的供水结构，同时避免了水污染。

这是对 19 世纪初军方发动多起暴动的回应吗（Hazan，2002，p. 146）？还是为了应对"危机四伏"（*craque de tous côtés*）的城市化、健康和人口问题（Roncayolo，1983，p. 74）？或是两者皆有？无论如何，奥斯曼的规划推动了大规模的城市改造，其指导方针包括以下几点：美化城市，增加城市的吸引力和声望，实现城市规划蓝图，提高（交易、货物和人员）流动性，高度重视市中心重要地标（如广场、喷泉和歌剧院）及日常通行道路（如火车站）周边的流通性（包括空气和灯光）。同时，道路要直通这些地方，房子要沿着大街或林荫道而建。新地块使老城区不堪重负，因而要提前规划好前景，扩宽通往市中心的道路，使交通更加便捷（Pinol et Walter，2003，p. 201）。城市的建设更有利于特权阶级和豪华大楼（大规模房地产开发的目标），工人、工厂和作坊以及制造厂逐渐转移到了郊区。

在一系列城市改造措施中，基础设施，特别是供水，扮演着重要的角色。巴黎需要大量的（且优质的）水来满足需求，缓解人口压力，保持观赏喷泉的运行，确保公园和花园的养护以及公共道路的清洗，使下水道保持运转。法兰西第二帝国欢迎私营企业像对待其他领域一样参与供水领域，而投资者在此领域中发现了新的商机。通用自来水公司就是在这样的背景下成立的（1853 年），并迅速成为法国领先的私营公司，其业务在 19 世纪末之前已经拓展到了国外。同时，作为法国供水领域的先驱和业务扩张模式的象征，通用自来水公司被其他公司（如里昂自来水和照明公司）所效仿。在英国和美国的自来水公司都失利时，通用自来水公司取得了成功。它跨越了 19 世纪，促进了私营管理供水网络的推广；同时，以巴黎为首的法国城市，逐渐取得了与欧洲和美国相同的发展成果：服务的普遍化，应用的发展，供水、公共健康和社会福利之间联系密切，追求利润与维护公共利益之间的矛盾难以调和。法国脱颖而出。巴黎及其郊区的发展表明，私营企业获得发展空间，要归功于制定了清晰的合同框架和公共服务代理机制，明确了政府和私营企业的角色和责任，并使私营企业的经营合法化。

佩里耶兄弟自来水公司

早在 18 世纪中叶，为了改善巴黎供水和配水的条件，许多企业家向市政当局申请提交了资料和方案。安托万·德帕西厄（Antoine Deparcieux）是其中之一，他是一位数学家，对液压研究感兴趣，建造了多台起重机。1762 年 11 月 13 日，安托万·德帕西厄向科学院提出了伊维特（Yvette）引水工程的建议，即从于维西（Juvisy）附近的伊维特河引水，供应巴黎的用水。因此需要建造一个水塔以及通往巴黎的引水渠，每天可以提供 1200 英寸的水（1 英寸的水大约为 19.2 立方米）。这项工程由巴黎市负责出资。

骑士克劳德·奥希龙（Claude d'Auxiron）也发起了一个并行

的项目。他提议成立一家公司，出资在圣路易岛（l'île Saint - Louis）的顶端建造消防泵，只要是通过这条水泵供水的巴黎家庭都必须付费订购服务（Auxiron，1765）。这是一场私营与国营、塞纳河水与泉水之间的较量：两个项目都在争夺巴黎的支持。奥希龙骑士对伊维特的水质表示怀疑，安托万·德帕西厄通过切实的分析研究驳斥了他。安托万·德帕西厄警告说塞纳河的水质状况不过关，建设消防泵必然需要巨额的开支，借机来否定对手的方案。这场争论一波接着一波，局面毫无进展，安托万·拉瓦锡（Antoine Lavoisier）受托考察这两个项目，对比各自的优点。在1769年的第一份报告中，拉瓦锡反驳了奥希龙骑士的论点，明确支持德帕西厄的运河项目：伊维特的水质并不差，即使是在霜冻的情况下，运河的流量也足以保证巴黎的供水；水中不会携带过量的泥沙，也不需要反复进行昂贵的管道清洁（Lavoisier，1769）。接着，在两年后写的第二份报告中，他详细估算了蒸汽机的建造和运行成本。

拉瓦锡起初表示，至少需要六台水泵，其中四台同时工作，才能为巴黎提供与运河供水量相当的水量。之后他表示，所需的实际成本比奥希龙骑士的预算更高，因为考虑到磨耗、惯性和消耗，提高水量需要的燃料（煤）的费用也会增加。拉瓦锡总结道：即使奥希龙的方案看起来低于运河项目的成本，但会带来极大的不便以及不确定性：烟雾的排放会给居民带来不便；煤炭的价格可能会上升，供应也存在潜在困难；同时机器可能会出现故障或中断（Lavoisier，1771）。因此拉瓦锡支持安托万·德帕西厄提出的方案。安托万·德帕西厄还得到包括伏尔泰在内的其他许多声名显赫之士的支持，但这个过程比较缓慢。伏尔泰在一封信中强烈支持这个项目，为巴黎当局缺乏对运河的兴致而感到痛心，他提到了伦敦出现的大好局面，抨击了商业界的行为。"这家公司对政府非常有价值，但它有 600 万英镑来支付所有的费用吗？对这点我深表怀疑。这些大工程将会落入百万富翁的手里；但是他们会为成功的不确定性感到不安，而工程也会拒绝他们。歌剧院的女孩们战胜了伊维特的水仙女孩；我希望能够将她们聚集在一起，两者可以兼得"（lettre du 17 juin 1768, dans Voltaire, 1817, p. 249）。奥希龙骑士提出的项目落选后，皇家当局详细考察了安托万·德帕西厄（那时已逝世）提出的项目。1769 年，他们派出两位桥梁与道路工程师制定了技术框架，并确定精确的成本。1775 年，工程师们得出结论，并估算出伊维特引水管道的成本（包括毕耶河水域）为 780 万英镑，最小日流量为 1500 英寸。但是巴黎缺乏可用资源或者足够的政治意愿来承担这笔支出，在如此庞大的工程上犹豫不决，没有采取后续行动（Girard，1812，p. 73）。

巴黎是不是受到雅克 – 康斯坦丁（Jacques – Constantin）和奥古斯特 – 夏尔·佩里耶（Auguste – Charles Périer）倡议的影响，更倾向于选择私营管理，从而减少市政公共财政的支出呢？1775 年，佩里耶兄弟提出组建一家公司来资助、建造和经营几个消防水泵，这些水泵能够从塞纳河提取 150 英寸的水配送到巴黎。作为回报，他们要求获得建造消防水泵的特许经营权，以及在 15 年内利用消防水泵来分配和出售水的权力。佩里耶兄弟不是液压工程师，他们主要是对机械学感兴趣，同时寻找蒸汽机的工商业用途。英国从 1725 年起就已经广泛使用蒸汽机了，但在法国一直很少使用。

1776 年，巴黎对该项目进行了审验，对这项倡议很看好，但并不打算放弃伊维特引水管道，认为仅依靠伊维特河的规模，就可以解决供水问题了。总而言之，佩里耶兄弟的方案只是最后的次佳方案，在没有更好方案的条件下才会被采用。如果巴黎成功完成了伊维特引水管道工程，而投资者又不要求任何补偿的话，佩里耶兄弟的倡议才会被采用（Girard，1812，p. 74）。1777 年 2 月 7 日，佩里耶兄弟获得了特许权证书。这意味着他们可以组建公司，在指定区域建造消防水泵，将水引向巴黎各街区，在自主确立的条件下，将水分配售卖给送水工以及个人，之后在确定的地点处安装地下管道，建造流道、污水井和观测孔。该特权从消防水泵的使用之日起为期 15 年，确保每天至少配送 150 英寸的水量。需要指出的是，这种特权仅涉及消防水泵的使用，不等于对城市水资源分配的垄断。

佩里耶兄弟自主筹集了公司开业所需的资金。他们于 1778 年 8 月 27 日成立了一家有限责任合伙公司——巴黎自来水公司，资本金额为 144 万英镑，分为 1200 股。1799 年，他们前往英国购买铸铁管和蒸汽机。佩里耶兄弟倾向于最新设计出来的新型博尔顿－瓦特机型（Dardenne，2005，p. 77）。这些机器损耗小，运行所需的燃料只有旧消防泵的四分之一，极大降低了整个公司的运营成本。前两个水泵安装在位于塞纳河下游的夏乐（Chaillot），远离市中心（位于现在的阿尔马广场和东京宫之间）。它们必须从塞纳河向四个水库供水（第一个水库装满，第二个水库空着，第三个水库用作沉析水的缓冲区，第四个用作储备）。水通过铸铁管道，再经过主街道上的几个直径较小的管道，最后通过管道送到巴黎市内圣奥诺雷区（Faubourg Saint‐Honoré）的住宅。以这些机器的预计供水量完全可以供应整个巴黎的用水。个人如果想在家中用水，每年必须支付 50 英镑的订购费用（第一年需支付 100 英镑）才可以得到每天一桶（274 升）的水，每两天在固定的时间点交付一次。夏乐水泵于 1782 年投入使用，1788 年又在格罗斯卡尤（Gros‐Caillou）建立了第三个消防泵，共同为圣日耳曼区供水。圣奥诺雷门、安廷街（Chaussée‐d'Antin）、圣丹尼门（Porte Saint‐Denis）

及圣殿路（rue du Temple）都安装了水泵。

当然，对于这种项目而言，基础设施的选址至关重要。夏乐水泵的选址至少受到三个因素的驱动。第一，选址必须在塞纳河附近不拥堵的地方，也不能影响河流通航。第二，水塔必须建在高地，与水泵相近。第三，企业家认为那些处于城市化进程中的街区能有更多的订单。这些街区没有老城区那么拥挤，吸引了很多的富人前来居住。他们首先将目光投向了右岸的圣奥诺雷区，然后是左岸的圣日耳曼区。佩里耶兄弟从来没有想过从液压角度来考虑水泵的位置。然而，将机器安放在塞纳河下游，一边位于巴黎主要下水道（右岸）的溢水口处，另一边是屠宰场（左岸），这对公司来说将是致命的。因为佩里耶兄弟公司建造的水泵会将污水和城市垃圾排入河中。特别是因为取水并不是在水流中间，而是在河岸附近，使从增压泵中流入水箱和引水管道的水的质量变得更差（Dardenne，2005，p. 125）。改善取水质量引发了资金方面的问题。

由于工程的扩大，佩里耶兄弟没有很好地控制住公司的资本，很快就被迫（从1781年开始，甚至在水泵投入使用之前）寻求新的资金。公司积累的初始资本已经耗尽，债务缠身，其中还包括以股份形式支付给国王的部分。佩里耶兄弟定期（1781年、1784年、1786年、1787年）成功地发行了新股，得到了新的资金，巴黎的供水项目激起了投资者的兴趣。佩里耶兄弟公司成为投机的目标。在1778～1786年的几年中，股票价值从1200英镑涨到了4000英镑（这个数据主要引用于1785年和1786年），而公司却无法获得第一笔利润。从订单来看，局势非常严峻。公司在1782年只有五个订购客户，销售没有达到预期的效果，业主对订购费用和水质问题存在疑虑。于是公司改变策略，转而销售桶装水，并决定建立商业性储水池。为此，公司收购了瓦谢特兄弟公司（frères Vachette）

名下的储水池（1785 年）。瓦谢特兄弟公司是其主要的市场竞争对手，显然是在无奈和被迫之下出售资产的，因此对佩里耶兄弟公司怀恨在心。"佩里耶兄弟公司得到政府的大力支持。在近三年的时间里，它不断打压瓦谢特兄弟公司，终于在 1785 年 2 月迫使瓦谢特兄弟在无奈之下不得不将价值百万英镑的公司以 15 万英镑的价格出售"（Vachette Frères，1791，p. 8）。但是这个新业务并未能抵消因订购用户太少而遭受的损失。

米拉波与博马舍的论战

社会对巴黎自来水公司的投机活动并非坐视不理。米拉波伯爵（Mirabeau）是一位律师和雄辩家，他在 1785 年同时批评了佩里耶兄弟公司、贴现银行和西班牙银行。他自诩为小储户的守护者，同时也是瑞士金融家——埃蒂安·舒波克拉维尔（Étienne Subclavian）的笔杆子，后者因 1785 年夏天巴黎自来水公司股票的下跌而成为投机的受害者。在 1785 年出版的一本小册子中，米拉波提醒投资者要当心股票价格虚高。在他看来，这都是"投机商"（agioteurs）制造出来的假象，并不能反映这个新行业的真实前景或者利润，以及公司今后就能取得成功。他认为，面向私人家庭的供水服务没有任何前途，巴黎既不是伦敦也不是阿姆斯特丹，这项活动只会让那些想要尝试的人破产，也会给巴黎市民带来麻烦和不便。对于佩里耶兄弟公司成功的可能性，他声称只看到了"错误，阴谋和欺骗"（Mirabeau，1785a，p. 4）。"冒失的一家之主！为了孩子，你们已经如此节俭［原文如此］！那些人让你相信，为巴黎水资源分配而建造的管道中蕴藏着财富！而你已经以高价将这个前景大好的项目纳入囊中！但是你想想，在任何时候［原文如此］，任何国家的投机商不正是利用这种不切实际的幻想大捞一笔呢！"（Mirabeau，1785a，p. 4）。这位辩论家谴责佩里耶兄弟公司缺乏账目和预算，要求其对支出金额远超于最初计划的原因做出解释，同时，他估计公司的运营成本要远高于公司的报告。这是支出方面。

在收入方面，他坚持认为没有人有义务去订购这项新服务，而且价格高于送水工的服务。米拉波还指出长期阻碍供水到户发展的困难。这个困难只能通过订水的方式解决，需要动用大笔资金。然而，如果希望这种水分配方式扩大并且普及的话，就必须将贫困家庭纳入进来，他们是规模庞大的消费者。但是，正如米拉波所指出的那样，对于这些家庭而言，订购的后续费用要比日常购买送水工的水的费用更难筹集。"大家都知道，那些拥有大量的小商人、经销商和日工的行业到底价值多少。他们中的许多人并没有花钱购买饮用水，而那些买水的人选择的是更贵的一日一付方式而非更低廉的一年一付；因为这笔钱在富人看来不算什么，对普通人来说却是一笔巨款：这些小钱经常可以在一年中生出更多的钱，甚至比他们工作赚的还多。哎！没有这些小钱，他们怎么维持生活呢？"（Mirabeau，1785a，p. 9）。

巴黎自来水公司的董事们收到这位辩论家的出版物提出的警告后，派出其中一位代表来回答这些问题。负责回应米拉波的是大名鼎鼎的博马舍（Beaumarchais）。他立即采取行动（从 1785 年 11 月开始），试图驳斥米拉波提出的所有论点，同时极力贬低他为自己树立的小储户守护者的形象。博马舍揭示其对手的真正目的在于：服务于埃蒂安·舒波克拉维尔公司的利益（他并未挑明），使巴黎自来水公司的股票信用和价格下跌，埃蒂安·舒波克拉维尔公司可以坐收渔利。简而言之，博马舍认为米拉波（和他的赞助商）就是他自己谴责的投机商。之后这位文学家还化身为会计师，指出米拉波的计算存在误差、近似值及不准确的地方，"含混而浮夸的语句意义不明，可以用于任何情形，没有任何意义"（Beaumarchais，1785，p. 704）。

博马舍为自来水公司的发展前景辩护。他认为用水正在普及，公司在不久的将来可以向巴黎的居民和商人出售更多的水，再用获得的利润来扩大其运营网络。他也认识到个中的困难，但他认为困难终究会被克服。他算了一笔获得新用户后的账，强调公司的用户一旦习惯了这种新服务，就再也不会离开。接着，博马舍回复了米拉波关于贫困家庭无法筹集足够的订购费用的批评。他指出，佩里耶兄弟公司从未想过将他们作为目标客户，公司为他们建立了免费的公共储水池。然后，他辩称佩里耶兄弟公司的业务具有终结用水短缺、为所有人提供优质水源的公共利益属性。"公司建立之前，在干旱和冰冻期间，许多郊区的水价会上涨十倍：穷人肯定会很节约用水；他们在夏天储存的水通常会坏掉，所剩无几；这样就导致了流感和疾病的发生。多亏了自来水公司，才杜绝了这些灾害再次发生：所有人都可能以极低的价格拥有充足而安全的自来水；为了吸引更多的人订购我们的水，我们编造过的唯一的谎言：就是向富人们证明，他们只要支付 50 法郎，就能得到价值 100 多埃居的水；穷人用一里亚（liard）的钱就可以获得两三个苏斯（sous）的水。如此一来，我们照顾到每个人的利益，把水送到了每个人的手中！"（Beaumarchais，1785，p. 715）。

博马舍似乎触动了一根敏感的弦。他对米拉波的讽刺马上得到了后者辛辣的回复。米拉波声称自己遭到了诽谤，对大家怀疑他为投机商服务感到不满，而他只是履行自己的义务：做一个良好的公民，相信政府，维护与埃蒂安·舒波克拉维尔之间的友谊（Mirabeau，1785b，p. 9 – 11）。然后，他对博马舍反唇相讥，"拙劣的双关语、乏味的讽刺、粗野的风格和极度的无知正是他的基本标签"（p. 13）。米拉波解释道，他并不像别人批评的那样，想要误导公众。博马舍的文章以及巴黎自来水公司的行为才是在误导公众。博马舍没有再对此做出回应，两人之间的论战逐渐趋于缓和。瓦谢特兄弟公司在 1791 年出版了一份与米拉波的文章内容相一致的报告，指责佩里耶兄弟公司传播虚假信息，发布虚假的利润与股息信息，以此来维持股价，保证公司和其他股东——国王及财政部部长卡隆内（Calonne）的资产盈利（Vachette Frères, 1791）。

从米拉波与博马舍的这场论战中可以看出，在公众/私人辩论中存在一个潜在的重要因素。辩论双方都想要说服对方接受自己所捍卫的个人利益，当对方摆出一副道德高尚、誓死捍卫公共利益的样子时，他们试图从这种以公众角度给出的信息与分析中找出对己方有利的东西。博马舍的立场是最难坚持的，因为他捍卫的是佩里耶兄弟公司的利益，但其部分论点却试图证明公司在盈利的同时，也在发展一种新的服务来满足普遍的利益，而这是无可置疑的，因为它将改善所有人的生活，并能够根据个人需求提供用水。博马舍试图突出公司提倡的社会效用，并赞扬那些选择支持这种工业活动的投资者非常果敢，如此一来，为了被公众接受并获得认可，公司业务必须立足于超出严格的经济和工业计划的层面，确保它有利于集体利益。否则，就像米拉波在他的小册子中试图证实的那样，公司的活动将受到质疑。公司拥有的特权会让人怀疑其与权力关系太过紧密，通过暗箱操作，扩大一些人（股东）的利益来损害其他人。

后续事件为米拉波提供了证据。佩里耶兄弟公司的收入无法弥补在管网创建过程中投入的大量资金，运行情况最好年份（1786

年）的收入连投入资本的十分之一都未达到（更不用说运营成本只收回了一半）（Vachette Frères，1791，p. 42）。原因在于，公司要与其他的供水方式竞争，尤其是送水工。由于担心自身的业务下滑，以及怀疑提供给水池和用户的水质，送水工联合起来抗议佩里耶兄弟公司的倡议。欧仁·贝尔格朗在之后写道："1850～1858年，我观察了（佩里耶兄弟公司）运行的那些机器，很难想象这些机器吸进去的水有多臭，管道里充满了各种粪便，尤其是荣军院下水道排入河中的粪便"（Belgrand，1877，p. 326）。佩里耶兄弟公司在重重困难中寻找应对之策。它试图购买多种保险来防范火灾风险（1786 年），计划购买圣母院水泵及与之接通的储水池（1787年）。爆发债务危机后，佩里耶兄弟公司于 1786 年和 1787 年发行了新股，用于金融抵押（偿还部分贷款，支付股息），旨在吸引其他储户，然而公司的业务仍然没有起色。最后，佩里耶兄弟公司宣告破产。

这个不幸的结果中断了引水管道项目。1785 年，让 - 皮埃尔·布鲁雷（Jean - Pierre Brullée）提出了一项位于巴黎东北部的伯夫龙（Beuvronne）河改道工程。1791 年 1 月 30 日，他获得了制宪议会的施工许可，必须在三个月内设法筹集到 1000 万法郎的资金，显然他不可能做到。与此同时，炮兵队前队长尼古拉·德费尔·努埃尔（Nicolas de Fer de La Nouerre）提出了建立一个引水渠修改和简化从伊维特河河面取水的想法，可以将施工费用减少到当年两位桥梁与道路工程师预算的十分之一。努埃尔宣布将承担这些费用，不需要政府出资。在经过多次延迟后，政府于 1787 年 11 月 3 日审议通过了这一协议。努埃尔的公司在发起一场募捐后，开始了这项工程，但项目的发起人很快遭到了布维尔（Bièvre）公会及引水管道所经地区居民的敌视。他们发表陈情书，警告当局水利工程师的行径只是一种贪婪的投机行为，丝毫不尊重他们的权利。国务委员会听取了这些抗议，于 1789 年 4 月 11 日下令暂停工程。这项工程再也没有恢复（Belgrand，1877，p. 312）。

乌尔克运河

在法国大革命期间，供水改善的问题又上升了一个层次。执政府时期重新开展了这些项目：瓦谢特兄弟公司建造了新的消防泵，M. 索拉齐和布虚（M. Solages et Bossu）公司提出了引水管道的解决方案。后者接管了让－皮埃尔·布鲁雷的项目，并对项目做出了显著的改善，特别是通过从乌尔克河调水取代本应建在伯夫龙的取水口。他们将建造一条从巴黎北部高地一直延伸到毕耶特（Villette）盆地的运河，这条运河不仅能为巴黎居民提供用水，也将有助于改善流经首都的河流的航行。为了获得完成这项工程所需的资金，索拉齐和布虚公司要求市政府无偿转让巴黎所有的供水工程和基础设施。在他们看来，运河所带来的水量足以证明这种处置方法是合理的。从规模来看，可能只有这个项目才能满足整个城市的用水需求，但是他们要求无偿转让公共财产要求的合理性以及动机仍令人生疑。万一索拉齐和布虚公司拥有了这些设施的所有权，不是全力去完成必要的运河工程，而是利用这种地位提高水价，从现有的机器和储水池渔利呢？

巴黎的自来水公司让人失望的近况，以及对引发新一轮投机行为的担忧，极度不利于公司的发展。最后，将整个问题交给公共当局来解决可能是一种更明智的做法，如果成功的话，整个社会都将获益。"这项花费市政收入的公共工程如此重要：因此，个人联合体必须退出这个项目，将其利益让渡给公共利益；还要考虑公司股东的利益，保证每一位股东的正常生活水平，否则他们就不会将重点放在缩短工程的工期和保证工程质量上，而是尽可能地提高投资资本的利益，加快本金回收的速度"（Girard，1812，p. 110）。除了这些原则性问题之外，还必须验证这两个承包商的计划和测绘是否准确和可行。然而，巴黎市的工程师发现，工程的起点与终点之间的高度差不足，坡度计算错误，路线没有按照技术规则进行设计，根本达不到预期的水流量（Graber，2009，p. 255）。

尽管如此，运河项目还是获得了政府的支持。政府对运河的线路和规模进行彻底审查后，采用了新的资金提供模式，公共资本逐渐取代私人资本。1802 年 5 月 19 日，政府通过了一项法令，决定开挖一条从乌尔克运河通往巴黎的运河。运河的私人开发商向第一执政官提出抗议，但无济于事：国家将通过开增一项新税收来承担与建设工程有关的费用。这项征收权力根据当时的情况而设立，对进入巴黎市场的葡萄酒产生了冲击。巴黎市政府负责这些工程，由桥梁与道路工程师进行施工。皮埃尔－西蒙·吉拉尔（Pierre－Simon Girard）被任命为施工经理，一直到 1817 年才卸任。1808 年，拉维莱特盆地引水成功。该运河长 96.6 千米，于 1813 年开始作为一条内河航道运营，但此时仍未竣工。这项工程因为拿破仑帝国的衰落而停止，在波旁王朝复辟期间难以继续，国家和巴黎市已经没有足够的资金来完成这些工程。在拿破仑战争结束时，公共财政的资金水平处于历史最低。巴黎市债务和借款缠身，当这些债款还清之后，工程所需的经费已经涨得太高了（Crespi Reghizzi，2012，p. 9）。

由于无力承担债务，政府决定将项目交给私营企业。1818 年 4 月 19 日，瓦萨勒（Vassal）和圣迪迪耶（Saint－Didier）两位承包商与国家签订了特许经营协议。根据协议条款，瓦萨勒和圣迪迪耶公司承诺在四年内完成运河的建设并进行维护，使其成为一条航道，同时每天免费向巴黎市输送 4000 英寸的水。作为交换，该公司将获得运河所产利润的收益权及航运权，时限为 99 年。此外，巴黎市还向公司提供了一笔 750 万法郎的款项，用于资助部分工程。公司同时还必须建设完成两条运河，延伸接通乌尔克运河。第一条为圣马丁（Saint - Martin）运河，于 1821 年转让给瓦萨勒和圣迪迪耶公司：它连通毕耶特盆地和塞纳河（靠近阿森纳港），能够让水流与水上运输深入巴黎。第二条为圣德尼（Saint - Denis）运河，它在乌尔克运河和巴黎下游的塞纳河湾之间建立起连接通道，仅用于水上运输。这项工作尚需几年的时间才能完成。直到 1825 年，即项目开工后的第 23 年，乌尔克运河（包括圣马丁和圣德尼运河）才完工（Girard，1831，p. 174 及后页）。为了将水引入巴黎并进行分配，又建造了两条输引水管道：第一条始于毕耶特盆地右岸，向西到达蒙索（Monceau）水库（带状引水管道）；第二条从圣马丁运河延伸出来，穿过塞纳河以及左岸的两个水库（圣维克多水库和拉辛水库，靠近奥德翁），一直到达东部（巴士底狱）。

　　乌尔克运河为巴黎提供了充足的水，弥补了现有技术的不足之处，开启了巴黎供水的新篇章。运河每天带来 4000 英寸的用水，使巴黎的供水能力提升了十倍。其中一半的水用以满足城市的需要（地标性喷泉、路面及下水道的清洗、公共机构和收容所的供水），另一半用于居民用水。此前，算上佩里耶兄弟公司的消防水泵在内（这些消防水泵一直到 19 世纪中叶还在运转），巴黎人每天从这些水利工程中能获得 399 英寸的供水，约 7660 立方米（Belgrand，1877，p. 378）。

表13 巴黎每天供水量估计

工程	英寸	立方米
圣热尔维	7.6	146
贝勒维	5.6	108
亚捷	36	693
莎玛丽丹泵	17.1	329
圣母院泵	45.6	875
夏乐泵	217	4166
格罗斯卡尤泵	70	1344
除乌尔克运河以外的运河	99	7661
乌尔克运河	4000	76800

资料来源: Girard (1812, p. 295–305); Belgrand (1877, p. 378)。

随着乌尔克运河的建设,政府设立了市政自来水部门。根据法兰西第一共和国第11年牧月6号法令 (le décret du 6 prairial an XI) (1803年5月24日),巴黎市拥有一切水利设备、结构及基础设施的所有权,将"新旧水域"(包括旧的供应设施和乌尔克运河)归并为一个部门,由巴黎市政厅掌控,巴黎市出资,桥梁与道路工程师管理。这项法令后于1807年9月4日修订。尽管市政府是动荡期(1760~1790年)的大赢家,见证了这一时期许多项目和企业的失败,尽管它为乌尔克运河——这个日后将成为巴黎水分配网络的工程投入了第一笔资金,私营企业可能参与供水管理这一问题依然会很快回到人们的视线中。

私营的尝试

1814年,新河公司的工作人员——英国工程师米尔恩 (Myln) 被派往巴黎收集水资源分配方面潜在的机遇信息。在与公司代表李斯先生会合之后，他们以新河公司的名义起草了一份协议草案，最终于 1817 年形成了一份正式的提案，但一直未得到批准。政府在两种选择之间犹豫不决：给予全部的特许权还是签订一份简单的工程合同？由于未能做出决定，塞纳省省长，同时也是桥梁道路工程师的夏布洛·德·沃尔维克（Chabrol de Volvic）伯爵，在 1823 年决定前往英国。

返程后，他坚信必须号召私营投资者分配和销售从乌尔克运河供应给巴黎居民的那 2000 英寸水。他给出两方面的原因：一方面，他不希望政府承担与这项工程有关的费用，因为政府无力承担；另一方面，他认为私人投资者能够更好地开展供水订购的宣传工作。"最后，一个不争的事实是，在产品的销售上，政府永远无法拥有与私人公司相媲美的手段和资源来展示出产品的最大价值，私人公司才能使订购供水的人数不断增加"（Chabrol，1825，p. 16）。省长还是按照项目招标的原则，于 1824 年派巴黎自来水工程师查理 - 弗朗索瓦·马累（Charles - François Mallet）前往英国收集潜在的有用信息。"在了解相关经验之后，根据英国的供水系统，撰写项目计划书"（Mallet，1830，p. 10）。马累在英国待了几个月，走访了英国的几个城市，会见了伦敦私营公司（大枢纽、新河）的工程师。他带着草案回到了法国，制定出一份巴黎水资源分配网络的规划，这一规划很大程度上受到伦敦大枢纽公司的影响，并预测了所需的费用（2200 万法郎）。这个水资源分配网络既能为城市服务（市政府的需要），也能为个人服务。接下来就是在巴黎建立一个供水体系的问题了，即将水分配到居民家中。

最终的草案于 1826 年 2 月完成并提交给桥梁与道路工程师委员会。经过长时间的讨论后，委员会修改了该项目中最重要的部分内容。委员会决定用塞纳河的水取代乌尔克的水来为私人提供用水，而乌尔克运河的水将继续用于城市服务。两个系统各自独立，一个为"公众"服务（用于城市），一个为"私人"服务（用于居民），这是巴黎供水的一个显著特征，一直延续至今。这种选择可能是出于资金和技术方面的要求。不得不说，如果乌尔克运河在1827年完工，与其配套的巴黎配水工程项目仍在建设中。工程的位置毫无疑问会引发质疑，它们的能力太有限，无法在巴黎发展出一个像英国那样的网络。在这种情况下，除了彻底检修所有设施外，很难使用乌尔克的水来供应巴黎居民（"私人服务"）。难以想象，巴黎已经花了大量经费（3840万~4950万英镑）用于建造运河及其配套设备（Crespi Reghizzi，2012，p. 13）。因此，必须考虑其他办法，同时尽量充分利用已建好的基础设施。于是，出现了构建两个供水系统用来满足不同需求的想法。这意味着要寻找一个替代方法为居民供水建造网络。多亏有了性能好而价格低的新型蒸汽机，所以可以选择从塞纳河引水（Chabrol，1826b）。随后采用的解决方案就是用新机器替换仍在运行的旧增压泵。公共当局认为他们找到了一种快速而经济的方式将水输送到巴黎居民的家中，即私营企业和重新启用蒸汽机两种方案。

考虑到这些变化以及在1829年起草并由省长夏布洛通过的一套新规范，项目招标合同进行了修改。与潜在投资者，特别是新河公司的谈判仍在继续。根据1829年12月23日的皇家法令，巴黎市有权进行招标，将其设备和水利基础设施（除了运河）转让给私人投资者并授予其99年的管理权。作为回报，投资者将负责管道系统的施工及维护，并要每天向巴黎居民输送2000英寸的水（必须覆盖整个城市）。水将从塞纳河抽取，乌尔克运河则用于向"地标性"装饰喷泉供水，并满足城市的需求：街道喷水、消防等。

投资者还将负责完成乌尔克运河水分配所需工程的建设和维护，每天要从塞纳河向巴黎无偿输送 300 英寸的水，用于公共喷泉和公共设施。此外，投资者出售塞纳河水的价格不能超过每英寸5000 法郎。这个价格远远低于居民为送水工所支付的每英寸超过 3万法郎的价格（两桶水的价格为 10 生丁）。最后，规范还规定投资者至少要上交 10% 的售水收益给巴黎市，出价最高者中标。尽管据雷蒙·杰涅（Raymond Génieys）的说法，巴黎自来水部门努力试图说服潜在投资者相信这家公司有利可图（Génieys，1830），但这些候选投资者依然保持观望态度。新河公司自 1817 年合同拟定阶段以来就进行了广泛的讨论，最终决定退出招标。招标最终宣告失败。

由于缺乏更好的选择，自来水服务仍然由巴黎市管理。但是，私营管理这一选择也没被放弃：从 1834 年开始就制定了一套新的规范，一些来自英国的候选投资者已为人所熟知（先是新河公司，然后是银行家蒂莫西·亚伯拉罕·柯蒂斯）。谈判仍在继续，但与新河公司的讨论在 1836 年以失败告终。政府转而与柯蒂斯达成意向，最终于 1837 年 12 月达成一项协议草案。这位银行家涉足很多业务领域，主要是适用蒸汽机的相关行业（长途海运、矿山、铁路）。毫无疑问这是他对巴黎供水项目产生兴趣的原因。之前的招标程序再次进行：99 年的期限，政府授权私人投资者可以根据自身需要进行塞纳河水的生产、分配，以及将自来水销售给居民，同时还要维持市政部门使用乌尔克河满足城市需求的权力边界。不过，巴黎市吸取了 1830 年项目失败的教训，放宽了合同条件（价格、数量、收入分成）以吸引新的投资者候选人（Préfecture du department de la Seine，1837）。但是，在签署条约之前，投资者必须提供 200 万法郎的保证金，以证明其有能力为这个项目筹集到初步的资金。显然，蒂莫西·亚伯拉罕·柯蒂斯最后没能筹到这笔钱，合同也未能签署。

1820~1840 年，政府一直在努力吸引私营公司来建立和运营一个可以与伦敦相媲美的供水网络（Chatzis，2010）。巴黎市、塞纳省省长和自来水服务部门都没能完成这两个计划。新河公司 20 年来一直是项目看好的对象，公司的经验、财务状况以及投资能力都符合条件，但它并没有采取行动。我们可以做出假设：该公司在 1820~1830 年巩固了在伦敦的地位，并在价格战后很快获利，它在开始一个新项目之前肯定会很犹豫，因为如果将业务集中在伦敦的话，公司可以发展得更好。从 1840 年开始，巴黎开始考虑另一种选择。总而言之，这只是一个退而求其次的方案。

公共储水池而不是家庭供水

政府仍然不愿意承担债务并为基础设施建设提供资金，因此不得不重新考虑放下其供水和分配上的雄心。这一时期，主要的工程似乎也要完工了。当局试图改善现有的状况。乌尔克运河从新支流克利翁（Clignon）的水流受益，流量从每天 4000 英寸增加到 5500 英寸（1841 年）。自来水部门还决定资助在格勒奈尔（Grenelle）建立自流井。经过几年艰苦卓绝的工作后，该井于 1841 年开始投入使用，但每天仅产生 600~900 立方米的流量（Figuier，1862，p. 101），没有增加多少可用水量，也未能使水分配系统出现任何显著的变化。

于是，政府放弃了建立家庭供水系统的想法，而选择建立一个公共水管网络。1830~1850 年，这种网络逐渐进入巴黎的各个地区。为什么做出这种选择呢？因为巴黎不想负责新的供水工程，但是这种工程对供应居民用水来说又是必不可少的，乌尔克河及塞纳河的水量显然不够，无法满足需求和消费的未来发展。这些公共储水池为家庭提供免费取水，并流入现有管道中：公共储水池为个人及送水工免费提供取水，而商用储水池为送水工提供有偿取水。这两种储水池在巴黎存在已久，但它们的数量在减少。这些储水池很快就取得极大的发展：储水池在 1823 年有 124 个，1839 年有 1020个，1842 年有 1158 个，1853 年有 1779 个（Bocquet et al.，2008，p.1824；Cebron de Lisle，1991，p.178）。供水仍然是间歇性的：夏天三小时（供应三次，每次一小时），冬天两小时（供应两次，每次一小时），霜冻或下雨期间不供应。不过可以在解冻期间或需要灭火时增加供应量。

　　与此同时，巴黎的工程师们正在延伸那些为公共供水而安装的线路，依靠先前开发的部分供水网络，特别是巴黎自来水公司的网络，创建了一个初步的家庭供水网络。但是这个家庭网络发展速度很慢，订购数量很少，而且工程进展非常缓慢。1840 年只有 1793 名订购用户（1833 年为 862 名），而当时巴黎的人口总数约为 90 万，分布在不到 3 万座楼房和住宅中（Cebron de Lisle，1991，p.190）。1854 年，住宅的订单增加到 6229 户，其中 1165 单来自商业或工业机构，137 单来自公共浴室，102 单来自洗衣房（Haussmann，1854，p.47）。1854 年和 1839 年一样，订单所获利润不足以抵消供水服务的运营费用。必须要说的是，密集的公共储水池和送水工的工作形成了激烈的竞争。富裕的业主和房客使用送水工从商业储水池取来的水，也使用供家庭用的过滤水，还使用井水清洗庭院和浇灌花园。平民从公共储水池中免费取水。因此，订水服务的主要受众认为他们不需要家庭供水。租户、穷人或富人，都有其他办法来获得用水，即使这种方法不是最方便的（Figuier，1862，p.151）。此外，订购的供水服务并不完善。到达用户家中的水在白天都是间断性地在某一时间送到，晚上从不供水。由于缺少合理的流量表，装有免费水龙头的居民只能估计用水量，装有仪表阀的居民家的水量会受到限制（安装棱镜以调节流量）。[①]

自来水部门领导亨利－查理·艾默里（Henri – Charles Emmery）坚持认为增加订购用户存在很大困难：业主倒不是因为订水的价格而犹豫不决，"因为一分价钱一分货"，但要承担所谓的初装费用，他们就犹豫了，这些费用包括铺设从巴黎管道到达业主家中以及房屋内的私用水管的所有开支。这些成本可能很高，并且从公共线路到住房的安装距离越远，费用就越高：130～190 法郎（最远距离达 25 米），相当于一年的订购费用，而且根据建筑的构成及规模，费用会有很大的不同。巴黎的工程师整理出完成这些工程所需的最高价格清单（由私人承包商完成）并将其公布给潜在订购用户。这还不足以让业主动心。当城市检查员进行宣传时，必须抓住最能够刺激消费者的点……"这种做法必须一步到位；在顾客对随处可见的宣传单已经习以为常的时候，必须（以极快的方式）抓住他们的渴望以及偶尔的心血来潮"（Emmery，1840，p. 170）。订水以及与其的相关问题（上门推销、收集账单、消费水量的争议和纠纷）将长期存在，与其他卖水方式的竞争尚未消退。必须支付水费的观念还没有深入人心，例如根据水的使用情况，不再采取分期付款，而是采用一次性付清一年的全款，类似于现金垫款的方式。即使只用了一升的水，订购家庭供水服务也比送水工的服务便宜得多。米拉波在 1785 年指出，许多巴黎人难以筹集到订水所需

---

① 这些流量表于 1880 年开始普及，并于 1894 年强制性要求新订购用户安装。见 Chatzis（2006）。

的款项，这一说法可能在 50 年之后仍然具有现实性。无论是为房屋的首次建设施工而付费的小业主，还是除了租金之外还要交订水费的租户都是如此。正如我们所看到的，订购用户的增加、服务的提高及接入建筑物中，都是公共供水服务正常运作的必要条件，甚至还要支付工程的维护费用，甚至还要偿还一部分投入的资金。

奥斯曼的推动

　　情况在塞纳省省长奥斯曼男爵和巴黎市自来水局局长欧仁·贝尔格朗的推动下发生了变化。欧仁·奥斯曼于 1853 年被任命为省长（任职至 1870 年 1 月），他对巴黎的用水状况感到震惊。"在 1852 年，自来水部门几乎完全依赖乌尔克运河和带状引水管道延伸到巴黎市内，每天供应 10.5 万立方米的水：水会冬冷夏热；在任何季节都很浑浊，水质很差。夏乐、格罗斯卡尤和圣母院大桥处的老旧机器额外从塞纳河抽取 7000 立方米的水，水质会好一点，但洪水时会更加浑浊，并且总是携带着垃圾。亚捷水库从兰吉引水：供应 1000 立方米的净水，水质清澈，但也带有石膏味。贝勒维和佩圣热尔维流出的水源倒是很充足，但是水质较差，不足以用作饮用水和家庭用水，只能由莫布埃（Maubuée）水库加以补充。最后，格勒纳耶的自流井提供 600 立方米的水，非常纯净，但是水温高达 26℃。这样，巴黎原来的所有水源在 24 小时内提供 14.2 万立方米的供水"（Haussmann，1890，p. 514 - 515）。应该指出的是，奥斯曼估算出的总水量远高于这些工程的实际输水量。他可能把夏乐的两个新水泵的输水量也算进去了，而修建这两个水泵是为了替换旧水泵，它们分别在 1853 年和 1854 年才开始投入使用。实际上，在 1850 年，每天可用的水量几乎不超过 11 万立方米。

巴黎的水质极差，流量不足以满足巴黎人的需求。由于水源的位置及流入巴黎的入口高度，无法满足在城市的所有地区进行分配。因此，某些处于一定高度的居民接收不到乌尔克的水，而且大多数时候，城市大部分地区的高层建筑都无法接通水管。这样一来，巴黎不可能与其他欧洲国家的首都进行竞争，省长设想的城市转型和美化工程也难以实现。伦敦的发展先例一直印在人们的心中。在 19 世纪 40 年代拿破仑三世流亡伦敦时，就对英国首都的面貌感到震惊。他从中获得灵感，并从伦敦对公共卫生和解决城市拥堵的讨论中产生了新的想法。克劳德·朗比托（Claude Rambuteau）在任塞纳省省长的 16 年间（1833～1848 年），为了研究英格兰公共生活区和城市的发展，也曾于 1845 年对英格兰进行了正式访问（Colas，1997）。1832 年霍乱疫情（之后是 1849 年）的暴发使人们丧失了信心，也促使当局下定决心进行城市转型，降低中心城区的密度，确保巴黎的供水质量。1846 年，克劳德·朗比托省长启动 5000 万法郎计划，建造市场并对人口密集区的几条马路进行拓宽和延伸（Pinkney，1955，p. 130）。这个项目在 1848 年的革命中夭折。

奥斯曼工程就是在这种背景下开始的。拿破仑三世直接参与了城市规划事务，甚至制定路线图的初步草案作为未来工作的起点。时任吉伦特省省长的厄热·奥斯曼被任命接任塞纳省省长，负责执行城市转型的设想。与此同时，1853 年 8 月一个名为"巴黎美化"的委员会成立。它负责详细研究拿破仑三世制定的主要方针。委员会由三位男士组成：亨利·西蒙（Henri Siméon）伯爵、瓦尔米（Valmy）公爵和路易斯·佩里库尔（Louis Péricourt）公爵。亨利·西蒙是整个工作的核心人物，于 1853 年 12 月 27 日发表了一份报告。在突出创建通用自来水公司的主导作用时，他还会被提及。在该委员会第一版报告（西蒙做了大量改动，形成最终版本）的引言中，叙述了拿破仑三世追求的各种目标："皇帝希望巴黎成为世界上最美丽的城市。他希望整顿人口拥挤和交通困难的旧街区，清理铁路周边，全方位打通主要交通线路，缩短距离，这样，一旦发生叛乱，就可以立即镇压，恢复公共秩序。他希望皇帝的宫殿可以早日竣工，改善工人阶级的居住环境，可以比生活在拥挤的环境里时更愉快、更舒适，宽阔而丰富的市场能让他们降低生活成本（引自 Casselle，1997，p. 653–654）。因此，"巴黎美化"委员会进行了一项工作，即确定要建立的交通线路，对线路进行测量，建立大桥、公园和公共纪念碑等。委员会也很关心巴黎与其郊区之间的联系，并建议扩大首都的边界，建立新区。

奥斯曼并不看好该委员会的工作。委员会独立于市政部门，听从亨利·西蒙的指挥。亨利·西蒙立志要成为塞纳省省长，暗中与奥斯曼较劲。奥斯曼密切关注委员会的进展，一直到 1853 年委员会被解散。奥斯曼在他的回忆录中，试图抹杀"巴黎美化"委员会对拿破仑三世思想进行转化、提升、组织和实施等研究工作的价值。他写道："我再也没有听到过有人谈论巴黎美化委员会。这个委员会因缺少资金而解散，除了某些成员因失去职位而感到失望外，其短暂的存在没有留下一丝痕迹与叹息。它的诞生从没有引起巴黎民众的注意，它的黯然消逝也没有得到巴黎人的扼腕叹息"（Haussmann，1890，p. 57–58）。

奥斯曼所推动的城市改造政策雄心勃勃。1853～1869 年，他的计划导致了超过一半的巴黎建筑物被拆除（30770 个建筑物中拆除了 18000 个），改变了巴黎 60% 的市貌，新建了多个建筑物、公共场所、新路线及基础设施（包括地下设施，如供水网络和下水道系统）。在不到 20 年的时间里，总共花费了 25 亿法郎，相当于

1851 年巴黎市年度预算的 44 倍（Pinkney，1958，p. 45），其中 14 亿英镑用于城市改建计划。当然，这么一大笔费用并不是由政府支付的。当然少不了公共贷款，但最主要还是来源于私营金融机构支持的金融工具（工程基金、委托凭证），巴黎的改造才得以进行。奥斯曼的城市改造政策在民众的推动和私营金融手段之间建立了紧密联系，它为房地产投机和银行盈利提供了契机，如 1852 年创建的"法国地产信贷"（Crédit foncier）和"动产信贷"（Crédit foncier）。奥斯曼下台后（因遭到尖刻批评，尤其是朱尔斯·费里在 1868 年出版的一部书对他的批判，1870 年下台），这些改造仍在继续，一直到 19 世纪 80 年代才宣告结束。

供水问题是奥斯曼计划关注的一个环节。正如我们所看到的，奥斯曼省长对巴黎的水质低劣感到遗憾，并对输水工程的低流量进行谴责，认为必须扩大规模并找到水质更好的水，以应对新出现的公共卫生问题，并为城市美化工作（观赏喷泉、公园和花园、水景观）提供支持和服务。早在 1853 年，奥斯曼了解到供水问题并提出了一种新方法。他随即付诸行动，在 1856 年任命桥梁与道路工程师欧仁·贝尔格朗为自来水部门主管。贝尔格朗为了超越前任们，采取了一系列重要决定。他选择亲自主抓供水服务。拿破仑三世则更青睐私营企业，计划召集经销商来扩展工程以及发展供水网络。紧接着，拿破仑三世于 1853 年组织了征集提案。五家公司对此表现出兴趣（包括通用自来水公司，见上文），但没有任何后续。同样在 1854 年，银行家查理·拉菲特（Charles Laffitte）投标，请求拿破仑三世授予整个巴黎范围内的特许经营权。

奥斯曼和贝尔格朗表示反对，他们认为必须找到新的供水水源，这个水源要有足够的水量以及优良的水质，这意味着要从更远的地方获取水源，需要投入大量的资本。奥斯曼没有效仿伦敦一直以来的做法，也就是使用自来水公司的液压泵抽取河水，再用过滤装置进行过滤。这种方式无疑可以降低污染风险并为消费者提供水质更好的水，但成本很高。安装和运营过滤池，浪费空间且造价昂贵。蒸汽泵是一个"复杂的机器"，随时可能出故障，太过依赖蒸汽泵的正常运行，可能危害到城市供水。最后，它不能解决水温问题，至少在省长的眼中，这是一个重要的问题。在某些季节，从河中抽取上来的水会很热，居民在使用之前，不得不把水存放在清凉的地方。"为了方便租户，在饮用之前，要将一部分水放入酒窖或水井中，很少会把水从地面接到顶楼"（Haussmann，1854，p. 21）。

奥斯曼否决了这些项目，实际上反对私营公司提出的计划，这些计划都依赖于塞纳河的水压系统。相反，他倾向于建造导水管，这种导水管可以从水量充足且地表高度合理的水源地引水供给巴黎。这样做的好处是：可以为城市提供安全的输水工具，输送大量的优质水，水温变化不会很大，也不需要过滤（Belgrand，1866，p. 34）。1853 年确定了一项任务：建造一项可以将巴黎供水量翻倍的工程。贝尔格朗负责挑选合适的水源，制定引水的草案。这项工程和接下来的工程用来为"私人服务"供水，"公共服务"用水仍然由乌尔克运河和塞纳河水提供。通过管道将水从水源地输送到水库中，可以保证这些居民用水安全无污染。

选择距离遥远的水源地引起了激烈的争论以及众多的质疑：许多人认为这种选择既昂贵又无法提供优质的水。在这些批判中有一部分来自医学界，被媒体广泛传播。塞纳省相关部门对这些批判进行了反击，它们委托巴黎市水利发展调查委员会的报告员罗比内（Robinet）博士来系统地回答所有对市政项目的异议（Robinet，1862）。这些工程的建设需要大量资金，奥斯曼决定大规模发行公债，此举与他的前任们谨慎的态度有天壤之别。1853～1877 年，

2.27亿法郎的投资被用于供水和分配以及污水处理，其中大部分用于输水管道建设（Crespi Reghizzi，2014，p.206）。

第一条巴黎输水管道的起点选择了距离巴黎130多公里的杜依山谷处的水源。这些泉水通过地下输水管道到达位于梅尼蒙当（Ménilmontant）高地的大容量水库。该工程建于1862~1865年，每天可提供2万立方米的水，满足巴黎的"私人服务"。这项工程于1875年连接上瓦纳的输水道后竣工（这项工程于1867年开始，曾在战争中中止），并从170公里以外的蒙苏利（Montsouris）水库输水。它可以每天输送12万立方米的水，是杜依输水管道的六倍。最后，在19世纪末，这条管道在阿夫尔（Avre）河（1893年）的输水道以及鲁应（Loing）河与吕南（Lunain）河（1900年）的分流下得到完善。这些工程都建于1865~1900年，可以为巴黎提供近30万立方米的优质水。随着人口的增长以及居民不断变化的需求和用途，这些工程推动了家庭供水政策的实际发展。旧工程和乌尔克运河提供的水质较差，用于"公共服务"，街道清洗及污水处理也能得到足够的水。

表14　新建工程为"私人"服务的供水能力（1899年）

工程	平方米/天	价格（法郎）	
杜依输水道(1862~1865年)	20000	水管	18000000
		水库	4560000
		供水网络	5000000
		总价	27560000
瓦纳输水道(1867~1876年)	120000	水管	37230000
		水库	6000000
		供水网络*	5552000
		总价	48782000

续表

工程	平方米/天	价格（法郎）
阿夫尔河输水道（1891～1893 年）	10000	总价　35000000
鲁应河与吕南河输水（1897～1900 年）	50000	总价　28000000
新工程总输水量	200000	总支出　139342000

＊包括相关费用。以法郎名义值计算。

资料来源：Bechmann（1900，p.75）et Crespi Reghizzi（2014，p.206）。

总体而言，在 19 世纪下半叶，巴黎市及其居民的可用水总量至少翻了三倍。在合并了郊区的市镇、将几个增压泵和帕西自流井整合到市政服务中后，水量从奥斯曼时代开始时（1853 年）的 14.2 万立方米增加到 1865 年的 18.9 万立方米（Belgrand，1866，p.4）。1865～1900 年，输水道系统投入使用后，水量攀升至 47.9 万立方米。此时已经奠定了现代巴黎供水系统。从 1884 年开始规划新增的武尔西（Voulzie）输水道，在第一次世界大战期间曾经中断过，直到 1925 年才完工。19 世纪末，又在塞纳河和马恩河上修建了大功率增压工厂（与过滤池），两者共同可以提供多达 10 万立方米的可用水。

在进行饮用水条件改善工程的同时，奥斯曼和贝尔格朗设法终止了私人特许经营权制度，早在上文中已体现出这一制度的重要性及其对水量的影响。朗比托省长曾在 1856 年要求废除此项特权，理由是供水服务涉及公共利益，任何个体不得利用其来获取私利。但是，国务委员会对此进行审理后，拒绝接受这一论点。之后，朗比托省长决定采取迂回的方式。他要求自来水部门拒绝特许权企业在公共道路上进行维修作业。私营企业如果出现泄漏或堵塞将会被禁止运行，迫使那些业主与政府进行谈判，业主要求政府用一笔与订购公共供水服务相当的价格收回特许权。因此，巴黎市成功地收回了 1857 ~ 1868 年的所有特许权，这种特许权也从此消失了（Belgrand，1877，p. 703）。

供水和分配工程还需要进行一项不可或缺的后续工作，即废水的排放："将水引到一个特定的地方后，再将其分配到整个城市，输送到每家每户，只是解决问题的一半；另一半是这些水在使用后能便捷而规律地处理掉"（Haussmann，1854，p. 35）。为此，必须根据综合性的规划建立一个严密的排水网络。现有的工程还不够完善，必须进行更换、完善和现代化。贝尔格朗接手并发展了其前任朱尔·杜普伊（Jules Dupuit）提出的草案，沿着塞纳河建起下水道系统，将污水收集起来后排放到勒瓦卢瓦 - 佩雷（Levallois - Perret）和圣丹尼下游的河水中。这些下水管最大直径达 5 米，可以定期进行清理，它们还可以作为技术性的沟壑（galeries techniques），容纳其他管道（饮用水、天然气及压缩空气管道），便于维护、监测和维修。这些下水道与一系列直径可变的二级管道相连，这些二级管道在巴黎的街道下相通，能够回收所有废水。

尽管贝尔格朗在 19 世纪 50 ~ 70 年代花费了很大的精力监督巴黎 430 公里下水道的建设，但是污水处理仍然是——并且在很长一段时间内是——一个大问题（Bellanger，2010，p. 35）。大多数家庭没有安装下水道，仍然将污水倒入地下室挖出的坑中，也有一些人将污水倒入分离液体与固体排泄物的过滤桶中。要将排水管与城市下水道系统连接起来，成为人们日常生活的一部分并取代家中的厕所坑，还需要很长的时间。这里有必要强调水源分配和污水处理之间的关系。污水管道的缺乏限制了家庭供水的发展，尤其对高层建筑而言。自来水入户会造成很多麻烦。水用过之后，就会被倒到外面，流入水沟，这样就会导致积水及溢散，业主不得不经常花钱进行清理（因为这意味着巴黎的下水道存在臭味，如不加以改变，污水运输等问题将成倍增加）。业主因此犹豫甚至想放弃在楼层中安装自来水管，省去与这些维护工作相关的费用。一直到 19 世纪末，《下水道法案》开始强制性实施（根据 1894 年 7 月 10 日的法律），污水排放系统迅速普及：在 1894 年只有 5444 个住宅连接了下水道（比例小于 8%）；1900 年配备此系统的住宅比例为 32%；1910 年升至 57%，20 世纪 20 年代中期达到 70%（Bellanger，2010，p. 87）。

巴黎市区的饮用水和卫生设施的情况从 19 世纪下半叶开始有所改善，但郊区仍然非常恶劣。郊区的饮用水供水网络还只是市区的雏形，只能从塞纳河或马恩河的取水口引水，修建的小型水库以及公共水管的供水只能提供给送水工及居民。私人水井完善了人们获取水的手段。1892 年，使用私人水井进行供水的人数与订水的人数几乎一样（Claude，2006，p. 95）。在这些郊区的市镇，一般是私营公司与政府签订特许权合同，然后由公司进行工程的建设，建立运营设施和进行水的销售。这些小公司的发展境遇各不相同。有些很快被竞争对手吞并，有些则在这种环境下迅速壮大。在法国其他地方，地方性公司正在兴起：例如，由工程师伯顿（Burton）于 1853 年创立的"勒阿弗尔自来水公司"（la Compagnie des eaux du Havre）（Coninck，1859，p. 48 - 49）和由银行家查理·拉菲特于 1858 年创建的"塞纳河畔之家（Maisons - sur - Seine）自来水公司"。

通用自来水公司

这个新兴的行业领域很快就因为新的自来水公司——通用自来水公司（CGE）的出现而发生改变。该公司致力于（但不仅仅是）获得巴黎市供水的特许合同。公司的未来管理层之一，亨利·阿维格多（Henri Avigdor）伯爵，早在 1852 年就以本人的名义向巴黎市提出了这样的建议，之后他聚集了身边的一些人，决定创立一家自来水公司，1853 年 7 月，他们向公证处提交了有关文件。同年 10 月 26 日，公司举行了第一次股东大会，授权公司成立的帝国法令也于 12 月 14 日签署。该公司的第一批管理人员来自内部高管以及法兰西第二帝国的商界人士。亨利·西蒙伯爵是帝国议会的议员以及多家公司的管理人员，与金融界联系紧密，他参与了公司的创立，就任公司董事长一职。其他的董事还有蒙特贝罗（Montebello）公爵、波达尔·斯戈吉耶（Pourtalès – Gorgier）伯爵以及上文提到的亨利·阿维格多伯爵、利扎迪（Lizardi）伯爵、孟德斯鸠（Montesquiou）子爵和普罗斯佩·安凡丹（Prosper Enfantin）。他们的加入，为公司带来了影响力、声望以及在政界与金融界的人脉关系。从一开始，公司就确立了远大的抱负，立志成为像铁路公司那样的大公司，不受地区限制。公司的目标是发展到全国甚至更远的地方。为此，公司拿出了 4000 万法郎的资金，其中的一半发行股权（每股 250 法郎），一半发行债权。股份很快找到了买家，共有 268 名股东。在这些大股东里，除了大巴黎银行的代表外，还有公司的董事，其次是高级官员、法国贵族、大资产家等（Gmeline，2006，p. 50 – 51）。

通用自来水公司的成立是一个奇妙的结合。一方面，它树立起第二帝国资本主义的榜样——光彩夺目、渴望荣誉以及物质财富上的成功，极力满足股东的要求，以创造经常性的、重大的盈利为指导思想。因此，公司特别注重业务的开展、严格的管理实践以及投资的专业精神。在吸引股东投资或发行债券方面，通用自来水公司非常慎重，并对外公布。在第一次股东大会上，西蒙伯爵保证：公司将会谨慎经营，只有当它确信业务"有前景"（saines），可以带来直接的利益并可能在未来获得更大的收益时才会出手。然后，他详细介绍了 1853 年签署的里昂合同所带来的机遇，声称这将为公司带来至少 5% 的净利润（以投入资本为基数），最后"有望达到"（*atteindre un jour*）25%。公司希望稍后签署的合同也能达到这个利润水平。① 公司打算根据预期的盈利来选择业务，以充分利用其资本。所有的条件都已具备：自成立以来，许多城市都来公司接洽，请求公司投资和开发供水网络，这些城市包括尼姆（Nîmes）、圣埃蒂安（Saint‑Étienne）、加莱（Calais）、阿维尼翁（Avignon）、土伦（Toulon）、图卢兹（Toulouse），甚至意大利的都灵（Franck，1999，p. 58‑59）。为何会如此狂热呢？这是因为这些城市不愿承担债务，仍然缺乏直接管理基础设施建设的经验，其绝大部分的基础设施主要由私人资本（有轨电车公司、煤气照明公司）管理。它们欢迎这位新成员的到来，通用自来水公司以其规模、抱负以及对施工的保证，从现有的自来水公司中脱颖而出。在给出的所有提案中，公司根据自身的情况花了大量时间来进行选择。

另一方面，通用自来水公司的大部分董事是圣西门主义的信徒，尤其是普罗斯佩·安凡丹。他和圣阿芒·巴札尔是圣西门学派的两位主要人物，在一些学者、记者、工程师和工业界中非常受欢迎（Gallice，1994，p. 12）。圣西门主义支持社会变革，支持通过进步、工业、教育和知识发展带来的潜在力量，来实现幸福、和平与博爱的理想。在这种建立一个比旧秩序更公正、公平的社会的愿望中，工业起着很大的作用：其使命是确保科学技术的进步以及与其相伴的"美德"（工作、节俭），鼓动统治者以组织方式的原则（科学制订生产计划，寻找机会，协调员工和管理者的利益）作为

① 自来水通用公司股东大会，1853 年 10 月 26 日。

指导方针。

圣西门建议君主像管理一个公司一样来治理国家，把自己当作一个"国家生产的领导者"，并相应地进行管理（Saint - Simon，1821，p. 206）。水资源分配应像铁路或运河一样，必须成为国家发展工业生产的一部分，推动国家的繁荣，促进进步的传播，消除贫困：通用自来水公司在创建过程中都体现出这些社会效用原则。此外，在第一次股东大会上，西蒙伯爵将通用自来水公司形容为政府的左膀右臂。据他介绍，该公司具有"大型公用机构的性质，为市政当局提供援助，是维护公共卫生必不可少的机构之一"。[①]圣西门主义者坚决反对自由主义和竞争原则，认为那样会导致经济崩溃和社会解体，而是支持和推动国家的合理化行动。

通用自来水公司认为自己不是那种唯利是图、欺负弱小竞争对手的"典型"私营企业，而是一个为政府服务和分忧的组织，通过产业组织的手段和能力，实现政府有关国家层面和市政层面的目标：开展重大基础设施项目，协助改善整体福祉，从而刺激整个行业。这是一种法兰西式动员吗？这种演讲是为了讨好当权者，赢得省长的信任吗？也许是这样，但也只能这样。正如我们将要看到的那样，通用自来水公司紧跟行业动态发展的步伐，而不是采取寻租最大化的金融策略。通用自来水公司着眼于长期规划，甘愿充当公共权力在行业发展中的帮手，一个谨慎、专业且报酬丰厚的辅助者角色。

巴黎，包围战略

正如我们所看到的，通用自来水公司积极与巴黎市达成一项可

---

① 通用自来水公司股东大会，1853 年 10 月 26 日。

能的协议，促成了公司的成立。但是，由于奥斯曼拒绝将供水服务交给私营公司，通用自来水公司只能改变目标。由于与罗纳省省长关系密切，普罗斯佩·安凡丹于 1853 年 8 月 8 日（在通用自来水公司正式成立之前）与里昂市签订了一份合同，次年又与南特签订了另一份合同。

　　按照惯例，在里昂签订的合同为特许经营权合同。初始设立的所有成本，即所有投资，都由私营公司承担，同时私营公司还要负责基础设施维护与更新以及订水管理、账单收集等商业服务。公司拿出了 600 万法郎进行工程施工（占初始资本总额的 15%），需要在四年内完成施工以及进行运营，否则合同（作为该市的特许经营者）将作废。合同为期 99 年。合同开始时就分别确定家庭订水、工业订水以及城市因自身需要用水的价格，合同期内不得变更。在特许权结束时，所有设备和基础设施将无偿让与里昂，并且必须运转良好，否则，在特许权结束前五年，该市有权扣留公司的收入，将其用于设备维修和重建。

　　合同规定了城市与公司之间的利润分成。私营企业首先必须在业务经营上取得成功，城市才有望在未来的成功中获取利益。城市有权在签署条约 30 年后收购特许权。从 1884 年起，城市可以通过向公司支付赔偿来恢复对业务的直接管理，赔偿金额取决于过去七年中（减去两个收入最低的年份）公司的平均年收益。该平均值构成了该城市在特许权到期之前必须支付的年金。里昂市议会特别委员会负责人埃米尔·布鲁诺（Émile Bruneau）对这一协议表示欢迎，认为这对城市非常有益。里昂不但能够在不花一分钱的情况下建立急需的水管和供水基础设施，而且可以共享公司的成果；在特许权结束后，还可以无偿接收公司修建与开发的工程。此外，它还有权在 30 年后根据"严苛"的条款来收购这项业务，而城市的财政预算"可以轻松负担"这笔收购款（Bruneau，1853，p. 29）。

1854 年与南特市签署的合同与里昂市大致相同。这是一份为期 60 年的特许经营合同。南特，这个拥有 11 万居民的城市当时只有一个水库。1853 年，南特的工程开始，但由于缺乏资金，很快就放弃了。通用自来水公司接管并完成了水管和供水工程，并于 1856 年开始运营。公司在卢瓦尔河上建立了增压厂、过滤池、水库和使用"沥青板"水管的管道网络。根据夏梅罗伊（Chameroy）的说法，这个工程遗留了许多后续问题。工程的总投资额不到 100 万法郎。公司承诺每天供应 4000 立方米水以维持公共水库的运转，同时暂时负责发展家庭订购用户。与里昂一样，南特市可以选择在签署条约 30 年后回购，赔偿金为年收益平均额。①

与里昂和南特签署合同后，通用自来水公司自然不会忘记巴黎。尽管知道无法与奥斯曼男爵对抗，但通用自来水公司也不甘心就此放弃。它怎么可能会冒险放弃巴黎及其郊区这个迄今为止最重要、最具活力的首都呢？由于无法正面拿下巴黎，公司选择通过有条不紊地在周边社区进行投资来实施包围战略。这是通用自来水公司地理扩张政策的第一步，公司独自或通过子公司在里昂郊区以及鲁昂或里尔周围也实施同样的策略（Covo – Dahan，1980）。在巴黎地区，从 1857 年开始，通用自来水公司通过收购大部分与郊区市政当局签订了特许合同的私营自来水公司，部署自己的包围网。之后，它还在以下城市进行了渗透：夏朗东（Charenton）、万塞讷（Vincennes）、圣芒代（Saint – Mandé）、沙罗纳（Charonne）、贝勒维（Belleville）、拉维莱特（La Villette）、庞坦（Pantin）、佩圣热尔维（Le Pré – Saint – Gervais）、拉沙佩勒（La Chapelle）、蒙马特

① 南特市与通用自来水公司的合同，1854 年。

（Montmartre）、库尔布瓦（Courbevoie）、讷伊（Neuilly）、布洛涅（Boulogne）、奥特尔（Auteuil）、帕西（Passy）、格勒纳勒（Grenelle）、沃吉哈赫（Vaugirard）、蒙鲁日（Montrouge）、普莱桑斯（Plaisance）、让蒂伊（Gentilly）、伊夫里（Ivry）、犹太城（Villejuif）、圣旺（Saint‐Ouen）、伊西（Issy）（Lemarchand，1923，p. 445–446）。总之，至少有 24 个郊区市镇将其供水服务交给通用自来水公司或允许其收购当地公司。为了供应这些供水网络，该公司在塞纳河和马恩河上安装了 11 个水箱和 18 台起重机，确保每天平均提供约 42000 立方米的水（Figuier，1862，p. 121）。

通用自来水公司在这一领域几乎没有重要的竞争对手。只有 19 世纪 60 年代后期创建的郊区自来水公司（Compagnie des eaux de banlieue，CEB）有可能挑战其既有的地位。但郊区自来水公司将主要的活动集中在巴黎以西的热讷维耶（Gennevilliers）、楠泰尔（Nanterre）和叙雷讷（Suresnes）等城镇周边，不会在塞纳河周边以外的地方寻求太大发展（Compagnie des eaux de banlieue，1952）。自 19 世纪 50 年代末起，通用自来水公司在郊区站稳脚跟，而在巴黎，市政供水服务部门负责供水网络的设计、开发和管理工作。如果没有破坏该地区供水格局的重大事件发生，这种模式可能会持续很长一段时间。1859 年（6 月 16 日法令），作为首都美化和现代化工程的一部分，拿破仑三世决定扩大巴黎市的边界。他的这个决定，主要是为了扩大城市空间，稀释城市的密度，对主要交通道路进行延伸。另一个更能说明这个选择的原因在于：塞纳省省长认为，旧城区周边的市镇享受了巴黎的基础设施（医院、学校、通信线路），他们必须通过支付补助金来参与出资。还有人建议，如果这些市镇并入巴黎，警察对居住或过境人口的监视和控制将更有效。1860 年 1 月 1 日，这些郊区正式并入巴黎，城镇升级成梯也尔（Thiers）防御工事。巴黎合并了 4 个市镇（贝勒维尔、格勒纳勒、沃吉哈赫和拉维莱特）以及 7 个跨越梯也尔外围的市镇（奥特尔、巴蒂尼奥勒－蒙梭、贝西、拉沙佩勒、沙罗纳、蒙马特和帕西）。这几个市镇都被撤销，土地纳入巴黎。另外 12 个市镇也将小部分的土地划给了巴黎。

　　这种扩张改变了巴黎市的面貌：城市面积增加了一倍以上，带来了宝贵的土地储备，扩充了 35 万以上的居民，总人口达到了 140 万。但也给政府及其管理者带来大难题。合并之后撤销的旧市镇，失去了自身的独立性，但是前几年签署的旧合同仍然有效，需要继续履行。这些合同怎么办呢？废除？继续？供水合同、公共照明和天然气合同的问题尤为严峻。就供水合同而言，所有合并的市镇（贝西除外）都是由通用自来水公司提供服务的，合同的期限还很长。然而，巴黎市希望接管所有新合并地区的供水管理，以使网络合理化，并对居民收取统一的供水价格。合并的市镇水价高于巴黎，因此，寻找统一巴黎水价的方法成为一个难题（Figuier，1862，p. 118）。

　　奥斯曼省长提出了多个解决方案。巴黎市可以收购通用自来水公司，但给公共财政带来的后果可能会令人望而却步，因为它必须对该公司进行补偿；也可以与公司协商，降低服务费，与首都其他地区保持一致；或者达成共识，收回特许权以及公司的设施，对公司做出令人满意的补偿（Gay，1986，p. 48）。双方最终就以下方案达成一致：巴黎市废止了合并市镇与通用自来水公司签订的条约，公司完全退出郊区（包括合并的市镇和其他市镇）。此外，巴黎市还收回了公司的所有设施，纳入公共财产之中。通用自来水公司获得的补偿是在遵守公共事业利益规则的前提下，对首都境内的供水服务进行商业上的管理，并获得将郊区设施转让给巴黎的财务补偿。巴黎用同样的方法解决了与巴黎天然气供暖和照明公司在公共照明合同方面的问题［塞纳省政府报告，1860］。公共事业管理合同中还规定了职责分配：巴黎市负责工程、设备、管道和供水系统的融资、投资、开发、规划、维护和运营。

公司只负责商业服务：收集发票、招揽和开发订购用户、管理客户的需求、解决可能的冲突。巴黎市有自己的如意算盘：一方面，它将服务扩展到了新的行政区，无须因为终止与通用自来水公司所签的合同支付任何费用；另一方面，它又限制了私营公司的影响力，私营公司的资本被严格限制为商业角色。因此，巴黎市保留了对其余服务的控制权，并保持其在基础设施规划和融资方面的特权。在奥斯曼男爵转变观念后，合同才得以落实，因为他似乎不再像1853年那样反对私营企业的参与。奥斯曼承认，私营公司可以对城市有所帮助，不会对城市造成不便——只要它仅限于对个人的供水服务。它还可以通过其商业行为推动正在腾飞的个人订购服务的发展。"克服偏见的阻力，消除住宅供水初始费用的障碍，坚持用服务内容的多样性来减少不确定性，这种角色只有私营企业才能承担"（Haussmann，1858，p. 129）。

对于通用自来水公司来说这是一个打击吗？这件事令人惊讶吗？并不尽然。通用自来水公司似乎并没有措手不及。事实上，通用自来水公司的董事长西蒙伯爵，也是拿破仑三世委任的巴黎美化委员会发布的1853年最终报告的主编。这份报告发布于1853年12月，主张将旧城区进行扩大，合并郊区市镇："这些新城区还没有纳入巴黎市内，因为组成巴黎的塞纳河右岸的12个市镇和左岸的7个市镇大多是内陆城镇地区，不过，这些新城区终有一天会并入巴黎。实际上，法兰西帝国的首都不可能只有17个市镇。城市圈路线划定以后，这些小城区将会消失，并入大都市之中"（引自

Casselle，1997，p. 656）。从 1853 年底，这套方案就进入设想阶段，并且很可能在不久的将来取得成功，因为即使奥斯曼男爵固执己见，他还是会接受委员会提出的大部分提议。1853～1859 年，社区合并的法规浮出水面，奥斯曼男爵则公开宣称赞成这个项目，可能是做好了思想准备，安抚有关市镇的不满情绪（Montel，2001，p. 237）。

西蒙伯爵在帝国高层中占据着重要地位，是继任塞纳省省长的热门人选。尽管与奥斯曼分属不同阵营，但是他对各项事务都很关注，身处有关巴黎扩张计划改革的最前沿。1859 年的巴黎城区合并没有出人意表。因此，从市镇边界变迁的视角看来，通用自来水公司完全有可能在合并之前已经发展了郊区市镇的业务（包括进行收购）。1857 年 4 月 2 日，西蒙伯爵在股东大会上说："这些（新项目的）研究使我们认识到，通用自来水公司在巴黎周边通过收购已完成建造并充分开发过的设施，组织大规模供水服务可以获取收益。我们希望让你们欣赏到这个计划带来的价值。在巴黎郊区的供水布局中，我们必须考虑到公司的重要利益，占据一定的地位。当政府要解决巴黎供水事务的时候，就必须要考虑到这种地位。"[1] 通过发展在郊区的业务，通用自来水公司掌握了与巴黎市打交道的手段，在进行退出谈判中占据有利地位。随着合同的签订，尽管该公司没能接手巴黎的供水系统，但也参与了市政供水管理。

巴黎，合同下的生活（1860～1910 年）

巴黎市于 1860 年 7 月 11 日与通用自来水公司签署了公共事业

---

[1]　通用自来水公司股东大会，1857 年 4 月 2 日。

管理合同［塞纳省政府报告，1868］。合同期限为 50 年，城市在合同签署 10 年后（即 1870 年）拥有赎回权。通用自来水公司负责"商业服务"，即负责为订购用户提供服务、寻找新客户以及管理所有账单和收款操作。它"必须将水供应到城市指定的地点"。这种商业活动节省了城市的征管费用以及相关的建设成本，证明了私营参与的合理性。此外，通用自来水公司还充当了消费者与城市之间的中间人。公司负责收取现金，每周返还给市政府。订购用户与公司之间的关系建立在"警察模式"和合同附带条款的框架之下。此外，通用自来水公司还负责在公共管道与居民住宅内部之间铺设特殊的连接管道及相关工程（同时进行维护和修缮）。订购用户的缴费保证了这些工程的完成。就其本身而言，"巴黎市将毫无保留地为通用自来水公司提供它认为的最佳方案，从而不断改善巴黎和郊区的公共用水及家庭用水的水质。它将保持并完善供水设施、运河、增压机、水库、主管道和其他供水所需的工程，并且自行承担这些费用"。订购用户支付的水价由城市与公司商议后确定。价格变动必须经双方协商同意。价格根据每日提供的水量一次性付清。如果供应量每天不超过 250 升，则每年的价格固定为 60法郎。如果使用量为 250～500 升，需支付 100 法郎。价格随着用水量增加而上涨。

在合同期内，城市每年向公司一次性支付 116 万法郎，以换取公司在附属市镇（防御工事范围内）中的财产（土地、建筑、管道、水库、设备）。该公司还收到两种类型的款项：一笔 35 万法郎的"固定价格成本"，加上一部分营业收入。当城市订水的一年总收入超过 360 万法郎时，公司可以得到其中的四分之一，其余的四分之三归市政当局，用来部分支付建设管道及供水设施的投资。因此，合同中列出了激励性条款：收入增长得越多，公司的分成就越多。因此，公司大力招揽订购用户，提高费用征管的效率。城市的主要目标之一是在订购用户数量不多的情况下，将商业服务中内生的困难和问题转嫁出去。1860 年，订购用户仍然很少，增长困难。该市依靠通用自来水公司招揽新客户，说服他们订水，并更快地发展业务（销售水量）。这个计划似乎很奏效：用户数量稳步增长，速度不断加快（见表 15）。当然，这与通用自来水公司的参与是分不开的。与此同时，供水网络不断扩大，人口不断增长，用水正在扩散，城市正在投资新的供水基础设施。要指出的是，订购用户数量的增加与通用自来水公司的参与具有一致性。

表 15 巴黎供水网络订购用户数量的变化

年份	订购用户数	年份	订购用户数
1832	1000	1865	28963
1837	1215	1869	37688
1845	3883	1872	39104
1850	5971	1881	49726
1855	8770	1890	72538
1860	14289	1900	91338
1861	20273	1906	103184

资料来源：Chatzis（2006，p. 20）；Cebron de Lisle（1991，p. 371）。

等到 1860 年签订的合同到期时，我们假定通用自来水公司在郊区市镇已经取得发展，因此放弃了与塞纳省其他市镇（未并入的市镇）签署的所有合同和协议，将其转让给巴黎市。巴黎市扩展了市政服务，直接负责这些市镇的自来水管理。最后，通用自来水公司被塞纳省政府禁止参与未来全部或部分的供水服务管理。

很快，由于订购用户的增加，巴黎市政当局意识到这份合同对通用自来水公司来说还是太过慷慨。巴黎市所获得的收入在 1860

年达到了 170 万法郎，1865 年已超过 500 万法郎（Cebron de Lisle，1991，p. 389），通用自来水公司因而得到了 125 万法郎的利息，加上 35 万法郎的管理费用以及 116 万法郎的赔偿金。各项加起来的话，公司在 1865 年至少获得了 276 万法郎的收入，与营销费用相当（主要是人工成本）。因此，公司从巴黎的合同中得到了一大笔净利润。有鉴于此，市政府开始与公司进行谈判，审查条约的条款，导致在 1867 年合同的平衡发生重大变化。饱受质疑的 35 万法郎的管理费用被决定减少到每年 5 万法郎，直到 1873 年合同终止。激励措施也被重新计算：不再是每年 360 万法郎收入固定的 25%，而是根据收入水平降低：当收入在 360 万～600 万法郎之间时为 25%；700 万～900 万法郎时为 20%；1000 万～1100 万法郎时为 15%；1200 万法郎时为 10%，超过 1200 万法郎时为 5%（Mallet，1879，p. 5）。作为对这些不利条款的补偿，通用自来水公司获得了上调水价的权力，最重要的是废除了两个条款：一条是允许城市从 1879 年起废除合同，另一条是禁止通用自来水公司与郊区市镇合作。因此，通用自来水公司重新在郊区开展业务，同时与巴黎的条约延续到 1910 年，城市也无权在合同期满之前废除合同（合同中规定的废除情况除外）。

很快，通用自来水公司控制了几个竞争对手并签署了新的条约，在巴黎郊区重新开始运营。1869 年，通用自来水公司与巴黎市的合同再次变更，公司收购了巴黎的供水设施，买断了 1860 年合同中有关郊区的相关协议。这意味着通用自来水公司收回了所有的设备以及 9 年前转让给巴黎市的合同（除了在合并期间与巴黎合并的郊区市镇缔结的 9 项特许权外）。为此，公司向巴黎市一次性支付了 330 万英镑。通用自来水公司还获得了不用经过行政许可就参与新市政事务的权力。因此，该公司收回了 1860 年被迫转让给巴黎的 25 个市镇的业务（和设施）。总体上，1870 年，通用自来水公司收购了另外两家公司（蒙特勒伊自来水协会、圣丹尼和圣图安自来水公司），凭借在市镇上的成功，该公司确保了巴黎郊区 77 个市镇的供水业务，而在 10 年前，它被赶出了这些市镇。总的来说，1860 年，通用自来水公司为获得与巴黎的合作而放弃了在郊区的经营，在后来的两场谈判中胜出后，赢回并巩固了它在郊区的霸主地位，同时保留了其在巴黎的地位。因此，尽管通用自来水公司被迫调整了合同，但长期发展并未受到影响，甚至在城市与郊区都获得了成功。

　　1870 年，在郊区的经营对公司的资产负债表和业绩并没有产生太大的影响。订购用户人数很少，所服务的地区仍以小城镇为主。但是，从 19 世纪末开始，这些小城镇都经历了一场强劲而快速的城市化过程，通用自来水公司将把郊区供水作为经营的重点对象，不断扩大规模并投入资金。1907 年，通用自来水公司在塞纳省拥有 64 个地区的特许权，在塞纳 - 瓦兹省（Seine-et-Oise）拥有 70 个地区的特许权（Claude，2006，p. 105）。随着时间的推移，公司在这些不同郊区的多元经营逐渐合理化，建立了覆盖所有市镇的供水网络，建设并运营了大型供水管道，在经营中积累和普及了一系列的部署能力。不过，进展也并非一帆风顺。由于对公司在郊区市镇供水服务的糟糕状态感到不满，塞纳省省长对此进行了干预。在他的指令下，通用自来水公司在 1894 年投资了新的净水厂（舒瓦西勒鲁瓦、马恩河畔诺让、马恩河畔讷伊），配有安德森水过滤及净化系统（Lemarchand，1923，p. 448）。这些新工厂每天可以生产 11 万立方米更优质的过滤水，足以满足郊区市镇的需求。该公司在这些新设备中投入了近 1200 万法郎（其中很大一部分由公共当局提供补贴）。它同时还建造了一系列的水库，组建了一个主要管道网络，这个网络将工厂连接起来，途经公司特许经营的地区，覆盖巴黎周边市镇（Vallin，1897，p. 11）。该网络的位置及规模可以使业务扩展到那些更远的、尚未推广供水服务的市镇。这种部署，从整个郊区的层面来说，能够更好地保证供水安全，从经济层面来说，可以降低成本，还可以让通用自来水公司在该地区确立稳固的地位。

从这个角度来看，通用自来水公司凭借其卓越的行动能力及在周边地区获得的地位，从而具备部署大型建筑施工（工厂、水库、控制网络）的能力。但是这些市镇空间相互独立，规模太小，人口太少，不足以承担如此高的支出（Barraqué，2007）。因此，在这种体制背景下（市镇数量众多，而平均面积小），通用自来水公司提出了一个技术性解决方案，应对这种不利于部署大型网络及实施集体引水和公司方案的状况（Lorrain，1990，p. 45）。可以这么认为，某些地区的部分市镇（大城市的郊区，然后是农村地区）的分散性促进了通用自来水公司的扩张。巴黎郊区的每个市镇都想与通用自来水公司签约，从公司建设覆盖整个地区的基础设施中获益。与此同时，通用自来水公司获得了巨大的技术优势（转化为经济收益），以此扩大其经营范围，并将不同的合同转化成一个经营业务。

针对通用自来水公司的理性行动，郊区市镇部门并没有坐视不管。它们决定联合起来，组建一个工会（1884 年 4 月 5 日法律规定的一个条款），结成统一战线，协调立场，商讨更为有利的合同条款（Gérard，1939）。巴黎郊区市镇工会于 1922 年 12 月 23 日成立，当时有 138 名成员。1923 年，工会与通用自来水公司签订了一份公共事业管理合同，取代了公司与各个市镇单独签署的条约（Defeuilley，2014）。

回顾巴黎市供水合同的历史可以发现，通用自来水公司从这些合同中立即获得了极高的利润。也正因为它牟取了暴利而受到批评者的攻讦。公司在1867年、1880年、1890年、1910年和1935年始终对巴黎市市长和塞纳省省长采取同样的办法：谈判，保持沟通，通过接受合同的重大修改达成妥协（特别是在订水的销售价格方面，这是公司收入的主要来源）。1860年谈判的条件非常有利，根据当时适用于此类合同的法律，通用自来水公司可以依靠其地位并继续创造利润，这些利润会随着订购用户的增加而增长。但是公司面临着失去公共当局支持的风险，当局将在1910年依据合同，终止公司的活动。新河的前车之鉴在于过于追求利润最大化，但这并非通用自来水公司的优先项，无论是在巴黎还是在其他地区的经营上，通用自来水公司注重的都是未来的发展。它可以通过接受谈判来平息或者至少遏制住这些针对公司的严苛批评。因此，1879年，继在报纸上发表文章之后，左翼议员对公司发起了猛烈的抨击：公司规定的价格过高，抵制市政府降价（根据1860年的条约，它有权对所定价格进行审查），没有为小额消费者推出更廉价的订水方案（每天小于250升）。对于新的订购用户而言，在1860年制定的价格表中，公共管道和住宅内部之间的连接工程过于昂贵，因此1860年后，订购用户大大减少。最后，公司在订购用户面前表现得很傲慢，无故停水，使订购用户相信只有该公司可以实现住宅内部连通工程，并对订购用户征收极高的水价（Mallet，1879，p. 11）。公共当局和公司之间进行了谈判，经过几轮交锋后，修改了合同。合同中引入了住宅内部连通的竞标原则，不再系统地委托给通用自来水公司。住宅与公共管道连通工程仍由通用自来水公司进行施工，但只会报销五分之四的费用。针对需水量较少的订购用户，公司给出了更实惠的方案（一间公寓里不超过三个人共用，家庭供水费用一年 1620 法郎起），安装试水位旋塞及水表，订水价格将会降低，每日订水 250 升的价格为 40 ~ 60 法郎［Mallet，1879，p. 23；《巴黎城市公报》（*Bulletin de la Ville de Paris*），1880，p. 261 – 263］。

这些新规定于 1880 年生效，但只是暂时平息了批评。随后的批评都集中在公司作为城市的商业代理商所进行的干预效果上。订购用户数量快速增长，但是居住在人口密集区的贫困居民很少或者根本难以享受到相应的服务。市议员欧内斯特·德利尼（Ernest Deligny）非常了解自来水方面的问题，他估计在 1890 年时仍有 100 万的巴黎居民没有享受到家庭饮用水，并对大多数贫困租户获取用水的条件提出谴责。他以美丽城的比森街道一栋建筑内的居民为例，阐释了他的观点。业主每天订购的用水服务花费 120 法郎，每天可以获得 1000 升水。这栋建筑有 22 家租户，总人数大约有 75 个，一楼有三个商店：理发店、肉铺以及葡萄酒商店，它们需要使用大量的水。水从院子中的水龙头里流出，储存在储水池里。租户根据需要来使用这些水，但是店主们一大早就取走了在夜间积累起来的大部分水，几乎没有给建筑内的居民留下多少。"当然，这比没有好，我们至少有足够的饮用和熬汤的水；但之后，如果家庭主妇要洗衣服、孩子要洗澡的话，就没有一点水了，一点都没有了"（Deligny，1890，p. 3）。因为质疑业主的吝啬——不愿意支付更多费用来获得更多的水，而且不愿意实施必要的工程来将水输送到楼层中，德利尼支持强制性订水，重新恢复自 1878 年以来在市议会已多次提到的提案（Cebron de Lisle，1991，p. 578 – 581）。这不仅有利于打消业主的疑虑，而且有利于改革水费（结构和水平）。大幅降低水价将加快供水进入家庭的步伐，同时增加供水量，最大限度地利用供水基础设施，这些由巴黎市投资建设的设施尚未被充分利用（Deligny，1891，p. 80）。塞纳省省长判定该提议妨碍个人自由，业主们也大力反对（他们并不想承担这些工程费用），通用自来水公司也受到一定的影响：强制性订购使其失去了原有的商业角色，在巴黎的业务也会消亡。

因此，这个问题引起了对通用自来水公司恢复业务管理以及对1860年与城市签订的收购合同的讨论。市政府在一个相当模糊的法律框架下，于1883年、1886年、1890年多次讨论解除合同的假设。由于市政府已明确表示放弃收购选择，因此必须在谈判的基础上改进建议，如果通用自来水公司不能从中获益的话，有权拒绝这个提议。唯一可以利用的合法途径是以公司"未履行条约条款"为由，废除与公司的合同。但是，正如欧内斯特·德利尼指出的，通用自来水公司在这方面无可指责（Deligny，1890，p. 26）。市议员提议将收购价格定在每年226万法郎，这个价格是根据通用自来水公司上年营业额以及市政府在1860年为获取设施而应支付的补偿金计算出来的。这使市政府在合同结束前（1910年）总共需要支付4700万法郎。由于收购金额较大，以及省长和部分市政部门（特别是财务部门和供水部门）对政府直接管理能力的质疑，比如征管费用以及达到和通用自来水公司同样的效率，收购方案被否决。

续约还是直接接管？

1910年合同到期后，巴黎市开始考虑合同的后续问题，所有这些因素都重新凸显出来。是续约还是直接接管？巴黎和许多其他城市一样也面临着这个问题。欧洲许多国家的首都已经选择了公共管理，因此将供水网络委托给公共部门进行管理成为大趋势。但是，出于制度和权力平衡的原因，法国"市政社会主义"运动不如德国或英国来的声势浩大。与其他国家不同，法国的国家政权有着更高的地位，压缩了市镇拥有的特权，形成了公共干预的重要基础（Pinol et Walter，2003，p.261）。此外，1880～1900年，出于经济和法律原因，国务委员会表示要坚决打击某些市政当局利用工商业活动为自身谋取利益的行为。因此，禁止市政当局设立公共药房（1894年）或面包店（1901年），这些活动从事实或法律上来说，并不属于垄断行为，并且有私人的参与。这项禁令对某些公共服务活动产生了影响，例如公共电车，在1887年被认为对城市有风险（因为它会有极大的技术性风险），不过这种影响并没有涉及供水及卫生领域。因此，国务委员会没有阻止地方政府"市政化"供水管理，但是对这种选择存在一定的克制，成为当时大多数政治阶层共同的感受。"市政化"引起了广泛的讨论，有人支持当地政府扩大干预（Boverat，1907），也有人将"市政社会主义"看作最危险的集体主义形式之一，是浪费公共资金和限制自由的根源（Leroy-Baulieu，1909）。正是在这样的背景下，巴黎开始了延续私营公司管理公共事业合同的谈判。由于市政府和一些特许经营公司——巴黎天然气公司、通用公交公司（Compagnie générale des omnibus）之间的关系依然紧张，形势不容乐观（Bouvier，1910，p.92，p.232–279）。

1906年，应省长的要求，市议会开始处理这个问题。属于多数派阵营的市议员安布鲁瓦斯·朗迪（Ambroise Rendu）支持续签合同。他赞扬了通用自来水公司提供的服务质量，对公司费用征管的效率感到满意，肯定了其招揽订购用户的能力。最后，也是最重要的，通用自来水公司自愿将自己的角色限定为城市的雇员。"供水服务，也就是巴黎的供水服务非常重要，无论是饮用水还是工业用水，应由政府直接管理运营：只有订购用户的零售服务及收款可以委托给通用自来水公司负责［……］。这些特殊、细致且快速的服务不能影响首都供水这一重大问题，必须持续下去。因此，毫无疑问不存在一般意义上的让步或者垄断，而是简化成一个问题，即市政府是否继续相信官员能够承担比市政接受者更重要的角色"（Rendu，1906，p. 8 – 9）。这一阐述弱化了通用自来水公司作为收费代理人的角色，难以说服市议会的所有人。一些人提出要求恢复直接管理的建议，争议性极大，引起广泛热议。1907 年，三名反对派市议员莱昂·巴黎（Léon Paris）、让·克里（Jean Colly）和艾米丽·德朗德尔（Émile Deslandres）以及法国国际工会（SFIO）的所有成员都认为，这一选择将使市政府收回供水方面的控制权（特别是在定价甚至实施强制认购原则方面），同时节省公共资金。根据这些建议者的计算，通用自来水公司的业务成本几乎完全由员工费用构成（通用自来水公司的 322 名员工在私营企业管理公共事业的框架下工作），将这些业务收回的话每年仅需 755045 法郎。根据 1860 年签订的合同（已经过多次修改），通用自来水公司每年的利息收入为 210 万法郎。这为公司带来了一笔可观的利润，相应的，巴黎遭受了大笔损失，这笔钱本可以通过市政化收回（Paris et al.，1907，p. 31）。但是，无论是城市的行政部门还是掌握着城市重要决策的省长，都没有这种想法。

首先是行政部门。自来水部门的总工程师首先认为三位市议员的建议中对通用自来水公司投入的支出估计过低。在他看来，通用自来水公司每年的支出应该在 145 万法郎左右，如果政府恢复直接管理，就需要承担 160 万法郎的费用，因为通用自来水公司员工的工资低于市政官员。这笔金额相当于通用自来水公司在未来合同中可能获得的利息，这些利息还有可能下调。因此，在新合同的情况下，城市损失的金额尚未得到证实。正如财务部部长所强调的那样，必须保持财务方面的平衡："通用自来水公司已经确保财政平衡，并且能够稳定恢复。如果市政府直接管理的话，会面临极大的困难"（Desroys du Roure，1906，p. 2）。换句话说，该市的财务官员并不信任市政服务，怀疑它们能否像私营企业一样高效地征收费用。

其次是省长。他反对续约，理由与安布鲁瓦斯·朗迪提出的一样：通用自来水公司已证明能够最大限度地提高城市收入，同时最大限度地减少水费收取成本；它的角色非常恰当，也一贯如此。在此基础上，一场与通用自来水公司的谈判开始了。该公司在 1906 年提出了一个新合同草案，经过议会多次辩论、讨论和修改，直至 1910 年才形成了最终合同。如 1880 年一样，通用公司自来水为了与市政府签约，做出了一定的牺牲及很多的退让。必须要说的是，尽管 1880 年出现了变化，但它仍继续从巴黎的业务中获得了非常高的利润，强劲及持续的收入增长很大程度上抵消了利润分成下降的百分比。

1911 年签订的仍然是一份有趣的私营企业管理公共事业的合同。合同为期 25 年，于 1935 年结束。正如预期的那样，1860 年协商好的收购通用自来水公司在郊区设施的赔偿金被取消了。从 1921 年 1 月 1 日开始，该市每五年就有一次取消合同并恢复直接管理服务的权力，统一确定有关条件，独立于公司的收入。合同还注明了监督条款以及管理者不履行合同而被剥夺资格的条件。最后，合同还全面审查通用自来水公司的薪酬条款。为了避免公司的利润随着收入而增长，城市每年一次性提供 100 万法郎，用于偿还管理费用。当这个城市每年的收入超过 2400 万法郎（1907 年为 2200 万法郎）时，这笔一次性付款会略微增加，但增加的幅度是递减的（每增加 100 万法郎的收入，从 3.3 万法郎减到 2 万法郎）。

除了这笔一次性付款外，还保留了从订购客户中获得与收益相挂钩的绩效奖。但是百分比显著降低了：收益在 2400 万～3000 万法郎之间时，奖金为收益的 2.5%；收益在 3000 万～3500 万法郎之间时，奖金为收益的 3%；收益超过 3500 万法郎，奖金为收益的 3.5%（Peuch，1910，p. 82 - 90）。这远低于 1867 年以来设定的水平。当通用自来水公司的收费为 2400 万法郎时，公司收入只有 100 万法郎。收费为 2600 万法郎时，公司收入 171.6 万法郎，这个金额在扣除支出后（这里根据巴黎政府 1907 年提出的数额，估计为 145 万法郎），可以有所盈余，产生 26.6 万法郎的净利润。这与通用自来水公司几年前设想的收益水平相去甚远。

此外，通用自来水公司很清楚，除非收入可以快速增长，同时减少支出，否则与巴黎的新合同不一定会带来太多的利润。鲁道夫·奥廷格（Rodolphe Hottinguer）董事长在 1911 年 5 月 29 日召开的通用自来水公司股东大会上表示："最初，我们只期望从这次续约中获取微薄的报酬。可以预料到，在这种情况下，人们将会对在订购用户和巴黎市之间介入一个管理者的功效产生怀疑，因为卫生的进步，几乎所有建筑物都有了可用水，并且城市只与业主们打交道，消费应该自由地发展，这种观念也不会造成任何困扰。但是这种观点并不占上风。市议会很大程度上已经认识到我们服务的价值，我们仍然可以向城市提供服务。但必须考虑到那些提倡直接管理的少数人的心态。从我们自身来说，我们不能忽视这种情况。董事会认为，公司应该宽容地接受目前的收入，虽然这只能勉强应付公司的日常开支，但这样可以保留公司与首都市政服务之间的长期合作关系［……］。"① 显然，通用自来水公司接受了这些新条件，

---

① 通用自来水公司股东大会，1911 年 5 月 29 日。

因为保有这份标志性合同对公司来说非常重要，也表明公司的适应能力。与此同时，公司阻止巴黎市将供水服务完全市政化，这一决定在其他城市迅速传播开来。

和往常一样，谈判期对两个合作伙伴——城市和私营公司来说都是一个机会。它们可以在此期间纠正明显不适用的合同条款，考虑不断变化的形势，找到消除争议的方法，抑制那些严苛的批评。因此，1910 年的重新谈判，再次为城市接受私营参与提供了理由，使双方的作用和责任有了正确的定位，并回顾了引导公共行动的原则。但没有达成结果：应该重申私营公司的作用，其扮演的角色是有理有据的，比如参与界限、行动方式和报酬水平。政府进行直接管理，公共当局掌控所有的服务，显而易见被看作一种默认的选择。在考虑将私营参与作为替代解决方案之前，必须强调直接管理的不足，是合同续签的拥护者试图做的事情。面对对手施加的压力，他们对条款的变动进行协商，提出了一个新的合同。而这个合同的拟定，满足了公共当局接受私营公司参与的两个主要要求：私营公司比直接管理的效率更高（公司的利润不会超过它为社区节省的资金），也不会为了特定利益而罔顾服务及其附加的公共卫生因素。换句话说，合同必须突出公共当局作为自来水服务发展及运作设计师的地位。

扩张轨迹

巴黎及其郊区是通用自来水公司发展的核心地区。公司在南特和里昂开创了全国性甚至国际层面上的大发展。这种扩张起初较为谨慎、缓慢而理性。正如我们所看到的，公司可以立即选择合作的城市，并且可以只接受那些它认为最有利可图的地区。1853～1880

年超过 25 年的时间里，通用自来水公司在巴黎及其郊区之外的地方仅签署了 6 份供水协议。但是在 1880 年，公司改变了战略，开始了更具持续性的发展。从这一年开始，公司的发展更加繁荣，签订了更多合同，单是条件不如过去有利。公司也不介意涉足像圣艾蒂安德鲁弗莱（Saint-Étienne-du-Rouvray）（1880 年）或韦尼雪（Vénissieux）（1886 年）这种订购用户数量有限的市镇。之后，在 1879 年，它决定创建第一家子公司，由其股东独资拥有，即通用自来水公司海外分公司，该公司的定位为国际市场。子公司马上在巴黎证券交易所上市，吸引了大量的社会资本（200 万法郎），迅速签订了多份合约，接管了许多已有的特许经营权。这些特许权主要在意大利，不过也有一些在葡萄牙、瑞士及土耳其。

通用自来水公司扩张战略出现这种规模变化的原因是什么呢？首先，公司的成功引起一群企业家和商人的关注，他们在里昂信贷银行（Crédit lyonnais）的支持下，于 1880 年成立了里昂自来水与照明公司（Société lyonnaise des eaux et de l'éclairage）。随着这家公司的诞生，里昂信贷银行将市政服务（水、照明）看作一个商业与工业的大好机会。里昂信贷银行财大气粗：在里昂自来水 5000 万法郎的注册资本中占 59.3%（Sédillot，1980，p. 51）。在此之前，通用自来水公司并未遇到过真正的竞争：它是法国唯一一家全国性的自来水公司，其他都是当地的小公司。在里昂自来水与照明公司创立之前，郊区自来水公司可能是这些小公司中最大的一家，1878 年，这家公司只有 2993 位订购用户，收入为 210813 法郎，大约只有通用自来水公司收入的三十分之一。

表 16　通用自来水公司服务的地区（1860～1913 年）*

城市	年份	城市	年份
里昂	1853	埃尔伯弗	1881
南特	1854	波尔多	1882
巴黎	1860	君士坦丁堡[a]	1882
尼斯	1864	阿尔卡雄	1882
滨海自由城	1865	土伦	1882
博略	1875	滨海拉塞纳	1882
耶尔	1876	鲁昂	1882
鲁昂近索特维尔	1880	利雪	1882
昂蒂布	1880	莫尔列	1882
滨海布洛涅	1880	旺克	1882
鲁韦雷圣埃蒂安	1880	芒通	1883
小克维伊	1880	阿拉斯	1883
雷恩	1880	索恩河畔自由城	1884
威尼斯	1880	兰斯(卫生设施)	1885
那不勒斯	1880	摩纳哥	1896
维罗纳	1880	布洛涅圣马丁	1907
拉斯佩齐亚	1880	里昂郊区(25)[b]	1909
贝加莫	1880	里尔郊区(16)[b]	1913
昂瑟尼	1881	巴黎郊区(135)[b]	1909

与城市签订第一份合同的时间。

* 以及通用自来水公司的海外全资子公司。

[a] 参与；[b] 在所示日期内接受了服务的市镇数量。

资料来源：CGE（1900 et 1953）；Gmeline（2006）；Imbeaux（1909）。

随着里昂自来水公司的创建，通用自来水公司面临着另一种规模的竞争，处境可能非常危险。一些城市不再与它合作，它只能眼睁睁地看着里昂自来水公司首次尝试就大获成功：西涅（Siagne）的供水运河；戛纳、昂蒂布（Antibes）和格拉斯（Grasse）周边的供水系统（1880 年）；沙泰勒罗（Châtellerault）和鲁昂部分郊区的供水特许权（1881 年）；收购巴塞罗那自来水公司三分之二的股份（1882 年）；梅伦（Melun）的供水系统（1882 年）。随后，里昂自来水公司还在法国和海外开展了其他业务，尤其以在"摩洛哥保护国"（Maroc du Protectorat）（卡萨布兰卡、拉巴特和丹吉尔）的发展最为显著（Goubert，1986b，p. 18 – 22）。

里昂自来水公司将自我定位为供水领域的主要私营参与者之一，即使能源、天然气和电力才是公司的重心和收入与投资的主要来源。情势非常严峻，必须做出应对：为了阻止里昂自来水公司的扩张，抑制其发展，通用自来水公司大量地签订合同，接受以前可能会拒绝的条款。特别是因为里昂自来水不是唯一一家推出供水服务的公司，之后还会出现这类公司。但竞争强度增加并不是通用自来水公司加快发展的唯一原因：从 1880 年开始，城市化和卫生观念的传播，以及面对那些已拥有供水网络的城市的刺激，越来越多的城市决定配备整体供水和分配体系。在 1860 ~ 1870 年还很狭小的供水市场大幅扩大，通用自来水公司（和其他分销商）获得了更多的合同。

1892 年，乔治·贝克曼（Georges Bechmann）在公共医学与职业卫生协会（Société de médecine publique et d'hygiène professionnelle）的支持下，对法国城市的卫生进行了统计调查，得出以下结果：在拥有 5000 名以上居民的 616 个法国市镇中，434 个拥有供水和分配系统（70%）：其中 276 个自主管理供水服务（63%），剩余的 158 个将服务委托给私营公司（37%）（Bechmann，1898，p. 532）。因此，城市直接管理占多数，但私营公司也有一席之地，尤其是在通用自来水公司的刺激下。私营公司签订了合同并推动法国城市之间供水网络的逐步扩散。乔治·贝克曼完成统计调查几年后，爱德华·安博（Édouard Imbeaux）进一步完善这项工作。爱德华·安博是一位工程师，同时也是医生，他于 1903 年发表了一份关于法国（包括殖民地）、比利时、瑞士和卢森堡等国家供水和配水系统的研究报告，内容完整而详细。这项研究的第二版，经过修正和增补，于 1909 年出版。

这项研究的主要结果如下：1909 年，在拥有 5000 名以上居民的 643 个法国城市中，有 504 个城市拥有供水和分配系统（78%）。其中，479 个城市进行家庭供水，其余 25 个城市仍依靠公共储水池。在这 479 个城市中，317 个城市是政府直接管理（66%），162 个城市委托私营公司管理（33%）。1909 年，私营公司还为 151 个居民数量少于 5000 人的城市提供了服务，加上之前的 162 个城市，共计 313 个城市，惠及了约 600 万名居民。在这些私营公司中，通用自来水公司独占鳌头：它的业务遍及 74 个拥有 5000 人以上的城市（其中 48 个位于巴黎郊区），在私营公司提供服务的 162 个城市中占比约 45%。其他城市则被众多当地的小公司占据，在几个城市还出现了几家大公司：郊区自来水公司、里昂自来水与照明公司、庇卡底自来水公司（Société des eaux de Picardie）、维西涅土地与自来水公司（Société des terrains et des eaux du Vésinet）、塞纳河自来水及布瓦西圣雷热泉水公司（Compagnie des eaux de Seine et de source du canton de Boissy-Saint-Léger）、敦刻尔克自来水股份公司（Sociétéanonyme des eaux de Dunkerque）（Imbeaux，1909）。

值得注意的是，与其他国家相比，法国的自来水公司在整体供水和分配系统的推广以及服务的普及化中并没有走下坡路，反而在 20 世纪初普遍向公共管理转变的关键时期，呈现出增长趋势（无论是在服务的城市数量还是居民人数上）。之后，它们在接下来的几十年中稳步向前发展，随着所有地区（城市和乡村）设备的安装，达到了现有的地位。因此，创建于 19 世纪中叶的私营公司一直处于迅速扩张之中，而国外的私营公司则处于萎缩中。通用自来水公司就是其中的典型，1880～1910年签订的合同倍增，确立了法国自来水公司第一的地位。

表17　1909年法国私营公司在供水服务中所占比重

自来水私营公司	服务市镇		人口
通用自来水公司	巴黎	1(1)	2763393
	巴黎郊区	135(48)	1116298
	外省	34(25)	821245
	总计	170(74)	4701482
郊区自来水公司	巴黎郊区	8(8)	166628
里昂自来水公司	外省	8(3)	71878
其他私营公司	外省	127(28)	1063501
总计		313(162)	6003489

括号中数字为人口超过5000的城市数量。

资料来源：Imbeaux（1909）和1906年的人口统计数据。

　　这种扩张对公司来说利润极高，至少在初期如此。[1] 直到第一次世界大战，通用自来水公司的财务状况令人羡慕：公司营业额从一开始增长缓慢，从1880年开始稳定增长，净利润为正且处于非常高的水平。1860年，其利润至少占营业额的61%，总收入为232万法郎，利润就有143万法郎。这些利润中的大部分，一方面来自巴黎的业务，另一方面来自通用自来水公司转让其在郊区的基

---

[1]　该时期内通用自来水公司的财务状况分析基于两类来源。一为通用自来水公司在股东大会上公布的活动年度报告（1856～1910年报告查阅于法国国家图书馆）。二为经济和金融媒体发表的文章，其本身往往依赖于通用自来水公司的年度报告。以下出版物均有涉及：《资本家》（Le Capitaliste）；《铁路、矿山和公共工程杂志》（Le Journal des chemins de fer, des mines et des travaux publics）；《财经杂志》（Le Journal des finances）；《行情》（L'Argus）；《巴黎资本》（Paris-Capital）；《信贷》（Le Crédit）；《工商业报》（La Gazette de l'industrie et du commerce）；《评级公报》（Le Bulletin de la cote）；《采矿杂志》（Le Journal des mines）。

础设施且协商好的 116 万法郎的补偿金。这些利润可以产生非常高的股息，至少在通用自来水公司成立的最初几年，这些红利与伦敦自来水公司发放的红利相当（基于营业额比例）。因此，它们稳住了股价并开始了长期性的增长。这是通用自来水公司、金融投资者和当时大多数经济新闻机构之间长期合作的开始，这些机构持续不断地鼓吹股票的增长潜力以及投资的安全性。在这些机构中，我们可以引用 1863～1906 年的评论以下："企业目前处于最佳的发展状态，［……］公司对未来的设想开始一一实现"［《工商业报》（*La Gazette de l'industrie et du commerce*），1863 年 5 月 2 日］；"通用自来水公司的发展'非常繁荣'"［《资本家》（*Le Capitaliste*），1883 年 2 月 7 日］；"在本地进行证券交易的公司中，通用自来水公司无疑是最大、最成功的行业公司之一"［《铁路杂志》（*Le Journal des chemins de fer*），1901 年 8 月 10 日］；"价值最有保障，适合那些首先追求投资安全的谨慎的资本家"［《资本家》（*Le Capitaliste*），1906 年 12 月 12 日，p. 446］。

因此，公司从与巴黎所签合同（1860 年）的协商条款中获益，选择性投资政策使公司在 1860～1880 年仅签订了几份合同。1880 年以后，合同数量倍增，加速了营业额的增长，公司开始盈利：利润（及其股息）继续增长，但增长速度低于其业务量。净利润与营业额的比例逐渐下降：1860 年为 61%，1880 年为 44%，1900 年为 39%，1914 年为 35%（详情见附录 4）。该公司投入更多资金来运营业务。公司在新合同中协商的定价条件不如以往那么有利，尽管这些新合同仍然能带来极大的利润，但是远不及与巴黎所签合同的前几十年的"非凡"条件。其收入来源也在不断变化：巴黎是公司主要业务的集中区，为公司带来的贡献较少，连续的重新谈判削弱了公司维持同等利润的能力。

表 18 通用自来水公司净收入的变化

单位：法郎

1872 年		1888 年		1906 年	
巴黎	1774619	巴黎	2001850	巴黎	1153387
巴黎郊区	646291	巴黎郊区	2680821	巴黎郊区	5505593
里昂	639988	里昂	1489031	里昂	1300000*
南特	124598	南特	250093	里昂郊区	310062
尼斯	130563	里昂郊区	117730	尼斯及其郊区	1173865
其他收入	110595	尼斯及其郊区	519888	鲁昂及其郊区	330551
总收入	3416654	鲁昂及其郊区	188295	雷恩	222883
净收入	1971248	雷恩	92427	滨海布洛涅	260878
		滨海布洛涅	128474	土伦	352036
		其他业绩及各种收入	384382	其他业绩及各种收入	1588079
		总收入	7832991	总收入	12197334
		净收入	4610126	净收入	6871183

以法郎的不变价格计算。

净收入：总收入与经常性支出之差。未按业务分配的其他费用（间接费用、利息和债务摊销）计入总收入并计算净利润。

＊在合同终止后，里昂市支付的年金。

资料来源：通用自来水公司股东大会：1872 年、1888 年和 1906 年。

从 1910 年起，与巴黎的合同对公司业绩的贡献变得可以忽略不计，因为该市推出了新的条件，并且 1860 年协商的赔偿金已经停止支付了。1913 年，与巴黎的合同只为公司带来了 60201 法郎的总收入，而 1888 年超过了 200 万法郎，1906 年则为 100 万法郎。其他地区取代了巴黎，首先是巴黎郊区市镇，之后是外省的市镇。巴黎郊区在 1872 年为公司带来了 646291 法郎的总收入，1888 年使公司获得了 2680821 法郎，1906 年达到了 5505593 法郎。

在狭义范围内，里昂及其郊区、南特、尼斯、鲁昂及其郊区、雷恩及其小农场地区对通用自来水公司总收入的增长有所贡献。得益于公司在意大利的特许经营权以及参与欧洲国家的其他业务，通用自来水公司的国际子公司发展良好，1905 年的营业额为 318 万法郎，创造了 160 万法郎的净利润（比例约为 50%），几乎全部以股息的形式返还给通用自来水公司的股东。

与此同时，通用自来水公司还在进行投资。新增合同一般为特许权合同，需要投入资金，特别是法国出现了第一批配备过滤器的自来水公司。收购竞争公司以及定期开展业务，也需要投入大量资金。公司使用两种主要手段来获取新签合同及发展供水业务所需的款项。一方面，公司于 1882 年首次发行新股（4 万股），资本金从 2000 万法郎上升到 4000 万法郎。这一行动正处股市危机期间，被商业界认为极其不利，他们担心通用自来水公司"为了董事会的新资金，做出可能有点冒险的举措"［《资本家》（Le Capitaliste），1882 年 10 月 11 日］，以及为了其雄心勃勃的发展策略而牺牲盈利和未来的利润。

另一方面，它在整个时期（1880 ~ 1914 年）一直发行债券，规模越来越大：1865 年发行的债券还比较少（191 万法郎），为了满足扩张政策的投资需求，从 1880 年开始增加债券发行。因此，当公司承担了七个地区的供水网络建设工程时，在 1882 年就投资了 660 万法郎。[①] 这些债券的总金额在 1881 年达到了 3420 万法郎，1890 年超过了 5000 万法郎，1900 年增长到 7364 万法郎，1909 年达到了 9188 万法郎。至此，通用自来水公司发行了与其近五年营业额相当的债券，显示出公司毫不犹豫地降低其资产负债表，增加其财务费用（其增加对净利润的增长产生影响），决心为未来发展

---

① 通用自来水公司股东大会，1883 年 5 月 21 日。

提供资金。和其他企业一样，通用自来水公司受益于股票涨势良好（其增长受到宽松的股息政策的推动），从而得以向公众发行用于资助其投资的债券（Levy-Leboyer et Bour-guignon，1985，p. 97）。

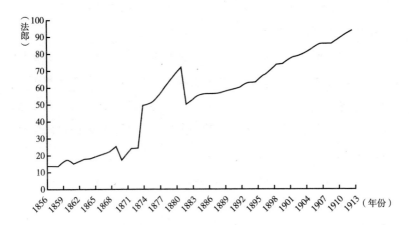

图 5 通用自来水公司每股股息（1856 ~ 1913 年）

以法郎的不变价格计算。

注：1875 年的突然增长与股票数量减半（8 万减至 4 万）有关，1882 年的下跌源于资本增加和股票数量的翻倍（4 万增加到 8 万）。

资料来源：通用自来水公司股东大会以及媒体报道。

这些投资不仅仅用于供水领域。通用自来水公司还涉足相关的领域。它收购了一套臭氧水净化工艺（奥托工艺），1905 年用于一座工厂对圣 – 特兹（Saint-Thèze）通往尼斯的水管以及维苏比运河（Vésubie）的水进行消毒（Compagnie générale des eaux，1953，p. 60）。它创建了瓦纳自来水公司（Compagnie des eaux-Vannes），从事净水和废水处理。该公司于 1885 年成为通用自来水公司的子公司（Franck，1999，p. 288）。之后，1918 年成立的供水配套公司（SADE），接管了 1913 年创建的工程部门。这家公司的使命是实施通用自来水公司运营过程中开展的项目和工程，后来向外部客户开放。最后，通用自来水公司于 1924 年收购了博纳公司，避免其落入蓬阿穆松（Pont-à-Mousson）的手中（Jacquot，2002，p. 42）。博纳公司成立于 1894 年，生产和销售钢筋混凝土管，钢筋混凝土管是铸铁管的竞争产品，后者是最常用于供水的输送管。

由于资本稀缺、债务负担和外部增长，通用自来水公司逐渐接受了真正的工业逻辑，摆脱了早年严格的金融正统观念。它在水资源管理中选择可持续的扩展和发展政策，包括严格意义上积极的外部分配，业务（运营和工程、供水和净化）之间尽可能协同增效以及上游一体化（管道）。在此过程中，它忍受了财务比例的降低和股息增长的放缓。当然，公司的利润依然很高，并一直持续到第一次世界大战开始。1914 年，它的利润仍占营业额的 35%。公司可以提供高额股息，保证股东从投资中获得可观的回报（并帮助维持股价）。但是，通用自来水公司正在逐渐摆脱其初期（1860 ~ 1880 年）非常类似于伦敦自来水公司的局面，采取了不同的发展轨迹，不是一味地保持非常高的财务比例，而是将公司的重心转向了投资、外部发展和壮大。

困难、挑战和重新谈判

20 世纪初，通用自来水公司已经在法国的商业格局中占据了重要位置，被看作国家资本主义冉冉升起的新星之一。自 1853 年一路发展以来，到 1913 年，其拥有的资本在法国公司中排名第 17位，仅次于一些大型铁路公司、运输公司以及少数的电力和天然气公司（Smith，1998，p. 52）。但这种喜人的发展局面即将消失。1910 ~ 1920 年出现了一系列的困难，对法国自来水公司的生存条件及其继续开展业务的能力提出了挑战（Pezon，2011）。

　　第一个但并非最严峻的困难来自一些地方市镇。它们选择通过参与"市政社会主义"运动（法国的运动规模远远小于同时期的英格兰或德国）来接管对供水网络的管理。大多数重新谈判都因为遭到严厉批评而终止合同，一些谈判彻底破裂，这种破裂发生在合同结束时，或者是城市利用赎回条款（支付合同赔偿金，用于赔偿公司）时。例如通用自来水公司最早与里昂（1853 年签署）、南特（1854 年签署）、鲁昂、土伦和埃伯签订的条约都出现过这种情况。这些合同在 1900～1912 年出于各种各样的原因都遭到废除：南特是因为通用自来水公司采用的技术解决方案不能令人满意（管道泄漏、降解，必须进行更换；取水位置不当，水质太差）；土伦是因为通用自来水公司无法提供合同中承诺的水量，即使公司获得的利润很大，也不愿意修建新的自来水工程（Franck，1999，p. 307）；里昂是因为水量无法满足比预期增长更快的需求，而城市和公司无法就如何增加水流量达成一致（Herriot，1909，p. 37）。

　　这些合同的废除引发对抗的氛围，随着时间的推移愈演愈烈。其中的资金条款争议往往要诉诸法庭，因为城市有时会对通用自来水公司要求的赔偿金提出异议，而这些赔偿金已经在合同中做出规定。于是，1888 年，公司与里昂市发生了分歧。合同在 1900 年被确认违约，并导致了法律纠纷，直到 1905 年才结束（Compagnie générale des eaux，1900，p. 18）。虽然合同违约令人吃惊，但总体数量并不多：通用自来水公司的主要业务都在继续运营，并且服务的市镇数量逐年缓慢而稳定地增加。其他私营公司的情况也是如此，这些公司没有受到政府恢复直接管理的过多影响。根据爱德华·安博在 1909 年进行的调查，除了通用自来水公司拥有五个市镇的特许权之外，其他六个居民超过 5000 人的市镇重新由政府进行直接管理：圣纳泽尔（1900 年）、布雷斯特（1898 年）、迪纳尔

（1889 年）、索米尔（1892 年）、朗格勒（1900 年）和日沃尔（1906年）（Imbeaux，1909）。

但是，其他方面的困难也在萌芽之中。第一次世界大战结束时，通用自来水公司与其他自来水公司一样，经历了一系列经济和金融环境的变化。这些变革对其财政状况产生了重大的、负面的影响，引发与地方市镇的诸多冲突。首先，在战争期间和战后爆发了严重的通货膨胀，导致成本出现了急剧的、强劲的上升，这是合同中无法预见的。整个 19 世纪和 20 世纪的前十年，法国几乎不存在通货膨胀，至少价格没有出现持续的、累积的上涨现象。

除了经济活动减缓、经历危机和出现通货紧缩的特殊年份（如 1910 年的谷物歉收导致 1911 年格外引人注意）外，通货膨胀指数平均约为 0。1820～1914 年，货币稳定遵循这样一个规律：在此期间，通货膨胀累计约为 30%，平均每年增加 0.3%（Reinhart et Rogoff，2011）。从第一次世界大战开始，情况发生了巨大变化：进入了高度通货膨胀时期。物价在 1914～1918 年增加了 2.1 倍，在 1918～1927 年再次增加了 2.7 倍，未等经济趋于稳定，在大萧条期间又转变成通货紧缩。1915～1927 年的通货膨胀受到几个因素的推动：在战争年代，政府使用"印钞"（la planche à billets）来为军费开支提供资金。战争结束后，政府继续以这种方式来偿还战争时背负的债务，丝毫不觉得愧疚。此外，在生产设备尚未充分利用的背景下，公司和主管部门降低了工资（Piketty，2001，p. 38 - 41）。最后，某些社会措施，例如 1919 年 4 月 23 日投票并通过的八小时工作制法律条款，也给生产成本带来了压力，而生产成本往往被转嫁到销售价格和工资成本上。

通用自来水公司也受到了通货膨胀的影响。如上所述，地方当局与自来水公司签订的特许经营合同在整个运营期间（有时是 99

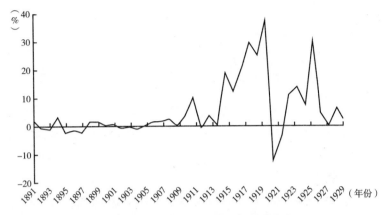

图6　1891～1930 年法国的通货膨胀率

资料来源：Piketty（2001，p. 690）。

年）的价格都是固定的。并且没有任何条款注明将增加的成本转
嫁到用户支付的价格上。一开始，通用自来水公司（以及其他签
订了相同合同的自来水、天然气、电力或电车特许公司）试图缓
解价格普遍上涨的效应。价格的上涨扰乱了整个成本结构（工资
和费用、设备和燃料的成本，特别是煤炭费用）。成本和费用正在
上涨，而合同限制销售价格要维持在原有水平上。公司的利润率迅
速受到影响。1915～1920 年的第一个通货膨胀期导致年度净利润
急剧下降，利润从 1915 年的 652 万法郎下降到 1917 年的 475 万法
郎，之后又跌到 1920 年的 163 万法郎。公司盈利急剧下降导致投
资者信心下降。通用自来水公司是证券市场一支历史悠久的价值
股，其业绩和稳健性长期以来颇受好评，受到通货膨胀的影响后开
始下跌。通用自来水公司在 1914 年底的股价为 2140 法郎，在几年
内下跌了三倍。1922 年初它的股价仅为 719 法郎（现值）。如果考
虑到 1914～1920 年的严重的通货膨胀，从法郎不变价格来看，股
价的损失就更加惊人了。

图 7　通用自来水公司股票名义价值缩水情况（1854～1925 年）

以法郎不变价格计算。

该曲线图根据 1854～1924 年每年年初和年中的两个股价构建。1915 年和 1916 年未标价（巴黎证券交易所保持开放但通用自来水公司股价不明）。

资料来源：巴黎证券交易所行情公告。

　　这种情况迫使公司必须求助于银行（债务）及其股东（增资）。通用自来水公司试图就合同进行重新谈判。公司从 1921 年开始谈判，但无法一蹴而就。其间出现了各种情况：一些城市同意修改条约并上调订水价格，其他城市认为通用自来水公司在任何情况下都应该遵守合同条款的规定。鉴于这些情况（Pezon，2012），通用自来水公司向省长申诉，如果不奏效的话，就向国务委员会提起诉讼，由"最高法官"解决私人和公共当局之间的法律纠纷（Long，1995，p.10）。它已经不是第一家这样做的公司了。1915 年 9 月，波尔多的通用照明公司也面临相同的情况，它向国务委员会提起了针对波尔多市的诉讼。公司这么做没能使吉伦特省上调天然气价格，而它必须承受煤炭价格的大幅上涨（战争造成煤炭供应困难）。在 1916 年 3 月 30 日的判决中，国务委员会维护了公司的权益，责令波尔多市向其支付一笔赔偿金以弥补公司遭受的损失，并重新调整合同条款。必须承认合同对双方都有约束力，但经济上的意外事件可能对特许经营公司有利有弊，它们必须承担这种风险，国务委员会认可公司不会经常遇到那些特殊情况，同时必须找到一种解决方案，保证对公共利益的尊重并使服务继续下去。通过这一决议以及后续的其他决议，国务委员会发布了"不可预测性原则"，并逐步明确特许公司的赔偿条款（参见 Long et al.，2009）。不可预测性原则确保当外部事件无法预见时合同的延续以及对经济平衡的尊重。因此，在任何情况下，私营公司都能在这一原则下保证得到费用和业务的"合理"补偿。正如法学家拉斐尔·阿利伯特（Raphaël Alibert）在 1924 年指出，"不可预测性原则，正如其提出者所希望的那样，挽救了外包的公共服务"（Alibert，1924，p. 5）。

这一决议后来上升为法律判例。通用自来水公司有法可依，要求地方当局就合同修订或合同外补偿津贴与其进行谈判，或两者一并进行谈判。在巴黎的第一个通货膨胀时期（1915～1920 年）和第二个通货膨胀时期（1925～1927 年），该市与通用自来水公司就补充条款及赔偿金进行协商，重新平衡合同并减轻其经营亏损。1929 年，一份新的管理协议草案出台，1930 年正式签署。一位参与其中的市议员表示："由于战争期间收入下降，以及 1919 年以来成本不断增加，尤其是员工成本占公司总支出的 90%，完全扭曲了 1911 年条约的规则。合同在执行过程中时遇到了极大的阻力。批准的众多补充条款只能缓和一下状况，局势迫使我们不得不从 1925 年以后每年强制性地补偿公司因履行合同而产生的几乎全部经营赤字"（Puech et al.，1929，p. 2 - 3）。

合同重新谈判，以及向国务委员会提出上诉后获得的赔偿改善

图8 通用自来水公司股票的股息（1914~1930年）

以通用法郎及法郎的不变价格计算。

资料来源：通用自来水公司股东大会以及媒体报道。

了公司的财务状况，到20世纪20年代后期恢复了第一次世界大战前的净利润水平。由于使用了"不可预测性"原则，公司在1925~1927年的第二波通胀中受到的影响很小。但这种财务良好状况的恢复只是一种假象：从名义价值来看，利润完全相同，但是如果股息再次上涨，按实际价值调整通货膨胀率，公司在20世纪20年代的净利润远低于1914年之前的利润。营业额/净利润比例急剧下降，无法恢复到战前水平（见附录4）。

通用自来水公司在20世纪20年代调整了合同，并引入了旨在保护其免受通货膨胀失衡影响的条款。1930年，与巴黎新签订的管理合同规定了一项支出补偿机制，用于偿还公司每年运营过程中产生的费用。还有一个案例：1924年，通用自来水公司与圣屈艾波尔特里厄（北部沿海）签订了特许经营合同。合同签订时，订水价格是固定的，并且没有对特许权期限（50年）内合同的修订做出相关规定。1933 年，补充条款改变了这种情况，引入了订水价格每年一调的原则，价格将根据劳动部每年制定并发表在法国统计公报中的零售价格加权指数进行调整（Compagnie générale des eaux，1933a）。在与雷恩的合同中也出现了同样的变化。与雷恩的管理合同于 1933 年进行了续约，同时引入了每年的订水价格随通货膨胀率而变化的原则（Compagnie générale des eaux，1933b）。此后，通用自来水公司有了能够保持合同平衡的条款，并确保在正常运行条件下，甚至在严重的经济和金融动荡的情况下，也能够获取参与的报酬。所有自来水公司竞相效仿，根据公司在参与期间发生的费用，在合同期间进行灵活定价，取代固定标价。

公共服务授权

根据不可预测性理论，国务委员会为 1910 年和 1920 年的通货膨胀问题提供了解决方案。成本补偿原则使合同关系更为灵活，即使遇到冲击或发生特殊事件，也可以保持运营的经济和财务平衡。它的通过使行政法院做出了一系列决定，从 19 世纪末到 1915 年，慢慢地形成了私营企业与地方公共权力机构之间组织关系和管理原则的轮廓：以"公共服务授权"为基础，建立起一个地方公共服务管理"模式"。"公共服务授权"是一个通用术语，即将一组合同（特许权、私营企业对公司事业的管理、租赁和管理）组合在一起，地方当局可以通过合同将当地公共服务委托给私营公司管理（Auby，1995，p. 8）。这种模式促进了私营企业参与供水管理，也解释了法国自来水公司能够长久存在的三个原因，即行政部门、实证法和判例法的支持。

首先，自 1800 年以来，省长在市镇管理中发挥着主导作用，是法国国家行政权掌握地方当局强大而持久的权力的象征（Pinson，2010，p. 76），尤其反映在所有条约对普通判例的接纳与传播之中，从而构成了合同的主体。公司获得授权的类型、公司的行动能力、资产所有权、报酬条款、期限和收购条款等这些合同平衡的重要因素，在每个合同中大同小异。市政当局并不总能在与私营企业进行的谈判中占据优势，因此它会采取一套保障措施。这些措施虽然不能完全避免分歧和摩擦，但仍能禁止那些表面上很过分的行为，例如，正如我们所看到的那样，没有法定约束力的期限或收购条款，最终终结了美国水资源管理的私营参与。这种对市镇强有力的行政监督，肯定会降低市镇的行动能力，削弱市镇行政权的作用，但可以保证市镇在与私营公司签订的合同中保持最低限度的平衡。它们不能完全利用信息不对称和技术优势来强加存在误解或者明显不利于地方公共当局利益的合同条款。顺便说一句，那些想让公共服务合同成为地方腐败体系首选工具的企图变得更加难以实现和没那么随心所欲。

其次，从法国大革命以来，法国的法律一直重申公共领域的公共财产不可侵犯的原则。由于地方公共领域不可触犯的性质及其在该地区的主权，法国的市镇仍然掌握着公共服务的全部所有权。任何从事当地公共服务经营的私营企业都不得利用有关服务的任何所有权。公司不得持有任何设施、设备或供水网络来开展诸如供水等业务活动，即使这些活动已经在特许权制度下进行了设计和投资。在法律上，从1835年的首部法令开始（德洛姆法令），历经一系列司法和行政决定，家庭供水逐渐被确认为公共服务，成为公共领域的一部分，进入行政当局的管辖范围内（Lorrain，2005，p. 172）。虽然这种确认有时不确定，甚至是偶然的，但在19世纪还是得到了巩固和肯定（Duroy，1996，p. 16 – 34）。"更准确地说，创设特许权的行政人员并不是创造出一项权力，而只是授予特许公司行使已经享有的权力。特许权不是一项创新，而只是对已经存在的事物的转化"（Pilon，1898，p. 59）。

一个重要的限定在于：私营企业对其提供的服务没有任何特殊权力。将其与公共权力捆绑在一起的合同导致了一系列的——暂时的并在严格监督下——特权转让：这是一份授权合同。私营公司代表当地社区并在当地社区的控制下行事。公司可以利用并资助基础设施和设备，但供水网络仍然是公共权力机构的财产。至少从法律角度来看，私营企业与公共权力机构之间的关系很明确：前者服从于后者。这些原则出现在19世纪末，适用于供水、有轨电车以及燃气照明行业，使签订合同和制定适用的监管规则变得更加容易。在英国，自来水公司从一开始就在供水领域拥有极大的权力（产权、垄断权），公共当局引入公共政策法规的任何尝试都会变得更加复杂并引起更多争议。在法国，市镇的权力更为重要。供水活动很快就被看作一种公共服务（自1835年以来）。因此，与私营公司的合同被定义为行政合同，属于公法性质而非私法性质的合同。

最后，"模式"的第三个也是最后一个原因，国务委员会的判例工作促进了法国私营企业参与自来水行业的实施和发展。为了消除争议和解决冲突，国务委员会通过决议，制定法律并促进法律的发展。这一点从引入不可预测性原则并帮助解决通货膨胀加剧引发的各种问题中得以体现。国务委员会还会随着时间的推移进一步修改和解释其他决议。引入不可预测性原则有利于私营企业的发展，回应了"君王理论"，也有利于当地社区，促使国务委员会发布了一系列的决议。这个原则从1902年1月10日（鲁昂新近德维尔煤气公司）和1910年3月21日（法国电车总公司）的两个决议案发展而来，赋予公共当局单方面修改合同的权力。公共当局有可能在义务细则中没有做出规定的情况下，在合同过程中强制私人公司调整服务，改变使用的技术或改进提供给用户的服务。在第一份决议中，市镇要求天然气公司用电替代天然气来提供照明服务。在第二份决议中，该市要求电车特许公司增加运行列车的数量，以应对乘客数量的增加。在这两个案例中，国务委员会意识到地方当局可能会单方面强制私营企业修改所提供的服务，在必要的情况下还会修改合同的财务条款，而合同经济平衡应该得到尊重。如果服务执行条件不再符合初始的合同，且无法进行调整的话，那么地方当局甚至可以单方面终止合同，未经私营公司同意，在既成事实之前，也需要进行赔偿。

随着时间的推移，国务委员会的判例工作构成了私营公司与地方当局之间合同适用的理论。服务绩效治理的三个主要原则包括连续性，即规律性和不间断的运作（不可抗力的情况除外），这是不可预测性理论和授权私营公司的直接结果；适应性（或可变性），要求服务不断发展、现代化并始终符合用户的需求，而不是长期固定（在合同文件中，其条款无法修改），这是君王理论的必然结果；平等性（服务面前人人平等），来自《人权宣言》，具有宪法价值（Auby，1997，p. 65－78）。

20 世纪初逐渐建立起了"法国公共服务模式"。它赋予当地公共当局作为主导地位的一系列基本权力：创建一项公共服务并决定其活动性质的权力（在不过度限制贸易和创业自由的范围内）；选择执行条款（直接管理或授权）并控制它们的权力，即使在授权的情况下也具有非常广泛的干预资格（实施技术调整，在实施期间单方面修改合同条款的权力）（Denoix de Saint Marc，1996，p. 25）。

在这种情况下，建立合同平衡非常特殊：私营公司有权获得财务平衡，并且在任何经济和金融条件下，参与就要获得回报。同样，公司必须确保服务的连续性并接受当地社区的干预，如有需要，当地社区对提供服务的技术安排进行审查。这样，公共服务授权合同就具有两个主要特征。

一方面，这些合同具有非常强大的适应能力，能够持续下去并克服危机。这些适应能力转化为实践，构成合同条款的一部分，也有助于促进技术和经济的调整和变化，避免了私营公司与地方当局在合同期间和续订期间许多潜在的冲突（Defeuilley，1999）。

另一方面，通过明确地将公共服务和/或经营特权暂时"下放"给私营公司，授权合同设定了一套框架，即至少在书面上清晰规定了合同双方的作用。私营公司是市镇的代表并在当地社区的控制下充当公共当局的助手，后者保留对资产的完全所有权。私营公司必须在必要时修改业务的技术安排，满足公共当局的需求。要做到这一点，它可以依靠一系列可利用的合同，满足各种需求并承担不同的职责：首先是特许权，其次是私营公司对公共事业的管理；再次是租赁以及缩小管理范围。

特许经营权使私营公司能发挥更广泛的作用，因为公司负责投资和服务运营，并可以要求相对较长的合同期限来回收初建时投入的资金。正如我们所看到的，私营公司在管理公共事业方面的作用不大，它只负责服务的管理，在巴黎甚至只负责部分服务管理，即纯粹的商业经营。20 世纪初最常用的两种合同形式为市政当局在完整的服务授权和有限的授权之间做出选择。私营企业对公共事业的管理将被一种更紧密的形式取代，即租赁形式，这种形式在两次世界大战期间迅猛发展，在 20 世纪 50 年代成为主要的水资源管理模式（Lorrain，2008，p. 68）。在该合同形式下，地方市镇担负起投资的责任，并将服务的运营和设施的更新委托给私营公司。租赁合同和它的前身——私营企业对公共事业的管理合同一样，进行了责任划分：公共权力机构依然处于主导地位，并通过投资决策来维持对服务平稳运作的控制。

这些合同——私营企业管理公共事业的合同和租赁合同——让地方当局可以只授权部分服务，依然参与供水网络开发和部署的决策与实施。这是完全委托（确认私营公司在合同期内独占服务）与直接公共管理之间的一种中间道路。其成功的主要原因在于：这种公私合作的形式对于公共机构来说肯定比特许权更容易被接受，这也使私营公司可以专注发展资本密集程度较低的领域。还应该指出的是，国家在 1903 年之后出台文件补贴市镇在供水和卫生网络上进行的投资，特别是农村地区的投资，可能有助于租赁模式的发展（Frioux，2009，p. 353）。

因此，公共服务特许权看似是一个具有很高适应性的合同形式，使公共权力机构拥有广泛的权力。然而，这并不意味着私营公司完全失去了操作的空间，无法利用它们已获得的地位或掌握的私人信息来开展有利的谈判（Defeuilley，2000）。通用自来水公司骄人的财务业绩证明了这一点。然而，20 世纪初出现的监管框架使地方市镇可以从规范私营公司行为、重新调整合同以及威胁直接接管等种种行径中渔利。

市政当局掌握着合同退出的规则，这些规则适用性强并得到法院的承认，可以单方面地做出决定（修改、终止），不受已签署的合同文件的约束。而这些合同文件则能确保服务的连续性以及私营公司得到参与费用并报销支出。最后，市政当局可能会考虑限制性的服务授权，选择私营企业管理公共事业，进而选择租赁模式，保持与供水网络的发展、扩展和现代化之间的密切关系。

结　论

　　新河公司的休·米德尔顿、曼哈顿公司的阿伦·伯尔和通用供水公司的亨利·西蒙，这三位分别是伦敦、纽约和巴黎的私营自来水公司的领路人。他们每个人都有自己的作风和不同的境遇。不可否认的是，这些私营公司在供水网络创建和普及的历史中都扮演了很重要的角色。它们实现了从个人方案的积累向创建大型的、集成的供水系统这一普世使命的转变。这些公司证明了通过开发规模经济、推广客户订购原则以及增加使用供水的居民数量，是有可能资助基础设施设备的建设和开发的。可以发现，这一点在新河公司尤为突出。这些业务在今天看似不言而喻，在许多其他的公共服务（铁路、电信、电力、天然气等）中广泛普及，但它们的表现并不显眼。这些活动似乎是向公司的能力下一个冒险的赌注，这些能力包括建设和开发一套复杂的设备、控制成本和提供给居民具有吸引力的订购服务等方面。这必然需要时间（建筑施工的时间和获得居民订单的时间），还需要筹集大量的、固定的资金才能在未来盈利，盈利可能会来得有些慢，并具有一定的随机性。由于诸多因素，至少到 19 世纪中叶，所有这些原因促成了供水和配水活动触摸到资本主义的"尖端点"（*pointe avancée*），参与者都是极少数的投资者和商人，他们是最富有的那群人中消息最灵通的人士，与高端金融圈和决策圈联系紧密。这些私营公司的行动与在整个 19 世纪发生在欧洲和美国的城市化运动同时进行。它们推动了必需的基础设施建设，奠定了大型中心城市发展的"物质基础"（base matérielle）（Lorrain，2011，p. 16）。

如果没有基础设施，没有城市逐渐成形的技术体系来支持它们的发展，这种城市化所带来的经济、社会和环境上的后果在很多方面仍然有待研究并且无法预测，甚至会产生新的吸引力并且触发更严重的积累后果。在这些技术体系中，最古老的可能也是最有组织的就是供水。提供足够的、大量的水资源来满足居民的需求，保证工业和商业活动的运行，防范火灾，应对土地污染、污水渗透污染，防止地区性的传染病通过污水传播，所有这些因素都是每个大城市的基本关切。特别是一些最重要的地区：首都、大型经济空间的中心城市和极具吸引力的地区，如果没有合理的饮用水供应体系，这些地方便不能保住它们的地位，也无法可持续地发展下去。

然而，尽管具备融资能力、专业技能和资金流通安排，这些私营水公司在 19 世纪末 20 世纪初基本上都已经消失。逐渐消失的原因何在？在其他公共服务方面也会出现相同的情况吗？本书讲述的三个城市的故事意味着什么呢？

私营管理、城市传染病和服务普及

让我们根据时间线重新回顾一下事实情况。在卫生主义开始发挥影响力之前，以新河公司为首的先驱企业就已经开始进行第一阶段的扩张。供水系统被视为一种新型的工商业活动与其他供水方式开展竞争，但是它惠及社会的程度有限。新河公司（1619 年）、曼哈顿公司（1799 年）或者巴黎佩里耶兄弟公司（1778 年）都是在卫生主义盛行之前的环境下开始业务的。那时候，供水问题还没有成为整个社会、社会成员及其代表都感兴趣的政策问题。那些严格遵守正规的商业逻辑而开展活动的公司，反而在服务、投资和税费方面几乎找不到生存空间。政府以合适的方式监控着供水公司的建立过程，时常给予供水公司一些特殊的条件，以便它们能够开展业务，提高城市居民预期获得的用水量，并且不允许出现任何突发事件，或者完全满足城市居民的需求。这种供水状况之前在这些城市几乎很少出现过。人们当然需要更多的水，但也并不是优先事项。因此，这些私营供水公司可以轻易地进入城市并站稳脚跟，但是随后面临许多不利的情况（客户稀少，其他供水模式非常活跃，供水网络难以避免地还远远达不到居民供水的需求）。

水成为许多城市的中心问题，这种转变出现在 19 世纪 30 年代。日益加速的城市化与工业化，加上卫生主义理念缓慢而无法阻挡的渗透，逐渐促使政府将供水网络视为不可或缺的基础设施。1832 年霍乱暴发，在整个 19 世纪反复肆虐，呼唤着变革的出现，要求加快建设能够提供更大水量的设备（并尽可能地减少污染）。政府也像当时的观察员、学术界以及新闻界人士一样，更加密切地关注水资源、卫生和公共健康之间的关系。水，尤其是活水，被视为一种不可或缺的工具，可以用来疏散"疫气"、降低传染病风险、清洗公路以及替换死水。供水政策转化成投资行为、供水网络建设的决策以及客户有节奏的发展，正在成为政府的核心事务，不仅关系到人民的健康，也成为城市吸引力以及城市经济商业活力之所在。因此，政府必须确保供水服务高效运营及其扩张不受阻碍。在这一背景下，干预私营企业就显得不太合适，而且也不合法。当水资源成为公共卫生问题，我们怎么能接受处于垄断地位的私营企业根据财务需要来规划投资和设置税费呢？由政府完全根据公共利益的需求和居民福祉的改善来直接管理供水，不是更加公平和有效吗？这个论点无疑解释了为什么许多政府选择直接管理供水服务，尤其是在"市政社会主义"时期。

摩西·贝克以美国为例，指出："供水具有自然垄断的特点，一方面关系着消费者的健康，另一方面与捍卫生命和财产免于火灾之间存在着紧密且至关重要的关系。这些因素导致供水系统政府所有制在许多城市的快速发展，从一开始就催生了从私营所有制到政府所有制转型的固有需求"（Baker，1915，p. 279）。一位支持地方公共服务"市政化"的法国人也有类似的看法："一个非常普遍的原因就是人们对公共健康和卫生问题的关注。这么一来，财务上的问题就退居末位了；不能再放任私营企业，盈利的诱惑贻害无穷……水是卫生最基本的元素，在任何条件下都不能限制用水。供水入户的价格如果太高，逼着消费者省钱，实际上就是在实施社会犯罪。私营企业的定价太高，税赋也不公平，甚至超过旧社会的盐税……这就是为什么城市认为供应大量干净且便宜的水是其绝对的任务"（Bouvier，1910，p. 108 – 109）。

正因为公共卫生的需求占据了主导地位，供水政策要与之相适应，因此美国及欧洲城市中的私营供水公司必须服从相关的政策。它们签订的合同、制定的价目表和投资金额、采水点的设置、工程的供水规模，都要经过政策的"丈量"检验。然而在很多情况下，供水公司依仗对己方有利的协议（有时有腐败因素），拒绝重审供水条款，不愿花费更多的财力进行投资，不愿降低价格，关系破裂在所难免。伦敦的自来水公司迟迟不改变策略：它们采用高股息政策，捍卫股东的利益，不加大投资，也不大幅度地调低水价。另外，美国的公司则在合同方面做文章，签订单方面的市政化合同（必要时甚至使用贿赂），用一切合法的手段，维护它们的地位，尽最大可能推迟不可避免发生的事情：供水服务的市政化。它们特别强调自己是资产的所有者。因此，当城市决定接管供水系统

（考虑到金额总数，有时候也可能难以收购），就不得不收购这些资产；或者等到它们完全报废，政府便在私营企业原有的基础上重新修建和资助供水系统，迫使私营企业终止业务。曼哈顿公司正是这类行为的案例。

供水管理对公共健康的影响，从而变为一项地方政策事务。这种转变从 19 世纪后半叶到 20 世纪初变得更加剧烈，这是因为用水的普及，人们形成了卫生习惯，从断断续续到持续不断地供水，越来越被视为一种权利。人们已经无法想象没有供水网络及其提供的服务，也不可能回到节俭、限制用水的过去，水也不再是一种稀缺资源，水在以前是私营的，随着公共卫生运动的发展，供水成为关系到全体人民的事务（Goubert，1989，p. 1084）。只有从集体视角出发，才能有效地预防和治疗传染病，普遍改善生活条件。供水和用水的话题开始进入公共视野，引起的争论经常激起人们在民主生活中的挑战和冲突，需要由当地决策机关来处理（Taylor et Trentmann，2011，p. 204）。

供水网络及其动态扩张遵循服务普及化的内在逻辑。随着供水网络的发展，它覆盖越来越多的人口。而少数一些人，往往是最贫穷的人口，被排斥在外，越来越难以被接受。水资源被视为生活必需品，缺水会使经济和社会中的排斥在更大范围内恶化。公共健康的需求、服务普及化的逻辑以及随之而来的排斥风险使政府应该更多地介入供水管理。私营企业必须面对政府的意愿，包括组织再分配政策、执行反排斥的交叉补贴以及促进供水的真正普及化。在这个过程中，私营企业设置的收费并没有反映服务的实际成本或者社会费率。这些再分配政策，通过税收将供水网络的部分成本转嫁给纳税人，而私营企业更多地依赖供水网络的直接融资机制（以水养水），两者很难达成一致。

因此，随着供水网建设的扩张以及卫生学理念的渗透，工程的重要性、实施的进度、再分配的要求以及卫生检验要求都支持政府接管项目，使供水网络能够覆盖全部人口。清洁和健康问题都是政府主管的社会事务，从而确保供水服务的普及化，减少社会排斥的风险（Hardy，1984，p. 250）。

合法性问题

这一历史进程基本上从 19 世纪末延续到 20 世纪初，导致私营企业在供水网络建设方面无一例外地处于几乎完全边缘化的境地。同一时期，其他公共服务的情况大不一样，私营企业仍然保持着重要的地位，经过"市政社会主义"的市政化浪潮之后，实际上并未受到影响，地位更加稳固，只是在二战后国有化政策的影响下，走上了转型之路。是什么造成了供水服务的特殊性呢？不管是经济、技术、财务还是合同的严格程度等原因，都很难进行解答。供水资源管理与其他公共服务有许多相同点。供水管理同电力、天然气、公共交通以及垃圾处理等一样，也需要大量的资金。这些行业能够充分发挥规模经济和网络效应的作用，业务的正常运行需要专业的知识，这些知识广泛存在于定价、服务普及和再分配政策之中。政府太多的干预会起反作用。解决这些问题需要至少部分地发展竞争框架，同时规范经营区域的垄断、签订原则性的合同以及开展监管行动。

尽管各类公共服务有许多相似点，但是同一国家甚至同一社区的公共服务和私营企业经历了不同的历史进程。这种差异性很难通过合同的特殊性（即交易的不同"特性"）、财务上的考虑或是技术上的特殊性等方面来解释。

在这里，我们假定另一个角度的原因，即集体运动的规律、立法问题以及合理性的要求。换句话说，参与者们通过他们的行动，促成了公共领域对问题的回应。他们将遵守一系列的规范和共识作为行动指南，成为他们绝大部分行动的原因。这些准则约束了选择的空间，决定了他们的行动：行动必须是合法合理（恰当、合适）的，而那些偏离了规范的不合法的（不恰当的、不合适的）行为，就难以找到恰当的解释。

在供水行业有两大关键参与者——政府机构和私营企业，它们的行动原则非常不同。政府机构承担主要的甚至是核心的任务，并根据自身能力来履责。它们促进、参与供水服务的行动是为了满足大众的意愿和维护全体人民的利益。因此，其合法性的基础不仅来源于执行基本法律的能力，还来源于有能力通过合适的公共政策来回应影响社会的问题（Duran，2009，p. 305）。政府机构扮演着维护大众利益的角色，因而其自身必须谨慎地超脱于特殊利益之上，与之保持相当的距离，这就要求他们代表人民，受人民信任，能够有威信来行使权力。遵守这种标准，才被视为"公民的代表方"（*l'envers de la délégation reçue des citoyens*），确保不会滥用手中的权力（Lascoumes et Bezes，2009，p. 110）。否则，政府将会面临受到批评、挑战和爆发危机的风险，这种情况根据政治和体制背景而异（轻则重新选举政府；重则人民起义）。为了赢得人民的信服，政府需要从大众的利益出发，证明其不曾与私营利益有瓜葛，行为方式很"纯粹"（*vertueuse*），放弃从其地位、掌握的信息或者权力影响中牟利。根据亚里士多德的名言，政府的行动准则应总结为以下方面：模范、无私、公正、亲民以及高效的社会服务。

捍卫公共利益与追求个人利益之间并非总是那么泾渭分明，在供水资源管理中可见一斑。在 18 世纪末甚至更早之前，第一批技术性的供水网建设就是企业家与君主之间合作的产物，而君主参与工业建设和投资活动经常是为了获取个人利益。这并不是孤例：在其他业务部门，也充斥着这样的机制。资本主义、项目投资积累，新兴行业风险投资，毫无例外都离不开政府的支持和鼓励、授权批准，给予垄断地位或者特权，都交杂着公共利益（经济发展）和明显的私人利益。其中一个案例就是詹姆斯一世在新河公司运营初期的风险投资，并对伦敦市施加影响，为新河公司的发展提供便利。这种将公共利益和私人利益混合在一起的做法并没有引起多少批评的声音。一直等到 18 世纪后半叶，兴起了一项要求人民利益（由政府代表）和个人利益（代表个人与私企）分离的运动。正是实现了这种利益分离，才产生了近代政治体制，要求政府行为合法性应代表选民的意愿，不辜负选民的信任，为公共利益工作，与特殊利益彻底分离。按照马克斯·韦伯法律—理性的模式，政府机构的权威（及其统治）应建立在法律、理性、声望以及理性的执法之上。与此同时，政府机构应拒绝或者远离那种以习俗、传统或者"建立在个人的恩典或者卓越不凡之上的权威（个人魅力）"为基础的其他法律规范（Weber, 1919［1963］, p. 88）。

人是生而自由的，在法律面前人人平等。这些社会契约是为了实现公共利益，也是个人行动的准则（Goldman, 1967, p. 757）。这种分离运动与代议制民主的产生密不可分：为了使人民遵守所有的法律，政府机构（国家、议会、地区代表机关）不能作为特殊利益的代言人或者鼓吹者（Rosanvallon, 1998, p. 57），而应当传达公共利益，正如国务委员会宣称自己是"公共行动的奠基石，从而决定其职能和法律的制定"（Conseil d'État, 1999, p. 245）。如果像美国某些城市中活跃的"政治机器"那样，依靠其他方面（个人关系、收买人心、混淆公众利益和个人利益）来引导公共选择，它们也许能证明其他一些问题，但并不能推翻以上所有的观点。"政治机器"这一现象，局限于特定的时间和地点，早已在美国改革运动中消亡殆尽，对正当性和公共行动也不会产生替代性的参考价值，至少不会在我们的分析中起到制度背景的作用。

一边是公共利益，一边是特殊利益。私营企业的行动准则各不相同。它们首要的关切，也是其存在的原因，当然是获取利益。它们是企业家自私自利和企业家（当所有权和经营权分离时，还包括股东）私人关切的化身，在打败竞争对手、壮大自身的同时，（它们，也只有靠它们自己）要利用其在技术、信息和技术上的优势，尽可能合理地开展活动，推进项目。

这两种行动准则就不可调和了吗？双方的调和并非顺理成章。原则上，当两者的诉求相去甚远甚至对立的情况下，两种利益之间的妥协就变得非常困难（Boltanski et Thévenot，1991）。对于政府机构来说，公众利益高于特殊利益，不得损害，因而不会放松对企业追求个人利益和特殊利益的管制。公众利益是社会和历史的产物，其概念非常模糊，会随着政府的更替、地点时间的改变而变化。如果政府机构为了稳固统治地位，捍卫和加强权力，或者确保其计划的实施（Lascoumes et Bourhis，1998，p.38），可能会对公众利益的形态和定义进行引导，那么政府和企业的调和会更加困难。在供水管理这一方面，这种利益对立显得更加严重了，因为大众对于水资源的渴求、水资源的平均分配原则、水资源的普及化以及对公共健康的保护，与私营企业只想盈利的事实有着非常大的冲突。所以我们也很容易看到，政府机构在供水管理这方面，将可能与大众利益冲突的私营企业都排除在外。正是因为有这种利益的冲突，政府机构开始着手管理供水，规定水价的水平，投资资源设施，增加市政财产，重新投资其他公共服务中的资产（补贴某些类型的人员，支持其他市政服务，等等）。这里，我们要强调这两种运动并行不悖，相互依存，相互促进。一方面，政府机构因为害怕过于偏离预期的行为标准会丧失合法地位，因而逐渐疏远私营企业；另一方面，政府机构接管供水服务，从中获得了选民的支持，扩大了影响力，确保了相对于私人利益的优越性，扮演了规则的制定者和公共政策的监管者的角色。

私营企业丧失了在供水领域的影响力，逐渐被公共管理所取代，可以看作放弃了努力寻求长期冲突的解决之道，这种冲突发生在有可能形成妥协的对抗行为原则和遵守纪律的实践之中。在供水管理组织过程中很难具备有效的、可持续的公私伙伴关系的法律环境和合同环境，因而冲突难以平息。而其他公共服务领域肯定要好得多，因为私营企业的需求（根据其行为和实践）并没有那么强烈，企业家的利益和公共政策的结果之间比较容易能够协调一致。

法国的特例或"公共行为委托"模式

相反，法国私营自来水公司的发展并没有在19世纪后半叶受到影响。甚至在20世纪，私营企业在供水公共管理面前也站稳了脚跟。为什么呢？原因有多种。首先，在制度方面："游戏规则"很有利。当地碎片化的制度体系导致大公司的行为产生了合理的影响：政府对地方社区的监管越严格，就越能保证实际操作中的普遍一致性，避免在与私营企业签订合约时大量出现腐败的可能性；公众认识到基础设施不可分割的特性是地方公共服务的奠基石；国务委员会实用主义的决策有助于排除阻碍因素，平息紧张的局面……所有这些制度规则有助于当地政府机构与私营企业之间达成稳定且持续的和解，从而促成了一种特殊的模式——"公共行为委任"

（Lorrain，2014，p. 5）。

其次，私营企业之所以站稳脚跟并得到持续发展，是因为它们找到了自身利益与公共利益的平衡点，其业务开展能够长期维持这种和解。最后，私营企业成功找到了地方公共行为者期望的解决方案，所有这些都建立在行为者各方达成的"游戏规则"中包括的条款和协议机制之上。在委托协议中，政府不会放弃维护和捍卫公共利益的职责。该协议赋予政府机构（理论上的"君主"）的实际职责是承担公共服务任务，保有公共财产的产权。公共财产的产权是政府机构不可分割的主权的一部分，也是政府机构提供服务的保障。私营公司并没有特殊产权的保障，因此在合同结束的时候无法要求追偿曾经投资过的资产。合同的退出很方便，政府可能会接管对公共事务的管理。矛盾之处在于，公共的资产对于私营公司来说只不过是沧海一粟，因此，如果私营公司懂得放弃这些资产的话，其业务会更容易被政府接受（或者已经接受了）。

在一些委托合同（政府管理公共事务协议以及之后的租赁合同）中，地方政府机构的行动能力是重中之重，它们控制部分的供水服务，制定投资政策，委托私营企业维护和运营供水设备。因此，这些合同将政府置于在"政治上可接受"的程度上利用私营企业的争议之中，提供了一个长久的解决方案，在供水公共管理中合法地融入私人利益。合同之所以这样制订是公共行动的原则非常显著，它们捍卫公众利益，这是公共服务三大使命之一（连续性、适应性和公平性），与其他方面的利益进行博弈，私营企业的利益（在合同确认"公平"的回购权利）只是副产品。达成的妥协对双方来说都是"非牺牲性"（*non sacrificiel*）的。在此准则之下，公共服务代理见证了"主权法则与商业法则的交叉点"（Venkatesh，1995，p. 6）。

　　总之，虽然这种模式优点很多，但还是难以避免风险，遇到很多困难。这种模式可能会导致公私关系紧张的局面，受到严厉的批评和质疑。当私营企业在项目中的收益很高，且在协议条款中占便宜的时候；当公私双方不能就续签条件达成一致的时候；当政府监管私营企业和捍卫公共利益的能力（愿望）遭到质疑，从而被怀疑参与共谋的时候，就会造成公私关系的紧张局面。当以上情形经常出现时，公私之间的和解就会遭到削弱，市政当局委托私营企业管理供水的决定就会受到挑战。但在本书研究的年代中，这些冲突无一例外都不会导致合同的破裂。这些合同数量之多，已经重要到引发供水管理的"市政化"现象普遍发生。回购条款也在谈判内容之中。从实践和规则上证明，这样有助于寻找到共同的平台，经常性地修复政府和私营企业之间达成的协议。

　　重新谈判和讨论时常会发生冲突，意味着政企双方需要经常调整合同的条款，双方都需要考虑背景的变化，合理分配份额，或者重新进行商讨。这样一来，政企之间就重构了"维系"政府管理公共事务的合法性，形成了公共服务代理模式。这种合法性需求因时代的不同而有所差别，尤其取决于时代的背景，另外取决于行为各方的实践（地方社会的警惕性、私营公司的盈余）以及它们回应指令的能力。目前看来，这种需求似乎又一次处于酝酿之中。事实上，许多地方社会又兴起了挑战私营企业和要求城市服务"市政化"回归的运动。在此背景下，公共服务代理的未来是否实现可持续性和组织化，处于重要的时点，即为了能够延续下去，必须做出重新调整。

附录 1　欧洲主要城市供水系统的起源（1850 年）

城市	1850 年人口（人）	供水网络创建年份（年）	起源	目前的状态(从……起)（年）
伦敦	2360000	1581	私营	公营（1904） 私营（1989）
巴黎	1050000	1778	私营	公营（2010）*
圣彼得堡	520000	1846	私营	公营（1893）
柏林	440000	1856	私营	公营（1873）
莫斯科	440000	1887	公营	公营（1887）
维也纳	430000	1864	公营	公营（1864）
那不勒斯	400000	1875	私营	公营（1885）
利物浦	380000	1799	私营	公营（1857）
格拉斯哥	350000	1809	私营	公营（1853）
曼彻斯特	300000	1816	私营	公营（1851）
利兹	280000	1694	私营	公营（1852）
马德里	280000	1851	公营	公营（1851）
都柏林	260000	1863	公营	公营（1863）
里斯本	240000	1858	私营	公营（1974）
伯明翰	230000	1826	私营	公营（1876）
巴塞罗那	220000	1867	私营	私营（1867）
阿姆斯特丹	220000	1854	私营	公营（1886）
米兰	210000	1888	公营	公营（1888）
马赛	183000	1847	公营	私营（1943）
罗马	180000	1865	私营**	公营（1964）

城市	1850 年人口 （人）	供水网络创建年份 （年）	起源	目前的状态（从……起） （年）
里昂	177000	1853	私营	公营（1900） 私营（1987）
华沙	170000	1881	公营	公营（1881）
布达佩斯	160000	1868	公营	公营（1868）***
汉堡	150000	1848	公营	公营（1848）
都灵	140000	1847	私营	公营（1845）
哥本哈根	130000	1859	公营	公营（1859）
布鲁塞尔	130000	1855	公营	公营（1855）
热那亚	130000	1854	私营	公营（1937）
布拉格	120000	1885	公营	公营（1885） 私营（1998）
塞维利亚	110000	1883	私营	公营（1957）
科隆	110000	1863	公营	公营（1863）

* 巴黎水网建设 1789～1860 年是公营，之后私营企业加入，直到 2010 年。

** 罗马水网建设既有公营也有私营。

*** 布达佩斯水网建设 1997～2012 年有私营企业的参与。

资料来源：人口数字来源于 Bairoch et al.（1998，p. 283）；供水管理数据来源于以下：Juuti et Katko（2005）；Bocquet（2005）；Barraqué（2012）；《流动》（*Flux*）杂志特刊（第 97～98 期，2014），以及市政管理者和相关城市的信息。

附录 2　私营管理在欧洲各国供水管理中的地位

国家	总人口（千人）	私营比重（%）	受益人口（千人）
英国 *	61052	89	54336
法国	63645	66	42005
捷克共和国	10254	55	5640
爱沙尼亚 **	1343	51	685
西班牙	44785	36	16123
德国	82315	29	23871
匈牙利	10066	20	2013
意大利	59131	20	11826
爱尔兰	4340	17	738

续表

国家	总人口(千人)	私营比重(%)	受益人口(千人)
保加利亚	7573	16	1212
葡萄牙	10533	14	1475
波兰	38125	8	3050
冰岛	308	6	18
芬兰	5277	5	264
奥地利	8283	5	414
挪威	4681	5	234
罗马尼亚	21130	3	634
克罗地亚	4313	0	—
塞浦路斯	758	0	—
立陶宛	3250	0	—
卢森堡	476	0	—
马耳他	405	0	—
荷兰	16358	0	—
希腊	11172	0	—
丹麦	5447	0	—
比利时	10584	0	—
斯洛伐克	5373	0	—
瑞典	9113	0	—
瑞士	7509	0	—
总计 1	507599	32	164538
总计 2	436293	24	104562

* 英国：英格兰全部为私营，威尔士和苏格兰则是公营。

** 爱沙尼亚：主要数据来自首都塔林（大约 40 万人口）。

总计 1：欧洲所有国家的总计。

总计 2：除英国和捷克共和国之外的欧洲国家总计（水资源为国家私营化）。在这两个国家，私营领域的水资源管理不受市政府限制。公营的概念：市政服务、合作公司、非营利公司以及被公共财产收购大部分的私营公司。

资料来源：人口数字来自 Eurostat 2008 年发布的数据，水资源私营管理数据来自 Eureau 2009 年发布的数据（除了德国、希腊和法国）。德国的数据来自 ATT 2005 年发布的数据，希腊的数据来自 Assimacopoulos 2012 年发布的数据，法国数据来自 FP2E 2012 年发布的数据。

附录3　伦敦各大供水公司从营业额中提取股息的比例（1873～1902 年）

单位：%

年份	新河	切尔西	东伦敦	大枢纽	肯特	朗伯斯	南沃克和沃克斯霍尔	西米德尔塞克斯
1873	49.7	47.6	56.0	58.6	50.5	50.2	32.5	46.7
1874	52.1	42.9	50.7	59.3	51.7	51.2	34.5	47.4
1875	51.4	41.8	51.6	55.9	64.4	54.2	34.9	51.3
1876	51.4	47.8	42.3	44.2	64.9	49.9	32.0	54.2
1877	53.5	51.4	47.0	55.5	62.0	50.7	36.2	58.1
1878	52.1	49.4	50.3	59.5	64.9	55.1	35.1	66.9
1879	50.9	44.1	50.5	56.4	63.6	54.9	32.7	67.8
1880	54.4	41.3	48.9	57.8	65.1	51.6	31.1	68.2
1881	55.6	41.0	48.8	57.1	64.2	53.8	33.2	69.4
1882	54.0	43.0	53.3	55.9	70.7	54.1	37.5	67.5
1883	55.5	46.4	54.7	57.4	70.4	56.5	41.4	68.0
1884	54.7	48.6	52.3	56.7	68.5	57.5	39.1	69.2
1885	55.2	49.5	50.4	56.3	66.7	56.6	29.2	69.0
1886	51.2	50.5	51.4	57.0	67.4	59.7	29.3	67.8
1887	52.7	51.4	49.6	57.2	68.2	61.2	32.4	62.1
1888	51.9	52.8	52.3	56.5	66.4	61.3	31.2	59.0
1889	48.7	53.7	51.4	56.0	68.1	59.8	29.5	58.1
1890	49.8	54.5	49.5	55.5	66.9	59.5	34.1	58.5
1891	49.8	52.2	47.6	50.7	63.8	54.5	28.4	54.4
1892	41.9	52.9	49.5	52.9	65.0	57.1	30.6	52.8
1893	39.2	53.4	46.9	52.1	62.1	55.3	27.5	57.1
1894	48.2	52.0	46.5	49.3	65.9	54.5	28.1	56.7
1895	46.3	50.0	36.6	40.2	51.5	43.8	20.8	41.1
1896	46.9	55.7	39.2	45.9	62.7	49.4	20.9	49.6
1897	46.9	55.4	44.5	45.4	63.1	53.4	28.7	50.2
1898	35.5	53.3	34.7	46.8	62.1	55.0	26.8	50.6
1899	46.5	52.9	29.8	46.8	62.8	53.9	28.5	49.1
1900	46.5	54.1	38.8	46.6	59.4	52.6	23.6	46.2

年份	新河	切尔西	东伦敦	大枢纽	肯特	朗伯斯	南沃克和沃克斯霍尔	西米德尔塞克斯
1901	42.1	50.6	33.6	44.9	60.6	49.2	24.0	39.3
1902	41.5	51.6	32.2	44.4	60.6	46.0	22.8	39.7

资料来源：下议院，《国会文件》《大都会自来水公司》。《大都会自来水公司年度会计报告》（1871～1903 年）

附录 4　通用自来水公司的关键数据（1856～1920 年）

单位：英镑，%

年份	营业额	支出	净利润	股息	股息占营业额的比重
1856	1520640	435000	1085640	1040000	68.4
1857	1696525	585406	1085640	1040000	61.3
1858	1869242	740085	1129157	1080000	57.8
1859	2161158	828896	1332262	1280000	59.2
1860	2324738	893022	1431716	1380000	59.4
1861	2355640	1164378	1191262	1180000	50.1
1862	2458862	1099343	1359519	1280000	52.1
1863	2604457	1171282	1433175	1400000	53.8
1864	2648094	1183615	1578033	1520000	54.9
1865	2767648	1189615	1578033	1520000	54.9
1866	2884145	1198669	1685476	1600000	55.5
1867	2994886	1227911	1766975	1680000	56.1
1868	3260828	1448731	1812097	1760000	54.0
1869	3568955	1585565	1983390	2000000	56.0
1870	3745512	1228495	1474450	1360000	36.3
1871	4023493	2329752	1693741	1680000	41.8
1872	4620183	2643935	1976248	1920000	40.5
1873	4746212	2774964	1971248	1920000	40.5
1874	4981812	2986087	1995725	1960000	39.3
1875	5260140	3148589	2057551	2000000	38.4
1876	5487344	3376516	2110828	2080000	37.9
1877	5736892	3534690	2202202	2200000	38.3

年份	营业额	支出	净利润	股息	股息占营业额的比重
1878	6092378	3681479	2410899	2400000	39.4
1879	6439425	3604923	2834502	2560000	39.8
1880	6716688	3769899	2946789	2560000	39.8
1881	7402663	4173084	3229579	2880000	38.9
1882	8384644	4509351	3875293	4000000	47.7
1883	9437949	5115002	4322947	4160000	44.1
1884	9997243	5561711	4435532	4400000	44.0
1885	10323710	5775125	4548585	4480000	43.4
1886	10460865	5855322	4605543	4520000	43.2
1887	10693762	6171504	4522258	4520000	42.3
1888	10783000	6172874	4610126	4520000	41.9
1889	11033000	6336000	4697000	4600000	41.7
1890	11300000	6523000	4777000	4680000	41.4
1891	11709513	6977638	4731875	4720000	40.3
1892	4833045	4800000			
1893	12487979	7451375	5036604	4960000	39.7
1894	12928087	7772652	5155435	5040000	39.0
1895	5080000				
1896	13567184	8189268	5377916	5320000	39.2
1897	13928937	8439519	5489418	5440000	39.1
1898	14404723	8651022	5753701	5680000	39.4
1899	15252889	9272868	5980021	5920000	38.8
1900	15095854	9042641	6053213	5920000	39.2
1901	15471316	9158484	6312832	6120000	39.6
1902	15482765	9174306	6308459	6240000	40.3
1903	15598552	9212404	6386148	6320000	40.5
1904	15926882	9369512	6557370	6400000	40.2
1905	16404000	9756687	6647313	6560000	40.0
1906	17680077	10808894	6871183	6720000	38.0
1907	18078005	11200063	6877942	6880000	38.1
1908	18512623	11568778	6943845	6880000	37.2

年份	营业额	支出	净利润	股息	股息占营业额的比重
1909	18792343	11844498	6947845	6880000	36.6
1910	18354799	11245046	7109753	7040000	38.4
1911	18473770	11220214	7416094	7360000	39.2
1912	18778241	11362147	7416094	7360000	39.2
1913	18317832	10729244	7588588	7520000	41.1
1914	17228447	11110692	6117755	4160000	24.1
1915	4574815	5000000			
1916	4631689	5000000			
1917	20620829	15870104	4750725	5000000	24.2
1918	22638174	17901722	4736452	5000000	22.1
1919	23167291	16967022	2194007	1600000	6.9
1920	34615778	29305208	1629351	1600000	4.6

资料来源：通用自来水公司（年度）股东大会以及媒体报道。部分年份如 1892 年、1895 年、1915 年、1916 年的某些数据缺失。

鸣　谢

　　这本书是多年致力于分析城市公共服务的组织形式及发展趋势而开展工作的结果，特别是水的供应和分配。我要感谢米歇尔·博德（Michel Beaud）、伯纳德·巴拉克（Bernard Barraqué）、奥利维尔·克雷斯皮·雷吉齐（Olivier Crespi Reghizzi）、多米尼克·罗兰（Dominique Lorrain）、西尔维娅·卢普顿（Sylvie Lupton）和梅赫达·瓦哈比（Mehrdad Vahabi）就这本书提出的明智评论和建议。我还要感谢帕特里克·勒·加莱斯（Patrick Le Galès）的编辑工作，并感谢巴黎政治学院出版社全体工作人员的专业精神。感谢艾查·奥哈龙（Aicha Ouharon）持续且无条件的支持。

　　我把这本书献给我的两个孩子伊内斯（Inès）和伊利亚斯（Elias）

参考文献

ACHESON G., HICKSON C., TURNER J. et YE Q. (2009), « Rule Britannia ! British Stock Market Returns, 1825-1870 », *Journal of Economic History*, 69 (4), p. 1107-1137.

ALIBERT R. (1924), *La Théorie de l'imprévision dans les concessions de service public. L'évolution des faits et l'adaptation de la théorie depuis 1916*, Paris, Juris-Classeurs.

ALMEROTH-WILLIAMS T. (2013), « The Brewery Horse and the Importance of Equine Power in the Hanoverian London », *Urban History*, 40 (3), p. 416-441.

AMAURY-DUVAL M. (1828), *Les Fontaines de Paris, anciennes et nouvelles, les plans indiquant leurs positions dans les différens quartiers et les conduits pour la distribution de leurs eaux*, Paris, Bance Aîné éditeur.

ANDERSON A. (1979), « The Development of Municipal Fires Departments in the United States », *Journal of Libertarian Studies*, 3 (3), p. 331-359.

ANDERSON L. (1984), « Hard Choices : Supplying Water to New England Towns », *The Journal of Interdisciplinary History*, 15 (2), p. 211-234.

ASHLEY P. (1906), « The Water, Gas and Electric Light Supply of London », *Annals of the American Academy of Political and Social Science*, vol. 27, p. 20-36.

ASSIMACOPOULOS D. (2012), « Water and Sanitation Services in Greece and the Sustainability Challenge », *Conference ATHENS Week 2012*, Paris.

ATT (2005), *Profil of the German Water Industry*, Bonn, Association of Drinking Water from Reservoirs.

AUBY J. F. (1995), *La Délégation de service public*, Paris, PUF.

AUBY J. F. (1997), *Les Services publics locaux*, Paris, Berger-Levrault.

AUXIRON C. d' (1765), *Projet patriotique sur les eaux de Paris, ou mémoire sur les moyens de fournir à la ville de Paris des eaux saines*, Paris, Hérissant Fils.

BACKOUCHE I. (2016), *La Trace du fleuve. La Seine et Paris (1750-1850)*, édition augmentée d'une nouvelle préface de l'auteur, Paris, Éditions de l'EHESS.

BAER W. (2011), « Landlords and Tenants in London, 1550-1700 », *Urban History*, 38 (2), p. 234-255.

BAIROCH P., BATOU J. et CHÈVRE P. (1988), *La Population des villes européennes de 800 à 1850 : banque de données et analyse sommaire des résultats*, Genève, Librairie Droz.

BAKER M. (1893), « The Municipal Ownership of Water Works », *Publications of the American Economic Association*, 8 (1), p. 55-58.

BAKER M. (1899), « Water-works », dans E. Bemis (ed.), *Municipal Monopolies*, New York, Thomas Y. Crowell Company, p. 3-52.

BAKER M. (1915), « Ownership and Operation of Water Works », *Annals of the American academy of political and social science*, vol. 57, p. 279-281.

BALDWIN J. (2006), *Paris, 1200*, Paris, Flammarion, coll. « Historique ».

BALL M. et SUNDERLAND D. (2001), *An Economic History of London. 1800-1914*, Londres, Routledge.

BALZAC H. de (1836), *L'Interdiction, suivie de La Messe de l'athée*, Bruxelles, Ad. Wahlen et Cie Imprimeurs.

BARLÈS S. (2005), *L'Invention des déchets urbains. France : 1790-1970*, Seyssel, Champ Vallon.

BARRAQUÉ B. (2007), « Small Communes, Centralization, and Delegation to Private Companies : The French Experience », *Journal of Comparative Social Welfare*, 23 (2), p. 121-130.

BARRAQUÉ B. (dir.) (1995), *Les Politiques de l'eau en Europe*, Paris, La Découverte.

BARTLETT S. (1999), *Who Pays for Water ? Cost Recovery and User Fees in Boston's Public Water Infrastructure, 1849 to 1895*, Cambridge (Mass.), Massachusetts Institute of Technology, Department of Urban Studies and Planning.

BAULANT M. (1990), « Pratiques de l'eau dans la Brie des XVIIᵉ et XVIIIᵉ siècles », *Éthnologie française*, 20 (2), p. 213-224.

BEAUD M. (2000), *Histoire du capitalisme. De 1500 à 2000*, Paris, Seuil, coll. « Points » [5ᵉ éd.].

BEAUMARCHAIS P.-A. Caron de (1785), « Lettre pour les administrateurs de la Compagnie des eaux de Paris », P.-A. Caron de Beaumarchais (1837), *Œuvres complètes*, Paris, Ledentu Libraire-Éditeur, p. 704-715.

BECHMANN G. (1898), *Salubrité urbaine. Distribution d'eau et assainissement*, tome 1, Paris, Libraire polytechnique.

BECHMANN G. (1900), *Notice sur le service des eaux et l'assainissement de Paris*, Paris, Béranger éditeur.

BEDARIDA F. (1968), « Londres au milieu du XIXᵉ siècle : une analyse de structure sociale », *Annales. Économie, sociétés, civilisations*, 23 (2), p. 268-295.

BELGRAND E. (1866), *Mémoire sur l'avant-projet de dérivation des eaux de la Vanne*, Paris, Ville de Paris, Services municipaux des travaux publics.

BELGRAND E. (1877), *Les Travaux souterrains de Paris*, tome 3 : *Première partie : les eaux*, Paris, Dunod éditeur.

BELLANGER E. (2010), *Assainir l'agglomération parisienne. Histoire d'une politique interdépartementale de l'assainissement (XIXᵉ-XXᵉ siècles)*, Ivry, co-édition SIAAP-Éditions de l'Atelier.

BENOISTON DE CHÂTEAUNEUF L.-F. (1820), *Recherches sur les consommations de tout genre de la ville de Paris en 1817 comparées à celles qu'elles étaient en 1789*, Paris.

BERNARD P. *et al.* (1840), *Les Français peints par eux-mêmes : encyclopédie morale du dix-neuvième siècle*, tome 4, Paris, L. Curmer éditeur.

BLAKE N. (1956), *Water for the Cities : A History of the Urban Water Supply Problem in the United States*, Syracuse (N. Y.), Syracuse University Press.

BLANC L. (1843), *Histoire de dix ans. 1830-1840*, tome 3, Paris, Pagnerre éditeur.

BLONDEL F. (1855), *Rapport sur l'épidémie cholérique de 1853-1854 dans les établissements dépendant de l'administration générale de l'Assistance publique*, Paris, Paul Dupont imprimeur.

BLUM A. et HOUDAILLE J. (1986), « 12 000 Parisiens en 1793. Sondage dans les cartes de civisme », *Population*, 41 (2), p. 259-302.

BLUNDEN G. (1894), « British Local Finance », *Political Science Quarterly*, 9 (1), p. 78-118.

BOCQUET D. (2004), « A Public Company as a Challenger to a Private Monopoly : Providing Water to the Eternal City, 1865-1964 », *Business and Economic History online*, vol. 2, p. 1-13.

BOCQUET D., CHATZIS K. et SANDER A. (2008), « From Free Good to Commodity : Universalizing the Provision of Water in Paris (1830-1930) », *Geoforum*, vol. 39, p. 1821-1832.

BODENHORN H. (2008), « Free Banking and Bank Entry in Nineteenth-century New York », *Financial History Review*, 15 (2), p. 175-201.

BOLTANSKI L. et THÉVENOT L. (1991), *De la justification. Les économies de la grandeur*, Paris, Gallimard.

BONNET F. (2010), « Les machines politiques aux États-Unis. Clientélisme et immigration entre 1870 et 1950 », *Politix*, 92, p. 7-29.

BOUDRIOT P.-D. (1986), « Essai sur l'ordure en milieu urbain à l'époque pré-industrielle. Boues, immondices et gadoue à Paris au XVIIIᵉ siècle », *Histoire, économie et société*, 5 (4), p. 515-528.

BOUDRIOT P.-D. (1988), « Essai sur l'ordure en milieu urbain à l'époque pré-industrielle. De quelques réalités écologiques à Paris aux XVIIᵉ et XVIIIᵉ siècles. Les déchets d'origine artisanale », *Histoire, économie et société*, 7 (2), p. 261-281.

BOUDRIOT P.-D. (1990), « Les égouts de Paris aux XVIIᵉ et XVIIIᵉ siècles. Les humeurs de la ville préindustrielle », *Histoire, économie et société*, 9 (2), p. 197-211.

BOUVIER E. (1910), *Les Régies municipales*, Paris, Doin & Fils éditeurs.

BOVERAT R. (1907), *Le Socialisme municipal en Angleterre et ses résultats financiers*, Paris, Librairie nouvelle de droit et de jurisprudence, Arthur Rousseau éditeur.

BRAUDEL F. (1979), *Civilisation matérielle, économie et capitalisme, XVᵉ-XVIIIᵉ siècle*, tome 2 : *Les Jeux de l'échange*, Paris, Armand Colin.

BRAUDEL F. (1985), *La Dynamique du capitalisme*, Paris, Flammarion.

BRECHIN G. (1998), « Pecuniary Emulation. The Role of Tycoons in Imperial-city Building », dans J. Brook *et al.* (eds), *Reclaiming San Francisco. History, Politics, Culture*, San Francisco (Calif.), City Lights Books.

BRUNEAU E. (1853), *Rapport à la commission municipale sur les traités intervenus entre M. le conseiller d'État, administrateur du département du Rhône, la Compagnie générale des eaux de France et la Compagnie lyonnaise du gaz pour la distribution d'eaux potables et la continuation de l'éclairage par le gaz à Lyon*, Lyon, Chanoine Imprimeur.

BUCHANAN R. (1986), « The Diaspora of British Engineering », *Technology and Culture*, 27 (3), p. 501-524.

BULLETIN DE LA VILLE DE PARIS (1880), « Modification des traités avec la Compagnie générale des eaux. Traité du 20 mars 1880 », 31, p. 262-268.

BURROWS E. et WALLACE M. (1999), *Gotham. A History of New York City to 1898*, Oxford, Oxford University Press.

CARLOS A. et NICHOLAS S. (1988), « Giants of an Earlier Capitalism : The Chartered Trading Companies as Modern Multinationals », *The Business History Review*, 62 (3), p. 398-419.

CASSELLE P. (1997), « Les travaux de la commission des embellissements de Paris en 1853. Pouvait-on transformer la capitale sans Haussmann ? », *Bibliothèque de l'École des chartes*, 155 (2), p. 645-689.

CEBRON DE LISLE P. (1991), *L'Eau à Paris au XIXe siècle*, thèse de doctorat, Paris, Université Paris-IV.

CHABROL G. de (1825), « Rapport au conseil général faisant fonctions de conseil municipal de la ville de Paris pour la présentation du projet de budget de l'exercice 1826 », dans Préfecture de la Seine (1827), *Budget de la Ville de Paris pour l'exercice 1826*, Paris, Imprimerie royale.

CHABROL G. de (1826a), *Recherches statistiques sur la Ville de Paris et le département de la Seine*, Paris, Imprimerie royale.

CHABROL G. de (1826b), *Rapport fait par le comte de Chabrol, conseiller d'État, préfet du département de la Seine, au conseil général de ce département, sur le moyen d'amener et de distribuer les eaux dans la ville de Paris et sa banlieue*, Paris, Imprimerie royale.

CHADWICK E. (1887), *The Health of Nations. A Review of the Works of Edwin Chadwick*, vol. 2, Londres, Longsman, Green & Co.

CHANDLER A. (1988), *La Main visible des managers. Une analyse historique*, Paris, Economica.

CHATZIS K. (2006), « Brève histoire des compteurs d'eau à Paris, 1880-1930 », *Terrains & Travaux*, 11, p. 159-178.

CHATZIS K. (2010), « Eaux de Paris, eaux de Londres. Quand les ingénieurs de la capitale française regardent outre-manche », *Documents pour l'histoire des techniques*, p. 2019-218.

CHAUVET P. (1797), *Essai sur la propreté de Paris par un citoyen français*, Paris, Imprimerie de Cordier.

CHEVALIER L. (1958), *Classes laborieuses et classes dangereuses à Paris pendant la première moitié du XIXe siècle*, Paris, Plon.

CLAUDE V. (2006), « Une coopération politique dans une mosaïque urbaine, le cas du service de l'eau en banlieue parisienne », *Genèses*, 65, p. 92-111.

COASE R. (1937), « The Nature of the Firm », *Economica*, 4 (16), p. 386-405.

COASE R. (1992), « The Institutional Structure of Production », *American Economic Review*, 82 (4), p. 713-719.

COLAS S. (1997), « Un préfet de la Seine en voyage d'études : notes de M. de Rambuteau sur son voyage d'Angleterre en 1845 », *Recherches Contemporaines*, 4, p. 147-204.

COMMONS J. (1899), « Municipal Electric Lighting », dans E. Bemis (ed.), *Municipal Monopolies*, New York (N. Y.), Thomas Y. Crowell Company, p. 55-182.

COMPAGNIE DES EAUX DE BANLIEUE (1952), *La Compagnie des eaux de la banlieue de Paris, 1867-1952*, Paris, Compagnie des eaux de banlieue.

COMPAGNIE GÉNÉRALE DES EAUX (1900), *Notice sur la Compagnie générale des eaux*, Paris, A. Pedone éditeur.

COMPAGNIE GÉNÉRALE DES EAUX (1933a), *Service des eaux de la ville de Saint-Quay-Portrieux. Traité de concession des 28 et 30 avril 1924. Avenants au traité de concession*, Paris, Compagnie générale des eaux.

COMPAGNIE GÉNÉRALE DES EAUX (1933b), *Service des eaux de la ville de Rennes. Convention des 11 et 12 juillet 1933*, Paris, Compagnie générale des eaux.

COMPAGNIE GÉNÉRALE DES EAUX (1953), *Brève histoire de cent ans, 1853-1953*, Paris, Compagnie générale des eaux.

CONINCK F. de (1859), *Le Havre, son passé, son présent, son avenir*, Le Havre, Imprimerie Lemale.

CONSEIL D'ÉTAT (1999), *Rapport public 1999. Jurisprudence et avis de 1998. L'intérêt général*, Paris, La Documentation française.

CORBIN A. (1982), *Le Miasme et la jonquille. L'odorat et l'imaginaire social XVIIIe-XIXe siècles*, Paris, Aubier.

COVO-DAHAN P. (1980), *Sous-traitance d'un service public communal : stratégie d'implantation sur le marché de l'eau*, thèse de 3e cycle, Paris, Université Paris-Dauphine.

CRESPI REGHIZZI O. (2012), « The Financing History of Urban Water Infrastructure in Paris (1807-1925) : Lessons from the Past to Enlighten Present and Future Challenges », *Working Paper*, 2012-22, Milan, Université de Milan.

CRESPI REGHIZZI O. (2014), *A Long Run Perspective on Urban Water and Sanitation Infrastructure Financing : Essays in Public Finance*, thèse de doctorat, Paris et Milan, AgroParisTech et Université Bocconi.

CROES J. (1883), *Statistical Tables from the History and Statistics of American Water Works*, New York (N. Y.), Engineering News Publishing.

CUTLER D. et MILLER G. (2005), « Water, Water Everywhere. Municipal Finance and Water Supply in American Cities », Cambridge, *NBER Working Paper*, 11096.

DAGDEVIREN H. et ROBERTSON S. (2015), « A Critical Assessment of Transaction Cost Theory and Governance of Public Services with Special Reference to Water and Sanitation », Hatfield, University du Hertfordshire.

DARDENNE B. (2005), *L'Eau et le feu. La courte mais trépidante aventure de la première compagnie des eaux de Paris (1777-1788)*, Paris, Éditions de Venise.

DARIES G. (1899), *Distributions d'eau*, Paris, Dunod éditeur.

DAVIS M. (1837), *Memoirs of Aaron Burr with Miscellaneous Selections and his Correspondence*, vol. 2, New York (N. Y.), Harper & Brothers Publishers.

DEFEUILLEY C. (1999), « Holdups and Non-standard Breach Remedies in Delegation Contracts », *Recherches économiques de Louvain*, 65 (3), p. 349-371.

DEFEUILLEY C. (2000), « L'économie des contrats de délégation de service public », *Economies et Sociétés*, série Economie et Gestion des Services, n° 2, p. 171-192.

DEFEUILLEY C. (2014), « Légitimité de l'intervention privée dans un service public. Le renouvellement du contrat des eaux de la banlieue de Paris », *Actes de la recherche en sciences sociales*, 203, p. 49-59.

DELAMARE N. (1705), *Traité de la Police, où l'on trouvera l'histoire de son établissement, les fonctions et les prérogatives de ses magistrats, toutes les lois et tous les réglemens qui la concernent*, tom 1, Paris, Libraires Jean & Pierre Cot.

DELIGNY E. (1890), *Rapport complémentaire au nom de la 6e Commission sur l'application du régime de l'obligation de l'abonnement aux eaux de la Ville pour usages domestiques et rachat de la régie intéressée*, Paris, Conseil municipal de Paris.

DELIGNY E. (1891), *Contre-projet de délibération présenté par M. Deligny comme amendement à celui de la 6e Commission sur l'application du régime de l'obligation de l'abonnement aux eaux de la Ville pour usage domestique et à l'évacuation totale des matières de vidange à l'égout public*, Paris, Conseil municipal de Paris.

DENOIX DE SAINT MARC R. (1996), *Le Service public*, Paris, La Documentation française.

DESROYS DU ROURE E. (1906), « Note du directeur des finances au directeur administratif des travaux de Paris », dans L. Paris, J. Colly et E. Deslandres, *Proposition sur le fonctionnement total du service des eaux en régie directe*, Paris, Conseil municipal de Paris.

DESSALES H. (2008), « Des usages de l'eau aux évaluations démographiques. L'exemple de Pompéi », *Histoire urbaine*, 28 (2), p. 27-41.

DICKENS C. (1862), *All the Year Round. A Weekly Journal Conducted by Charles Dickens*, vol. 6, Londres, Chapman and Hall Publishers.

DOGAN M. (2010), « La légitimité politique : nouveauté des critères, anachronisme des théories classiques », *Revue internationale des sciences politiques*, 196, p. 21-39.

DU CAMP M. (1873), « Le services des eaux à Paris », *Revue des Deux Mondes*, tome 105, p. 275-308.

DUBRETON J. L. (1932), *La Grande Peur de 1832 : le choléra et l'émeute*, Paris, Gallimard.

DURAN P. (2009), « Légitimité, droit et action publique », *L'Année sociologique*, 59 (2), p. 303-344.

DUROY S. (1996), *La Distribution d'eau potable en France. Contribution à l'étude d'un service public local*, Paris, LGDJ.

ELY R. (1888), *Taxation in American States and Cities*, New York (N. Y.), Thomas Y. Crowell & Co. Publishers (assisté de J. Finley).

EMMERY H. C. (1840), « Statistique des eaux de la ville de Paris », *Annales des Ponts et Chaussées*, 1ʳᵉ série, tome 19, p. 145-270.

ETLIN R. (1977), « L'air dans l'urbanisme des Lumières », *Dix-huitième siècle*, 9, p. 123-134.

EUREAU (2009), *EUREAU Statistics Overview on Water and Wastewater in Europe 2008*, Bruxelles, EUREAU.

FABRE A. et CHAILAN F. (1836), *Histoire du choléra-morbus asiatique*, Marseille, Marius Olive éditeur [2ᵉ éd.].

FALKUS M. (1977), « The Development of Municipal Trading in the Nineteenth Century », *Business History*, 19 (2), p. 134-161.

FARGE A. (1979), *Vivre dans la rue à Paris au XVIIIᵉ siècle*, Paris, Gallimard.

FARGE A. (1982), « L'espace parisien au XVIIIᵉ siècle d'après les ordonnances de police », *Éthnologie française*, 12 (2), p. 119-125.

FARR W. (1876), « On the Valuation of Railways, Telegraphs, Water Companies, Canals, and Other Commercial Concerns, with Prospective, Deferred, Increasing, Decreasing, or Terminating Profits », *Journal of the Statistical Society of London*, 39 (3), p. 464-539.

FEINSTEIN C. (1998), « Pessimism Perpetuated : Real Wages and the Standard of Living in Britain during and after the Industrial Revolution », *Journal of Economic History*, 58 (3), p. 625-658.

FERRY J. (1868), *Contes fantastiques d'Haussmann*, Paris, Armand Le Chevalier éditeur.

FIGUIER L. (1862), *Les Eaux de Paris*, Paris, Michel Lévy Frères.

FIGUIER L. (1873), *Les Merveilles de l'industrie ou description des principales industries modernes*, tome 3, Paris, Furne éditeur.

FINE S. (1951), « Richard T. Ely, Forerunner of Progressivism, 1880-1901 », *The Mississippi Valley Historical Review*, 37 (4), p. 599-624.

FLEMING T. (1999), *Duel. Alexander Hamilton, Aaron Burr and the Future of America*, New York (N. Y.), Basic Books.

FLETCHER J. (1845), « Historical and Statistical Account of the Present System of Supplying the Metropolis with Water », *Journal of the Statistical Society of London*, 8 (2), p. 148-181.

FLINN A. (1909), « The World Greatest Aqueduct », *Century Magazine*, septembre, p. 707-721.

FOOS-MOLLAN K. (2001), *Hard Water. Politics and Water-supply in Milwaukee, 1870-1995*, West Lafayette (Ind.), Purdue University Press.

FOUGÈRES D. (2004), *L'Approvisionnement en eau à Montréal. Du privé au public, 1796-1865*, Québec, Éditions du Septentrion.

FOURNEL M. (1812), *Traité du voisinage, considéré dans l'ordre judiciaire et administratif*, tome 1, Paris, B. Warée Libraire [3ᵉ éd.].

FP2E (2012), *Les Services publics d'eau et d'assainissement en France. Données économiques, sociales et environnementales*, Paris, FP2E [5ᵉ éd.].

FRANCK L. (1999), *Eau à tous les étages. L'aventure de l'eau à domicile à travers l'histoire de la Compagnie générale des eaux*, Paris, édition par l'auteur.

FRIOUX S. (2009), *Les Réseaux de la modernité. Amélioration de l'environnement et diffusion de l'innovation dans la France urbaine (fin XIXᵉ siècle-années 1950)*, thèse de doctorat, Lyon, Université Lyon-2.

GALLICE F. (1994), « Les ingénieurs saint-simoniens : le mariage de l'utopie et de la raison ? », *Recherches contemporaines*, 2, p. 5-24.

GARDIA M., ROSSELLO M. et GARRIGA S. (2014), « Barcelona's Water Supply, 1867-1967 : The Transition to a Modern System », *Urban History*, 41 (3), p. 415-434.

GARRARD J. (2002), *Democratisation in Britain. Elites, Civil Society and Reform since 1800*, Basingstoke, Palgrave Macmillan.

GAY J. (1986), *L'Amélioration de l'existence à Paris sous le règne de Napoléon III*, École pratique des hautes études, Genève, Librairie Droz.

GELTNER G. (2013), « Healthscaping a Medieval City : Lucca's *Curia Viarum* and the Future of Public Health History », *Urban History*, 40 (3), p. 395-415.

GENIEYS R. (1829), *Essai sur les moyens de conduire, d'élever et de distribuer les eaux*, Paris, Carilian-Gœury éditeur.

GENIEYS R. (1830), *Sur le projet d'une distribution générale d'eau dans Paris, considéré sous le rapport financier*, Paris, Carilian-Gœury éditeur.

GÉRARD G. (1939), *Syndicat des communes de la banlieue de Paris pour les eaux. Rapport d'activité du syndicat intercommunal depuis sa création en 1923 jusqu'en 1939*, Paris.

GIRARD P. (1812), *Recherches sur les eaux publiques de Paris*, Paris, Imprimerie impériale.

GIRARD P. (1831), *Mémoire sur le canal de l'Ourcq et la distribution de ses eaux*, tome 1, Paris, Carilian-Gœury éditeur.

GLAESER E. (2001), « Public Ownership in the American City », *National Bureau of Economic Research Working Paper*, 8613, Cambridge (Mass.), National Bureau of Economic Research.

GLAESER E. (2005), « Urban Colossus : Why Is New York America's Largest City ? », *Harvard Institute of Economic Research Discussion Paper*, 2073, Cambridge (Mass.), Harvard University.

GMELINE P. de (2006), *La Compagnie générale des eaux. 1853-1959. De Napoléon III à la Ve République*, Paris, Éditions de Venise.

GOLDMAN L. (1967), « La pensée des Lumières », *Annales. Économie, sociétés, civilisations*, 22 (4), p. 752-779.

GOUBERT J. P. (1986a), *La Conquête de l'eau. L'avènement de la santé à l'âge industriel*, Paris, Robert Laffont.

GOUBERT J. P. (1986b), « La rente de l'eau. La stratégie industrielle de la Société lyonnaise des eaux et de l'éclairage, 1880-1925 », *Annales de la recherche urbaine*, 30, p. 17-22.

GOUBERT J. P. (1989), « L'eau, la crise et le remède dans l'ancien et le nouveau monde », *Annales. Économie, sociétés, civilisations*, 44 (5), p. 1075-1089.

GRABER F. (2008), « La qualité de l'eau à Paris, 1760-1820 », *Entreprises et Histoire*, 50, p. 119-133.

GRABER F. (2009), *Paris a besoin d'eau. Projet, dispute et délibération technique dans la France napoléonienne*, Paris, CNRS Éditions.

GRAHAM-LEIGH J. (2000), *London's Water Wars. The Competition for London's Water Supply in the Nineteenth Century*, Londres, Francis Boutle Publishers.

GUILLERME A. (1986), « L'émergence du concept de réseau, 1820-1830 », *Cahier/ Groupe Réseaux*, 5, p. 30-47.

GUILLERME A. (2007), *La Naissance de l'industrie à Paris : entre sueurs et vapeurs (1780-1830)*, Seyssel, Champ Vallon.

HAMELIN C. (1990), *A Science of Impurity : Water Analysis in Nineteenth Century Britain*, Berkeley (Calif.), University of California Press.

HAMELIN C. (1998), *Public Health and Social Justice in the Age of Chadwick. Britain, 1800-1854*, Cambridge, Cambridge University Press.

HANNAWAY C. et HANNAWAY O. (1977), « La fermeture du cimetière des Innocents », *Dix-huitième siècle*, 9, p. 181-191.

HANSEN R. (2004), « Water-related Infrastructure in Medieval London » [waterhistory.org].

HANSON W. (1985), *San Francisco Water and Power. An History of the Municipal Water Department and the Hetch Hetchy System*, San Francisco (Calif.), City of San Francisco.

HARDY A. (1984), « Water and the Search for Public Health in London in the Eighteenth and Nineteenth Centuries » *Medical History*, 28 (3), p. 250-282.

HARDY A. (1991), « From Parish Pump to Private Pipes : London's Water Supply in the Nineteenth Century », *Medical History*, supplément n° 11, p. 76-93.

HAROUEL J.-L. (1977), « Les fonctions de l'alignement dans l'organisme urbain », *Dix-huitième siècle*, 9, p. 135-149.

HASSAN J. (1985), « The Growth and Impact of the British Water Industry in the Nineteenth Century », *The Economic History Review*, 38 (4), p. 531-547.

HASSAN J. (1998), *A History of Water in Modern England and Wales*, Manchester, Manchester University Press.

HAUSSMANN G. (1854), « Premier mémoire sur les eaux de Paris », dans Préfecture de la Seine (1861), *Documents relatifs aux eaux de Paris*, Paris, Éditions Charles de Mourgues Frères, p. 1-62.

HAUSSMANN G. (1858), *Second Mémoire sur les eaux de Paris*, Paris, Éditions Charles de Mourgues Frères.

HAUSSMANN G. (1890), *Mémoires du baron Haussmann*, tome 2, Paris, Victor-Havard éditeur.

HAYES N., DIETZ J., SMITH M. et BRUSH W. (1920), *The Municipal Water Supply System of the City of New York. A General Description*, New York (N. Y.), Department of Water Supply, Gas and Electricity.

HAZAN E. (2002), *L'Invention de Paris. Il n'y a pas de pas perdus*, Paris, Seuil.

HERRIOT E. (1909), « La mise en régie du service des eaux à Lyon et ses résultats », *Les Annales de la régie directe*, 2, p. 37-36.

HILLIER J. (2014), « Implementation without Control : The Role of the Private Water Companies in Establishing Constant Water in the Nineteenth-century London », *Urban History*, 41 (2), p. 228-246.

HOBSBAWM E. (1962), « En Angleterre : révolution industrielle et vie matérielle des classes populaires », *Annales. Économie, sociétés, civilisations*, 17 (6), p. 1047-1061.

HOBSBAWM E. (1987), « Labour in the Great City », *New Left Review*, 166, p. 73-86.

IMBEAUX E. (1909), *Annuaire statistique et descriptif des distributions d'eau de France, Algérie, Tunisie et colonies françaises, Belgique, Suisse et Grand-Duché du Luxembourg*, Paris, H. Dunot et E. Pinat éditeurs [2ᵉ éd.].

JACOBSON C. (1989), « Same Game, Different Players : Problems in Urban Public Utility Regulation, 1850-1987 », *Urban Studies*, 26 (1), p. 13-31.

JACOBSON C. (2000), *Ties that Bind. Economic and Political Dilemmas of Urban Utility Networks, 1800-1990*, Pittsburgh (Pa.), University of Pittsburgh Press.

JACOBSON C. et TARR J., « Patterns and Policy Choices in Infrastructure History : The United States, France and Great-Britain », *Public Works Management & Policy*, 1 (1), p. 60-75.

JACQUOT A. (2002), « La Compagnie générale des eaux, 1852-1952 : un siècle, des débuts à la renaissance », *Entreprises et Histoire*, 30, p. 32-44.

JEHANNO C. (1986), « Boire à Paris au XVᵉ siècle : le vin à l'Hôtel-Dieu », *Revue historique*, 276 (1), p. 3-28.

JENNER M. (2003), « L'eau changée en argent ? La vente d'eau dans les villes anglaises au temps de l'eau rare », *Dix-septième siècle*, 221, p. 637-651.

JONES L. (1983), « Public Pursuit of Private Profit ? Liberal Businessmen and Municipal Politics in Birmingham, 1865-1900 », *Business History*, 25 (3), p. 240-259.

JUUTI P. S. et KATKO P. (eds) (2005), *Water, Time and European Cities. History Matters for the Futures*, rapport pour la Comission européenne, Tampere, Tampere University Press.

KEENE D. (2001), « Issues of Water in Medieval London to c. 1300 », *Urban History*, 28 (2), p. 161-179.

KELSEY H. (1998), *Sir Francis Drake : The Queen's Pirate*, New Haven (Conn.), Yale University Press.

KITZMUELLER M. et SHIMSHACK J. (2012), « Economic Perspectives on Corporate Social Responsability », *Journal of Economic Literature*, 50 (1), p. 51-84.

KLEIN P. et SHELANSKI H. (1996), « Transaction Cost economics in Practice : Applications and Evidence », *Journal of Market Focused Management*, vol. 1, p. 281-300.

Koeppel G. (2000), *Water for Gotham : An History*, Princeton (N. J.), Princeton University Press.

Kolb C. (2000), « Trickle by Trickle : Municipalisation of the New Orleans Water System in the Nineteenth and Early Twenty Centuries », *College of Urban and Public Affairs Working Paper*, 11, La Nouvelle-Orléans (La.), University of New Orleans.

Laborier P. (2014), « Légitimité », dans L. Boussaguet, S. Jacquot et P. Ravinet (dir.), *Dictionnaire des politiques publiques*, Paris, Presses de Sciences Po, p. 335-343 [4ᵉ éd.].

Lascoumes P. et Bezes P. (2009), « Les formes du jugement du politique. Principes moraux, principes d'action et registre légal », *L'Année sociologique*, 59 (1), p. 109-147.

Lascoumes P. et Le Bourhis J.-P. (1998), « Le bien commun comme construit territorial. Identités d'action et procédures », *Politix*, 11 (42), p. 37-66.

Lavoisier A. (1769), « Rapport sur la brochure de M. d'Auxiron relative aux moyens de donner de l'eau à la ville de Paris », dans J.-B. Dumas, É. Grimaux et F. A. Fouqué (dir.) (1865), *Œuvres de Lavoisier*, tome 3, Paris, Imprimerie impériale, p. 221-227.

Lavoisier A. (1771), « Calculs et observations sur le projet d'établissement d'une pompe à feu pour fournir de l'eau à la ville de Paris », dans Académie royale des sciences (1774), *Histoire de l'Académie royale des sciences, année 1771*, Paris, Imprimerie royale, p. 17-44.

Le Galès P. (2014), « Gouvernance », dans L. Boussaguet, S. Jacquot et P. Ravinet (dir.), *Dictionnaire des politiques publiques*, Paris, Presses de Sciences Po, p. 299-308 [4ᵉ éd.].

Le Mee R. (1998), « Le choléra et la question des logements insalubres à Paris (1832-1849) », *Populations*, 53 (1-2), p. 379-397.

Le Roux T. (2010), « Une rivière industrielle avant l'industrialisation : la Bièvre et le fardeau de la prédestination, 1670-1830 », *Géocarrefour*, 85 (3), p. 193-207.

Lee J. (2014), « Piped Water Supplies Managed by Civic Bodies in Medieval English Towns », *Urban History*, 41 (3), p. 369-393.

Lemarchand G. (1923), *Étude générale au nom de la 6ᵉ Commission sur l'alimentation en eau de la Ville de Paris et du département*, Paris, Conseil municipal de Paris.

Léopold M. (1822), *Dictionnaire général de police administrative et judiciaire de la France*, Paris, A. Eymery éditeur.

Leroy-Baulieu P. (1909), *Le Collectivisme. Examen critique du nouveau socialisme*, Paris, Félix Alcan éditeur.

Levy-Leboyer M. et Bourguignon F. (1985), *L'Économie française au XIXᵉ siècle. Analyse macro-économique*, Paris, Economica.

Lloyd Owen D. (2012), *Pinsent Mansons Water Yearbook, 2012-2013*, Londres, Pinsent Mansons.

Long M. (1995), « Le Conseil d'État, rouage au cœur de l'administration et juge administratif suprême », *Revue administrative*, 48 (283), p. 5-13.

Long M., Weil P., Braibant G. et Devolve P. (2009), *Les Grands Arrêts de la jurisprudence administrative*, Paris, Dalloz-Sirey [17ᵉ éd.].

LORRAIN D. (1990), « Le modèle français de services urbains », *Économie et Humanisme*, 312, p. 39-58.

LORRAIN D. (1997), « La politique à tous les étages (la construction des modèles de services urbains) », dans A. Bagnasco et P. Le Galès (dir.), *Villes en Europe*, Paris, La Découverte, p. 201-229.

LORRAIN D. (2002), « Capitalismes urbains. Des modèles européens en compétition », *L'Année de la régulation*, 6, p. 195-239.

LORRAIN D. (2005), « Les pilotes invisibles de l'action publique », dans P. Lascoumes et P. Le Galès (dir.), *Gouverner par les instruments*, Paris, Presses de Sciences Po, p. 163-197.

LORRAIN D. (2008), « La naissance de l'affermage : coopérer pour exister », *Entreprises et Histoire*, 2008 (1), p. 67-85.

LORRAIN D. (2014), « L'eau à Paris, les simulacres du politique », document de travail présenté au séminaire *Cities Are back in Town*, Paris, Sciences Po.

LORRAIN D. (dir.) (2011), *Métropoles XXL en pays émergents*, Paris, Presses de Sciences Po.

LORRAIN D. et STOCKER G. (dir.) (1995), *La Privatisation des services urbains en Europe*, Paris, La Découverte.

LUCKIN W. (1977), « The Final Catastrophe – Cholera in London, 1866 », *Medical History*, 21 (1), p. 32-42.

LUPTON S. (2011), *Économie des déchets. Une approche institutionnaliste*, Bruxelles, De Boeck.

MALLET A. (1879), *Rapport au nom de la 6ᵉ Commission sur un projet de modification à apporter aux traités existants entre la Ville et la Compagnie des eaux*, Paris, Conseil municipal de Paris.

MALLET C. F. (1830), *Notice historique sur le projet d'une distribution générale de l'eau à domicile dans Paris*, Paris, Carilian-Gœury éditeur.

MANDLER P. (1987), « The Making of the New Poor Law Redivivus », *Past & Present*, 117, p. 131-157.

MARSH P. (1994), *Joseph Chamberlain. Entrepreneur in Politics*, New Haven (Conn.), Yale University Press.

MASTEN S. (2011), « Public Ownership in the 19ᵗʰ Century America : The *Aberrant* Case of Water », *Journal of Law, Economics and Organization*, 27 (3), p. 604-654.

MATES-BARCO J. (2002), « Strategies of Foreign Firms on the Sector of Water Supply in Spain (1850-1990) », dans H. Bonin *et al.* (eds), *Transnational Companies, 19ᵗʰ-20ᵗʰ Centuries*, Paris, Éditions PLAGE, p. 301-316.

MATTHEWS W. (1835), *Hydraulia, an Historical and Descriptive Account of the Water Works of London and the Contrivances for Supplying other Great Cities in Different Ages and Countries*, Londres, Simpkin, Marshall and Co.

MCCLOSKEY D. et SANDBERG L. (1971), « From Damnation to Redemption : Judgments on the Late Victorian Entrepreneur », *Explorations in Economic History*, 9, p. 89-108.

MCCLUSKEY D. et BENNITT C. (1996), *Who Wants to Buy a Private Company ? From Private to Public Control in New Haven*, Londres, Routledge.

MELOSI M. (2000), *The Sanitary City. Environmental Services in Urban America from Colonial Times to the Present*, Baltimore (Md.), The Johns Hopkins University Press.

MELOSI M. (2012), « Full Circle : Public Goods vs. Privatization of Water Supplies in the United States », dans B. Barraqué (ed.), *Urban Water Conflicts*, Leyde, UNESCO-Taylor & Francis, p. 39-56.

MENES R. (2006), « Limiting the Reach of the Grafting Hand. Graft and Growth in American Cities, 1880 to 1930 », dans E. Glaeser et C. Goldin (eds), *Corruption and Reform. Lessons from America's Economic History*, Chicago (Ill.), University of Chicago Press, p. 63-93.

MENURET DE CHAMBAUD M. (1786), *Essais sur l'histoire médico-topographique de Paris*, Paris, Imprimerie N.-H. Nyon.

MERCIER L.-S. (1782), *Tableau de Paris*, nouvelle édition corrigée et augmentée, vol. 1, Amsterdam.

MILL J. S. (1848), *Principles of Political Economy, with some of their Applications to Social Philosophy*, vol. 1, Londres, Longmans, Green & Co.

MILLWARD R. (2001), « The Political Economy of Urban Utilities », dans M. Daunton (ed.), *The Cambridge Urban History of Britain*, vol. 3, Cambridge, Cambridge University Press, p. 315-349.

MILLWARD R. (2005), *Private and Public Enterprise in Europe. Energy, Telecommunications and Transport, 1830-1990*, Cambridge, Cambridge University Press.

MILLWARD R. (2007), « La distribution d'eau dans les villes en Grande-Bretagne au XIXe et XXe siècles : le gouvernement municipal et le dilemme des compagnies privées », *Histoire, économie et société*, 26 (2), p. 112-128.

MILLWARD R. et SHEARD S. (1995), « The Urban Fiscal Problem, 1870-1914 : Government Expenditure and Finance in England and Wales », *Economic History Review*, 48 (3), p. 501-535.

MIRABEAU H.-G. de (1785a), *Sur les actions de la Compagnie des eaux de Paris*, Londres [2e éd.].

MIRABEAU H.-G. de (1785b), *Réponse du comte de Mirabeau à l'écrivain des administrateurs de la Compagnie des eaux de Paris*, Bruxelles [2e éd.].

MITCHELL B., CHAMBER D. et CRAFTS N. (2011), « How Good Was the Profitability of British Railways, 1870-1912 », *The Economic History Review*, 64 (3), p. 798-831.

MONTEL N. (2001), « Chronique d'une mort non annoncée. L'annexion par Paris de sa banlieue en 1860 », *Recherches contemporaines*, 6, p. 217-254.

MONTEMONT A. (1836), *Londres. Tableau historique, moral, politique et commercial*, Paris, Prévost-Corcius éditeur.

MYERS G. (1917), *The History of Tammany Hall*, New York (N. Y.), Boni & Liveright.

NCF (National Civic Federation) (1907), *Municipal and Private Operation of Public Utilities*, New York (N. Y.), National Civic Federation.

NEW YORK COMMON COUNCIL (1869), *Manual of the Corporation of the City of New York*, New York (N. Y.), New York City.

NICOLLS M. et WILLIAMS P. (2011), *Sir Walter Raleigh. In Life and Legend*, Londres, Continuum Books.

NORTH D. (1994), « Economic Performance through Time », *American Economic Review*, 84 (3), p. 359-368.

O'SHAUGHNESSY M. (1922), « The Hetch Hetchy Water Supply of the City of San Fransisco », *Journal of the American Water Works Association*, 9 (5), p. 743-765.

O'SHAUGHNESSY M. (1934), *Hetch Hetchy. Its Origin and History*, San Francisco (Calif.), The Recorder Printing and Publishing Company.

OGLE M. (1999), « Water Supply, Waste Disposal, and the Culture of Privatism in the Mid-Nineteenth-Century American City », *Journal of Urban History*, 25 (3), p. 321-347.

OZOUF M. (1966), « Architecture et urbanisme : l'image de la ville chez Claude-Nicolas Ledoux », *Annales. Économie, sociétés, civilisations*, 21 (6), p. 1273-1304.

PARIS L., COLLY J. et DESLANDRES E. (1907), *Proposition sur le fonctionnement total du service des eaux en régie directe*, Paris, Conseil municipal de Paris.

PARKER R. (1990), « Regulating British Corporate Financial Reporting in the Late Nineteenth Century », *Accounting, Business & Financial History*, 1 (1), p. 51-71.

PASQUET D. (1899), « Le développement de Londres », *Annales de géographie*, tome 8, p. 22-48.

PATTERSON M. et REIFFEN D. (1990), « The Effect of the Bubble Act on the Market for Joint Stock Shares », *The Journal of Economic History*, 50 (1), p. 163-171.

PEUCH L. (1910), *Rapport au nom de la 6ᵉ Commission sur le futur régime du service des eaux de Paris*, Paris, Conseil municipal de Paris.

PEZON C. (1999), *La Gestion du service de l'eau en France. Analyse historique et par la théorie des contrats (1850-1995)*, thèse de doctorat, Paris, CNAM.

PEZON C. (2011), « How the *Compagnie Générale des Eaux* Survived the End of Concession Contracts in France 100 Years Ago », *Water Policy*, 13 (2), p. 178-186.

PEZON C. (2012), « Public-private Partnership in Courts : The Rise and Fall of Concessions to Supply Drinking Water in France (1875-1928) », dans B. Barraqué (ed.), *Urban Water Conflicts*, Leyde, UNESCO-Tayler & Francis, p. 57-67.

PIKETTY T. (2001), *Les Hauts Revenus en France au xxᵉ siècle. Inégalités et redistributions, 1901-1998*, Paris, Grasset & Fasquelle.

PILON E. (1898), *Monopoles communaux. Éclairage au gaz et à l'électricité, distribution d'eau et de force motrice, omnibus, tramways*, thèse de doctorat, Caen, Université de Caen.

PINKNEY D. (1955), « Napoleon III's Transformation of Paris : The Origins and Development of the Idea », *Journal of Modern History*, 27 (2), p. 125-134.

PINKNEY D. (1958), « Money and Politics in the Rebuilding of Paris, 1860-1870 », *The Journal of Economics History*, 17 (1), p. 45-61.

PINOL J.-L. et WALTER F. (2003), *La Ville contemporaine jusqu'à la seconde guerre mondiale*, Paris, Seuil.

PINSON G. (2010), « La gouvernance des villes françaises. Du schéma centre-périphérie aux régimes urbains », *Pôle Sud*, 32, p. 73-92.

PRÉFECTURE DE LA SEINE (1861), *Documents relatifs aux eaux de Paris*, Paris, Éditions Charles de Mourges Frères.

PRÉFECTURE DU DÉPARTEMENT DE LA SEINE (1834), *Rapport sur la marche et les effets du choléra-morbus dans Paris et les communes rurales du département de la Seine*, Paris, Imprimerie royale.

PRÉFECTURE DU DÉPARTEMENT DE LA SEINE (1836), *Recueil administratif du département de la Seine*, Paris, Imprimerie royale.

290 君主与承包商：伦敦、纽约、巴黎的供水变迁史

Préfecture du département de la Seine (1837), *Traité pour la distribution des eaux de Seine dans la Ville de Paris. Projet*, Paris, Imprimerie royale.

Préfecture du département de la Seine (1860), *Mémoire présenté par le sénateur préfet de la Seine au Conseil municipal de Paris au sujet d'un projet de traité entre la Ville et la Compagnie parisienne d'éclairage et de chauffage au gaz*, Paris.

Préfecture du département de la Seine (1868), *Recueil des règlements sur les eaux de Paris*, Paris, Éditions Charles de Mourgues Frères.

Preston S. et Van de Walle E. (1978), « Urban French Mortality in the Nineteenth Century », *Population Studies*, 32 (2), p. 275-297.

Priest G. (1993), « The Origins of Utility Regulation and the "Theories of Regulation" Debate », *Journal of Law & Economics*, 36 (1), p. 289-323.

Puech A., Faure E. et Pressac M. de (1929), *Rapport au nom des 6ᵉ et 1ʳᵉ commissions sur le projet de renouvellement de la convention entre la Ville de Paris et la Compagnie générale des eaux*, Paris, Conseil municipal de Paris.

Pursell C. (1969), « Christopher Colles's Steam Engine for the New York Water Works, 1775 », *Technology and Culture*, 10 (4), p. 567-569.

Quick J. (1880), *The Water Supply of the Metropolis and the Proposed Transfer of the London Water Companies to a Public Authority*, Londres, E. & F. N. Spon.

Rachline F. (1995), *La Gestion déléguée. Économie, légitimité, régulation*, Nanterre, Université Paris-10.

Railroad commission (1920), *In the Matter of the Valuation of the Spring Valley Company's Properties*, San Francisco (Calif.), Railroad Commission.

Reinhart C. et Rogoff K. (2011), « From Financial Crash to Debt Crisis », *American Economic Review*, 101 (5), p. 1676-1706.

Rendu A. (1906), *Rapport au nom de la 6ᵉ Commission concernant la prorogation du traité intervenu entre la Ville de Paris et la Compagnie des eaux*, Paris, Conseil municipal de Paris.

Reubens B. (1957), « Burr, Hamilton and the Manhattan Company. Part I : Gaining the Charter », *Political Science Quarterly*, 72 (4), p. 578-607.

Reubens B. (1958), « Burr, Hamilton and the Manhattan Company. Part II : Launching a Bank », *Political Science Quarterly*, 73 (1), p. 100-125.

Rex F. et al. (1917), « Notes on Municipal Government. The Relation of the Municipality to the Water Supply. A Symposium », *Annals of the American Academy of Political and Social Science*, vol. 30, p. 129-164.

Roberts G. (2006), *Chelsea to Cairo. Taylor-made Water through Eleven Reigns and Six Continents*, Londres, Thomas Telford Limited.

Roberts R. (1993), « What's in a Name ? Merchants, Merchant Bankers, Accepting Houses Issuing Houses, Industrial Bankers and Investment Bankers », *Business History*, 25 (3), p. 22-38.

Robinet M. (1862), *Eaux de Paris. Lettre à un conseiller d'État pour servir de réponse aux adversaires des projets de la Ville de Paris*, Paris, Librairie Mᵐᵉ Veuve Bouchard-Huzard.

Roche D. (1981), *Le Peuple de Paris. Essai sur la culture populaire du XVIIIᵉ siècle*, Paris, Aubier-Montaigne.

Roche D. (1984), « Le temps de l'eau rare du Moyen Âge à l'époque moderne », *Annales. Économie, sociétés, civilisations*, 39 (2), p. 383-399.

ROCHE D. (1997), *Histoire des choses banales. Naissance de la consommation dans les sociétés traditionnelles (XVIr-XIX siècle)*, Paris, Fayard.

RONCAYOLO M. (1983), « La production de la ville », dans M. Agulhon (dir.), *Histoire de la France urbaine*, tome 4 : *La Ville de l'âge industriel. Le cycle haussmannien*, Paris, Seuil, p. 73-155.

ROSANVALLON P. (1998), *Le Peuple introuvable. Histoire de la représentation démocratique en France*, Paris, Gallimard.

ROSENBERG C. (2009), *The Cholera Years. The United States in 1832, 1849 and 1866*, Chicago (Ill.), University of Chicago Press.

ROUSSEAU P. et SYLLA R. (2005), « Emerging Financial Markets and Early US Growth », *Explorations in Economic History*, 42 (1), p. 1-26.

ROUX S. (1999), « À Paris, au bord de l'eau », *Médiévales*, 18 (36), p. 63-70.

ROUX S. (2003), *Paris au Moyen Âge*, Paris, Hachette.

RUBBEN B. (1985), *The New River. A Legal History*, Oxford, Clarendon Press.

SADDY P. (1977), « Le cycle des immondices », *Dix-huitième siècle*, 9, p. 203-214.

SAINT-SIMON H. (1821), *Du système industriel*, Paris, Antoine-Augustin Renouard.

SATTERTHWAITE D. (2007), *The Transition to a Predominantly Urban World and its Underpinnings, Human Settlements*, Londres, IEED, coll. « Human Settlements Discussion Paper Series ».

SAVAGE N. (1981), *The Water and Sewer Works of the City of Boston, 1630-1978*, Boston (Mass.), Boston Water and Sewer Commission.

SCHWARTZ P. (1966), « John Stuart Mill and Laisser-faire : London Water », *Economica*, 33 (129), p. 71-83.

SCOTT W. (1912), *The Constitution and Finance of English, Scottish and Irish Joint-stock Companies to 1720*, Cambridge, Cambridge University Press, 3 vol.

SEAVOY R. (1978), « The Public Service Origins of the American Business Corporation », *The Business History Review*, 52 (1), p. 30-60.

SEDILLOT R. (1980), *La Lyonnaise des eaux a cent ans, 1880-1980*, Paris, SDE conseils.

SENIOR N. (1836), *Outline of the Science of Political Economy*, Londres, Clowes & Sons.

SHADWELL A. (1899), *The London Water Supply*, Londres, Longmans, Green & Co. editors.

SILVERTHORNE A. (1881), *The Purchase of Gas and Water Works with the Latest Statistics of Municipal Gas and Water Supply*, Londres, Crosby Lockwood & Co.

SLACK P. (2000), « Great and Good Towns, 1540-1700 », dans P. Clark (ed.), *The Cambridge Urban History of Britain*, vol. 2, Cambridge, Cambridge University Press, p. 1540-1840.

SMILES S. (1861), *Lives of the Engineers with an Account of their Principal Works*, vol. 1, Londres, John Murray editor.

SMITH M. (1998), « Putting France in the Chandlerian Framework : France's 100 Largest Industrial Firms in 1913 », *The Business History Review*, 72 (1), p. 46-85.

SNOW J. (1855), *Mode of Communication of Cholera*, Londres, John Churchill [2ᵉ éd.].

SOLL D. (2012), « City, Region and In-between : New York City's Water Supply and the Insights of Regional History », *Journal of Urban History*, 38 (2), p. 294-318.

SPAR D. et BEBENEK K. (2009), « To the Tap : Public versus Private Water Provision at the Turn of the Twentieth Century », *Business History Review*, 83 (4), p. 675-702.

STEPHENSON D. (2005), *Water Services Management*, Londres, IWA.

STIGLER G. (1971), « The Theory of Economic Regulation », *The Bell Journal of Economics*, 2 (1), p. 3-21.

STIGLER G. (1982), « The Economists and the Problem of Monopoly », *American Economic Review*, 72 (2), p. 1-11.

SUNDERLAND D. (1999), « "A Monument to Defective Administration ?" The London Commissions of Sewers in the early nineteenth century », *Urban History*, 26 (3), p. 349-372.

SUNDERLAND D. (2003), « "Disgusting to the Imagination and Destructive of Health ?" The Metropolitan Supply of Water, 1820-1852 », *Urban History*, 30 (3), p. 359-380.

SWAAN A. de (1995), *Sous l'aile protectrice de l'État*, Paris, PUF.

SZRETER S. (2004), « Health, Economy, State and Society in Modern Britain : The Long-run Perspective », *Hygiea Internationalis*, vol. 4, p. 205-227.

TARR J. (2002), « The Metabolism of the Industrial City : The Case of Pittsburgh », *Journal of Urban History*, 28 (5), p. 511-545.

TARR J., MCCURLEY J., MCMICHAEL F. et YOSIE T. (1984), « Water and Wastes : A Retrospective Assessment of Wastewater Technology in the United States, 1800-1932 », *Technology and Culture*, 25 (2), p. 226-263.

TAYLOR V. et TRENTMANN F. (2011), « Liquid Politics : Water and the Politics of Everyday Life in the Modern City », *Past and Present*, 211, p. 199-241.

THOMAS A. (2010), *The Lambeth Cholera Outbreak of 1848-1849. The Setting, Causes, Course and Aftermath of an Epidemic in London*, Jefferson (N. C.), McFarland & Company.

THORNTON J. et PEARSON P. (2013), « Bristol Water Works Company : A Study of Nineteenth Century Resistance to Local Authority Purchase Attempts », *Water History*, 5 (3), p. 307-330.

TOMORY L. (2015a), « Water Technology in Eighteenth-Century London : The London Bridge Waterworks », *Urban History*, 42 (3), p. 381-404.

TOMORY L. (2015b), « London's Water Supply before 1800 and the Roots of the Networked City », *Technology and Culture*, 56 (3), p. 704-737.

TOUATI F.-O. (2000), « Un mal qui répand la terreur ? Espace urbain, maladies et épidémies au Moyen Âge », *Histoire urbaine*, 2 (2), p. 9-38.

TRENTMANN F. et TAYLOR V. (2005), « From Users to Consumers. Water Politics in Nineteenth-Century London », dans F. Trentmann (ed.), *The Making of the Consumer : Knowledge, Power and Identity in the Modern World*, Oxford, Berg Publishers, p. 53-79.

TROESKEN W. (1999), « Typhoid Rates and the Public Acquisition of Private Water-works, 1880-1920 », *Journal of Economic History*, 59 (4), p. 927-948.

TROESKEN W. (2001), « Race, Disease and the Provision in Water in American Cities, 1889-1921 », *Journal of Economic History*, 61 (3), p. 750-776.

TROESKEN W. (2006), « Regime Change and Corruption. A History of Public Utility Regulation », dans E. Glaeser et C. Goldin (eds), *Corruption and Reform. Lessons from America's Economic History*, Chicago (Ill.), University of Chicago Press, p. 259-281.

TROESKEN W. et GEDDES R. (2003), « Municipalizing American Water Works, 1897-1915 », *Journal of Law, Economics & Organization*, 19 (2), p. 373-400.

TROUSTINE J. (2008), *Political Monopolies in American Cities*, Chicago (Ill.), The University of Chicago Press.

TYNAN N. (2002) « London's Private Water Supply, 1582-1902 », dans P. Seidenstat, D. Haarmeyer et S. Hakim (eds), *Reinventing Water and Wastewater Systems*, New York (N. Y.), John Wiley, p. 341-360.

TYNAN N. (2007), « Mill and Senior on London's Water Supply : Agency, Increasing Returns and Natural Monopoly », *Journal of the History of Economic Thought*, 29 (1), p. 49-65.

US BUREAU OF THE CENSUS (1975), *Historical Statistics of the United States, Colonial Times to 1970*, Washington (D. C.), Bureau of the Census, Bicentennial Edition, Part 2.

US BUREAU OF THE CENSUS (1998), « Population of the 100 Largest Cities and Other Urban Places in the United States : 1790 to 1990 », *Population Division Working Paper*, 27, Washington (D. C.), Bureau of the Census.

VACHER D^r (1868), « Statistiques du cholera de 1865 à 1867 en Europe », *Journal de la Société statistique de Paris*, tome 9, p. 165-176.

VACHETTE Frères (1791), *Précis historique sur l'établissement des pompes à feu des sieurs Périer Frères à Paris ; leur manutention, régie, agiotage, et les autres abus de l'administration et la situation actuelle de l'affaire*, Paris.

VALLIN E. (1897), « Les eaux d'alimentation de la banlieue de Paris », *Revue d'hygiène et de police sanitaire*, 19, p. 1-13.

VAN BURKALOW A. (1959), « The Geography of New York City Water Supply : A Study of Interactions », *Geographical Review*, 49 (3), p. 369-386.

VERLEY P. (1997), *La Révolution industrielle*, Paris, Gallimard.

VIGARELLO G. (1985), *Le Propre et le sale. L'hygiène du corps depuis le Moyen Âge*, Paris, Seuil.

VIGARELLO G. (1993), *Le Sain et le malsain. Santé et mieux-être depuis le Moyen Âge*, Paris, Seuil.

VIOLLET P.-L. (2005), *Histoire de l'énergie hydraulique. Moulins, pompes et turbines de l'Antiquité au xxe siècle*, Paris, Presses de l'École nationale des ponts et chaussées.

VOLTAIRE (1817), *Œuvres complètes*, tome 11 : *Correspondance générale*, Paris, Théodore Desoer libraire.

VRIES J. de (1984), *European Urbanization, 1500-1800*, Cambridge (Mass.), Harvard University Press.

WALLIS J. (2000), « American Government Finance in the Long Run : 1790 to 1990 », *Journal of Economic Perspectives*, 14 (1), p. 61-82.

WALLIS J. (2005), « Constitutions, Corporations and Corruption : American States and Constitutional Change, 1842 to 1852 », *The Journal of Economic History*, 65 (1), p. 211-256.

WALLIS J. (2006), « The Concept of Systematic Corruption in American History », dans E. Glaeser et C. Goldin (eds), *Corruption and Reform. Lessons from America's Economic History*, Chicago (Ill.), University of Chicago Press, p. 23-62.

WALLIS J. et WEINGAST B. (2008), « Dysfunctional or Optimal Institutions ? State Debt Limitations, the Structure of State and Local Governments, and the Finance of American Infrastructure », dans E. Garrett *et al.* (eds), *Fiscal Challenges. An Interdisciplinary Approach to Budget Policy*, Cambridge, Cambridge University Press, p. 331-365.

WARD R. (2003), *London's New River*, Londres, Historical Publications.

WEBER M. (1919) [1963], *Le Savant et le Politique*, Paris, UGE.

WEGMANN E. (1896), *The Water-supply of the City of New York, 1658-1895*, New York (N. Y.), John Wiley & Sons.

WILCOX D. (1910a), *Municipal Franchises*, vol. 1 : *Pipes and Wire Franchises*, Rochester (N. Y.), The Gervaise Press.

WILCOX D. (1910b), *Great Cities in America. Their Problems and their Government*, Basingstoke, Palgrave Macmillan.

WILCOX D. (1917), « The Regulation of Private Water Companies in New York City », *Journal of the New England water works association*, 31 (4), p. 550-573.

WILLIAMSON O. (1996), *The Mecanisms of Governance*, Oxford, Oxford University Press.

WILLIAMSON O. (2000), « The New Institutional Economics : Taking Stock, Looking Ahead », *Journal of Economic Literature*, 38 (3), p. 595-613.

译后记

  应社会科学文献出版社的委托，由我来组织翻译本书。在翻译工作的初始阶段，我的学生孙超、王莉莉、刘青枚、裴墨翰、郭霞等人进行了初译。由于对初译文本不太满意，在学术助理俞奇杞的协助下，我对全书进行了重新翻译。2019年7月，我在中山大学参加第三届计算社会科学讲习班期间，根据出版社编辑同志的修改意见，利用学习之余的碎片化时间对全书又进行了一次全面的修订和校对。

  除了以上团队成员之外，我还要对在翻译过程中给予指导的郑秉文教授、肖焱女士等人表示衷心的感谢。感谢江西财经大学人文学院院长尹忠海教授等领导对翻译工作的支持。还要特别感谢社会科学文献出版社的编辑们，正是他们高度的责任心和耐心，才使书稿的质量不断完善。

  尽管"三易其稿"，但是限于能力水平有限，翻译难免还存在纰漏，敬请方家批评指正。

唐 俊

江西财经大学亚太经济与社会发展研究中心主任

2019年7月于广州

图书在版编目（CIP）数据

君主与承包商：伦敦、纽约、巴黎的供水变迁史／
（法）克里斯托夫·德费耶著；唐俊译. －－北京：社会
科学文献出版社，2019. 11
（思想会）
ISBN 978 － 7 － 5201 － 5462 － 8

Ⅰ. ①君…　Ⅱ. ①克…　②唐…　Ⅲ. ①城市用水 － 水
资源管理 － 研究 － 世界　Ⅳ. ①TU991. 31

中国版本图书馆 CIP 数据核字（2019）第 192347 号

· 思想会 ·

君主与承包商：伦敦、纽约、巴黎的供水变迁史

著　　者／〔法〕克里斯托夫·德费耶（Christophe Defeuilley）
译　　者／唐　俊

出 版 人／谢寿光
责任编辑／刘学谦　仇　扬

出　　版／社会科学文献出版社·当代世界出版分社（010）59367004
　　　　　地址：北京市北三环中路甲 29 号院华龙大厦　邮编：100029
　　　　　网址：www. ssap. com. cn
发　　行／市场营销中心（010）59367081　59367083
印　　装／北京盛通印刷股份有限公司

规　　格／开　本：880mm × 1230mm　1/32
　　　　　印　张：10　插　页：0. 375　字　数：243 千字
版　　次／2019 年 11 月第 1 版　2019 年 11 月第 1 次印刷
书　　号／ISBN 978 － 7 － 5201 － 5462 － 8
著作权合同
登 记 号／图字 01 － 2018 － 7894 号
定　　价／59. 00 元